Frauen in Philosophie und Wissenschaft. Women Philosophers and Scientists

Reihe herausgegeben von

Ruth Hagengruber, Institut für Humanwissenschaften, Universität Paderborn, Paderborn, Niedersachsen, Deutschland

Women Philosophers and Scientists

The history of women's contributions to philosophy and the sciences dates back to the very beginnings of these disciplines. Theano, Hypatia, Du Châtelet, Lovelace, Curie are only a small selection of prominent women philosophers and scientists throughout history. The research in this field serves to revise and to broaden the scope of the complete theoretical and methodological tradition of these women.

The Springer Series Women Philosophers and Scientists provide a platform for scholarship and research on these distinctive topics. Supported by an advisory board of international excellence, the volumes offer a comprehensive, up-to-date source of reference for this field of growing relevance.

The Springer Series Women Philosophers and Scientists publish monographs, handbooks, collections, lectures and dissertations.

For related questions, contact the publisher or the editor.

Frauen in Philosophie und Wissenschaft

Die Geschichte der Philosophinnen und Wissenschaftlerinnen reicht so weit zurück wie die Wissenschaftsgeschichte selbst. Theano, Hypatia, Du Châtelet, Lovelace, Curie stellen nur eine kleine Auswahl berühmter Frauen der Philosophie- und Wissenschaftsgeschichte dar. Die Erforschung dieser Tradition dient der Ergänzung und Revision der gesamten Theorie- und Methodengeschichte.

Die Springer Reihe Frauen in Philosophie und Wissenschaft stellt ein Forum für die Erforschung dieser besonderen Geschichte zur Verfügung. Mit Unterstützung eines international ausgewiesenen Beirats soll damit eine Sammlung geschaffen werden, die umfassend und aktuell über diese Tradition der Philosophie- und Wissenschaftsgeschichte informiert.

Die Springer Reihe Frauen in Philosophie und Wissenschaft umfasst Monographien, Handbücher, Sammlungen, Tagungsbeiträge und Dissertationen.

Bei Interesse wenden Sie sich an den Verlag oder die Herausgeberin.

Weitere Bände in der Reihe http://www.springer.com/series/15103

Nicole Hoffmann · Wiebke Waburg
(Hrsg.)

Eine Naturforscherin zwischen Fake, Fakt und Fiktion

Multidisziplinäre Perspektiven
zu Werk und Rezeption
von Amalie Dietrich

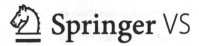
Springer VS

Hrsg.
Nicole Hoffmann
Institut für Pädagogik
Universität Koblenz-Landau
Koblenz, Deutschland

Wiebke Waburg
Institut für Pädagogik
Universität Koblenz-Landau
Koblenz, Deutschland

ISSN 2524-3640   ISSN 2524-3659 (electronic)
Frauen in Philosophie und Wissenschaft. Women Philosophers and Scientists
ISBN 978-3-658-34143-5   ISBN 978-3-658-34144-2 (eBook)
https://doi.org/10.1007/978-3-658-34144-2

Die Deutsche Nationalbibliothek verzeichnet diese Publikation in der Deutschen Nationalbibliografie; detaillierte bibliografische Daten sind im Internet über http://dnb.d-nb.de abrufbar.

Lektorat: Frank Schindler
Springer VS ist ein Imprint der eingetragenen Gesellschaft Springer Fachmedien Wiesbaden GmbH und ist ein Teil von Springer Nature.
Die Anschrift der Gesellschaft ist: Abraham-Lincoln-Str. 46, 65189 Wiesbaden, Germany

Inhaltsverzeichnis

Herausgeber- und Autorenverzeichnis

Über die Herausgeber

Nicole Hoffmann, Prof. Dr., Leiterin des Arbeitsbereichs Erwachsenenbildung/ Weiterbildung und Genderforschung am Institut für Pädagogik der Universität Koblenz-Landau, Campus Koblenz.
Kontakt: hoffmann@uni-koblenz.de

Wiebke Waburg, Prof. Dr., Leiterin des Arbeitsbereichs Migration und Heterogenität am Institut für Pädagogik der Universität Koblenz-Landau, Campus Koblenz.
Kontakt: waburg@uni-koblenz.de

Autorenverzeichnis

Christine Eickenboom, Dr., Lehrbeauftragte an der Universität zu Köln und der Universität Koblenz-Landau, Campus Koblenz.
Kontakt: christine.eickenboom@gmail.com

Ursula Engelfried-Rave, Dr., wissenschaftliche Mitarbeiterin am Institut für Politische Wissenschaft und Soziologie der Universität Bonn und am Institut für Soziologie der Universität Koblenz-Landau, Campus Koblenz.
Kontakt: engelfried.rave@gmx.de

Eberhard Fischer, Prof. Dr., Leiter der Arbeitsgruppe Botanik und Biodiversitätsforschung am Institut für Integrierte Naturwissenschaften der Universität Koblenz-Landau, Campus Koblenz.
Kontakt: efischer@uni-koblenz.de

Thorsten Fuchs, Prof. Dr., Leiter des Arbeitsbereichs Allgemeine Pädagogik 2 am Institut für Pädagogik der Universität Koblenz-Landau, Campus Koblenz.
Kontakt: tfuchs@uni-koblenz.de

Jens Oliver Krüger, Prof. Dr., Leiter des Arbeitsbereichs Allgemeine Pädagogik 1 am Institut für Pädagogik der Universität Koblenz-Landau, Campus Koblenz.
Kontakt: jokrueger@uni-koblenz.de

Sigrid Nolda, Prof. Dr., im Ruhestand, Institut für Sozialpädagogik, Erwachsenenbildung und Pädagogik der frühen Kindheit der Technischen Universität Dortmund.
Kontakt: sigrid.nolda@uni-dortmund.de

Hannah Rosenberg, Dr., wissenschaftliche Mitarbeiterin im Projekt MoSAiK, Zentrum für Lehrerbildung, Universität Koblenz-Landau, Campus Koblenz.
Kontakt: rosenberg@uni-koblenz.de

Uta Schaffers, Prof. Dr., Abteilung Literaturwissenschaft am Institut für Germanistik der Universität Koblenz-Landau, Campus Koblenz.
Kontakt: schaffers@uni-koblenz.de

Zwischen Fake, Fakt und Fiktion. Zum besonderen Fall der Amalie Dietrich

Nicole Hoffmann und Wiebke Waburg

Ausgangspunkt des vorliegenden Bands ist der Fall der Amalie Dietrich, die 1821 im sächsischen Siebenlehn in eine Handwerkerfamilie hinein geboren wurde und einen für die damalige Zeit äußerst ungewöhnlichen Lebens- wie Berufsweg eingeschlagen hat. Was ihren Fall als wissenschaftliche Sammlerin und Botanikerin des 19. Jahrhunderts für eine multidisziplinäre Auseinandersetzung heute so besonders bzw. so interessant macht, ist die spezifische Quellen- bzw. Rezeptionslage: Da sind auf der einen Seite Hunderte von Amalie Dietrich gefundene und präparierte Stücke, die sie u. a. bei einem fast zehnjährigen Australienaufenthalt zusammengetragen hat und die in vielen Sammlungen in aller Welt gezeigt bzw. aufbewahrt werden. Auf der anderen Seite gibt es zwar so gut wie keine Schriften, Notizen, Briefe o.Ä. von ihr selbst, jedoch liegen eine Vielzahl an Bezügen auf sie bzw. Publikationen über sie vor: u. a. Biografien, biografische Skizzen, Romane, Jugendbücher, Zeitungsartikel, Ausstellungskataloge, Lexikoneinträge, Fachbeiträge, Fernsehdokumentationen, Hörspiele oder Kunstprojekte. Zudem wurden Straßen nach Amalie Dietrich benannt, Museen greifen Aspekte ihres Schaffens auf, gibt es Erinnerungsorte unterschiedlicher Art, wie etwa ein Wandersteig, der ihren Namen trägt, oder ein ihrem Andenken gewidmetes Trafo-Häuschen auf einem Platz in Dresden.

N. Hoffmann · W. Waburg (✉)
Institut für Pädagogik, Universität Koblenz-Landau, Koblenz, Deutschland
E-Mail: waburg@uni-koblenz.de

N. Hoffmann
E-Mail: hoffmann@uni-koblenz.de

N. Hoffmann und W. Waburg (Hrsg.), *Eine Naturforscherin zwischen Fake, Fakt und Fiktion,* Frauen in Philosophie und Wissenschaft. Women Philosophers and Scientists, https://doi.org/10.1007/978-3-658-34144-2_1

In ihrem Fall scheint die Rede von der ‚bekannten Unbekannten' auf spezielle Weise zuzutreffen. So verblüfft, dass Amalie Dietrich seit ihrem Tod im Jahr 1891 bis in die Gegenwart hinein immer wieder Anlass zur Auseinandersetzung geboten hat. Überdies überrascht die Menge der Perspektiven, unter welchen sie – oft stark wertend – thematisiert wurde und wird: u. a. als frühe Naturforscherin, als erfolgreiche Sammlerin, als aufopferungsvolle Mutter, als sozialistische oder auch feministische Pionierin, als Identifikationsfigur für junge Frauen, als Aushängeschild für den regionalen Tourismus oder als Beispiel für die Gräueltaten des europäischen Kolonialismus'. Vor diesem Hintergrund hat Amalie Dietrich auch hier, in der von Ruth Hagengruber herausgegebenen Reihe „Frauen in Philosophie und Wissenschaft. Women Philosophers and Scientists", einen eher schillernden Status.

Mit diesem Sammelband wird die Idee verfolgt, die vorliegende Multiperspektivität und das Oszillieren in der Wahrnehmung Amalie Dietrichs aufzugreifen und exemplarisch vertiefend zu ergründen. Dabei stammen die beteiligten zehn Kolleg*innen aus diversen Fachdisziplinen und verfolgen den Fall im Rahmen verschiedener natur-, sozial- oder geisteswissenschaftlicher Horizonte. Im Sinne einer ‚Perspektive' greifen sie in den Beiträgen jeweils einen Aspekt aus dem vielgestaltigen Fundus zu Amalie Dietrich auf und loten diesen im Lichte ihres fachlichen Zugangs aus.[1]

Inhaltlich prägend ist dabei immer wieder die Auseinandersetzung mit Fragen der Authentizität, der Konstruktion und der Selektivität im Umgang mit dem Fall innerhalb der mannigfaltigen Materialien, da sich die Auseinandersetzung mit Amalie Dietrich seit Beginn zwischen Fake, Fakt und Fiktion und den dazwischenliegenden Grauzonen bewegt.

Eine zentrale Rolle in der Rezeptionslage spielt die 1909 erstmals erschienene Biografie, welche die Tochter, Charitas Bischoff (u. a. 1951 [1909]; englische Erstübersetzung 1931), unter dem Titel *Amalie Dietrich. Ein Leben* vorgelegt hat. Schon von Zeitgenoss*innen wurde damals auf Fehler oder Ungereimtheiten innerhalb der Darstellung hingewiesen – gleichzeitig wurde dem Buch als ‚romanhafter Biografie' auch eine entsprechende ‚dichterische Freiheit' zugebilligt (vgl. Sumner, 2019). Spätestens hier verwischen die Grenzen zwischen Fake und Fakt bzw. den Freiräumen der Fiktion.

---

[1] Bei aller Vereinheitlichung im Rahmen des vorliegenden Formats zeugen die Beiträge dabei auch formal von unterschiedlichen Fachkulturen und ihren Usancen im Umgang mit Referenztexten bzw. -materialien bzw. variierenden Gepflogenheiten der Zitation oder Präsentation. Da diese zum Teil zur Spezifik der jeweiligen disziplinären Perspektive gehören, waren wir bemüht, diese – wo möglich bzw. angemessen – auch zu erhalten.

Gut 90 Jahre später bilanziert dann die Historikerin Ray Sumner: „The Amalie Dietrich story is really the story of three women. The first was Amalie Dietrich, a renegade who dedicated her life to science. She trod a path no other would have chosen, and persevered despite poverty, physical hardship, loneliness and lack of comprehension for her vocation. Her successes and her sacrifices give her life an integrity and an inner coherence. The second woman, Charitas Bischoff, enjoyed a good education, which provided upward social mobility and a comfortable life. She became the embodiment of contemporary middle class moral, social and religious values. She happened to be Amalie Dietrich's daughter. In their own entirely different ways, both women displayed adaptability and ingenuity in dealing with their disparate lives. The third woman is a fictional Amalie Dietrich created by her daughter. This is the Amalie Dietrich whose name and exploits have attracted the attention of readers and other writers for eighty years." (1993, S. 3).

Gerade diese ‚3. Frau' hat – in unterschiedlich gelagerter Verbindung zu der ersten und der zweiten Variante – über die Jahre weitere Gesichter entwickelt. Je nach Rezeptionskontext wurden ihr Besonderheiten zugeschrieben bzw. bestimmte Aspekte akzentuiert. Allein im deutschsprachigen Raum fand Amalie Dietrichs Schicksal Anklang bzw. publizistische Aufnahme im Kaiserreich, in der Weimarer Republik, in der Zeit des Nationalsozialismus', in der Bundesrepublik und in der DDR. In jüngerer Zeit wird sie beispielweise als ‚schöpferische Frau aus Mitteldeutschland' (bei Haase & Kieser, 1993), als ‚Hamburgerin' (bei Ueckert, 2008), als ‚Frau in der Wissenschaft' (bei Feyl, 1994), als ‚Naturforscherin und Biologin' (bei Fischer, 2009), als ‚Pflanzenjäger' (bei Hielscher & Hücking, 2011) oder als ‚Forscherin unter Verdacht' (bei Gretzschel, 2013) betrachtet.

Schon eine Zusammenstellung wie diese könnte den Eindruck einer fast beliebigen Auslegbarkeit des Falls oder des Vorliegens einer reinen Projektionsfläche für die Interessen der jeweils Schreibenden erwecken, doch ist hierbei ebenso ins Kalkül zu ziehen, dass sich unser Verständnis von ‚Authentizität' ebenfalls über die Jahre hinweg gewandelt hat (vgl. u. a. Funk & Krämer, 2011; Knaller & Müller, 2006; Rössner & Uhl, 2012). Damit ist nicht nur die jüngste Debatte zu sog. ‚Fake-News' gemeint, deutlich wird dies auch in den Diskussionen um Konzepte des ‚Dokumentarromans', der ‚Faction-Prosa', der ‚Montage-Biografie' oder der ‚Autofiktion', wobei es stets um Fragen der Verwobenheit von Realität und erzählerischer bzw. darstellerischer Praxis geht. Zwei konkrete – strukturell dem Fall der Amalie Dietrich nicht unähnliche – Beispiele wären etwa das Multimedia-Projekt „Die illegale Pfarrerin", in welchem Christina Caprez (2019) die Geschichte ihrer Großmutter, der ersten vollamtlichen Gemeindepfarrerin der Schweiz, kompiliert, oder das Buch „Stille

Post" von Christina von Braun (2020). Dabei handelt es sich ebenfalls um ein Portrait der Großmutter, in welchem die Autorin u. a. mit fiktiven, ihre Auseinandersetzung reflektierenden Briefen an jene Großmutter arbeitet. Im Interview problematisiert von Braun: „Ich musste meine Wunschprojektion auf diese Großmutter ausfüllen. Ich glaube, vieles stimmte und traf wirklich auf ihre Biografie zu, aber vieles weiß man einfach nicht. Ihre Priorität waren politische Fragen, aber eben auch Frauenrechte. Es gab ja ganz viele Frauen in ihrer Situation damals, alleinstehend mit kleinen Kindern. Wie kann ich diesen Frauen helfen, sich so durchzuschlagen, wie sie es selbst getan hatte" (Deutschlandfunk Kultur, 2020, o.S.). Der Titel „Stille Post" spielt dabei genau auf die durchaus vorhandene, jedoch nicht gänzlich transparente oder fassbare Weitergabe von Wissen an. Sie habe „damit die Art und Weise gemeint, auf die sich Botschaften oft sogar ohne Worte jahrhundertelang von der Mutter auf die Tochter übertragen haben" (ebd.).

Wenn wir im Kontext medialer Vermitteltheit die Vorstellung einer direkten Abbildbarkeit der Welt, einer eindeutigen Referenz zwischen Wirklichkeit und Darstellung aufgeben, so kann Authentizität – im Anschluss an Bergold (2019, S. 86) – vielmehr „als Ergebnis eines Zuschreibungsprozesses" verstanden werden, um dem stets „konstruktiven und narrativen Charakters von Geschichte" besser gerecht zu werden. Doch verläuft dieser Zuschreibungsprozess selbst nicht zufällig oder völlig willkürlich – auch er unterliegt genre-, medien- wie fachspezifischen Regeln.

Auf die Spuren solcher Regeln haben sich die Beitragenden des vorliegenden Sammelbands in Bezug auf den Fall der Amalie Dietrich gemacht. Sie unterliegen dabei selbst wiederum den Logiken ihrer Disziplinen bzw. der von ihnen gewählten Zugänge. Wenn auch nicht völlig trennscharf, lassen sich hierbei drei Schwerpunkte ausmachen, die wir zu Strukturierung herangezogen haben.

Im ersten Teil stehen vor allem Perspektiven im Vordergrund, die sich mit Aspekten der Verarbeitung biografischen Wissens in Text und Bild auseinandersetzen. Der zweite Teil ist Facetten der Wissenschaftsgeschichte gewidmet, wobei sowohl natur- als auch sozialwissenschaftliche Analysestandpunkte eingenommen werden. Schließlich werden im dritten Teil primär populärwissenschaftliche Perspektiven aufgegriffen. Dabei geht es um Fragen der Rezeption und der Inszenierung Amalie Dietrichs in unterschiedlichen Medien (wie TV-Reportage oder Jugendliteratur) bzw. unter verschiedenen thematischen Foki (wie Kolonialismus und Erinnerungskultur).

Freilich wären noch zahlreiche weitere Perspektiven denkbar – und so hoffen wir, mit diesem Band am Beispiel des Falls der Amalie Dietrich einen Baustein einer kritischen Reflexion des wissenschaftlichen wie popularisierenden Umgangs mit der eigenen Geschichte vorlegen zu können, der zugleich Anstoß für anschließende sowie kontrastierende Standpunkte bietet.[2]

Literatur

Bergold, B. (2019). *Wie Stories zu History werden. Zur Authentizität von Zeitgeschichte im Spielfilm.* transcript.

Bischoff, C. (1931): *The Hard Road: The Life Story of Amalie Dietrich.* Translated by A. L. Geddie. Martin Hopkinson.

Bischoff, C. (1951). *Amalie Dietrich. Ein Leben.* Grote'sche (Erstveröffentlichung 1909).

Caprez, C. (2019). *Die illegale Pfarrerin: Das Leben von Greti Caprez-Roffler 1906–1994.* Limmat.

Deutschlandfunk Kultur. (2020). *Frauen in der Weimarer Republik. Gegen die Norm. Christina von Braun und Aris Fioretos im Gespräch mit Dorothea Westphal.* Beitrag vom 19.07.2020. https://www.deutschlandfunkkultur.de/frauen-in-der-weimarer-republik-gegen-die-norm.974.de.html?dram:article_id=480320. Zugegriffen: 6. Sept. 2020.

Feyl, R. (1994). Amalie Dietrich (1821–1891). In R. Feyl (Hrsg.), *Der lautlose Aufbruch. Frauen in der Wissenschaft* (S. 127–147). Kiepenhauer & Witsch.

Fischer, G. (Hrsg.). unter Mitarbeit von A. Witte. (2009). *Darwins Schwestern. Porträts von Naturforscherinnen und Biologinnen.* Orlanda Frauenverlag.

Funk, W., & Krämer, L. (Hrsg.). (2011). *Fiktionen von Wirklichkeit. Authentizität zwischen Materialität und Konstruktion.* transcript.

Gretzschel, M. (2013). Forscherin Amalie Dietrich unter Verdacht. *Hamburger Abendblatt.* https://www.abendblatt.de/ratgeber/wissen/article118692825/Forscherin-Amalie-Dietrich-unter-Verdacht.html. Zugegriffen: 6. Sept. 2020.

Haase, A., & Kieser, H. (Hrsg.). (1993). *Können, Mut und Phantasie. Portraits schöpferischer Frauen aus Mitteldeutschland.* Böhlau.

Hielscher, K., & Hücking, R. (2011). Die „Frau Naturforscherin". Amalie Dietrich (1821–1891). In K. Hielscher & R. Hücking, *Pflanzenjäger. In fernen Welten auf der Suche nach dem Paradies* (S. 131–160). Piper.

Knaller, S., & Müller, H. (Hrsg.). (2006). *Authentizität. Diskussion eines ästhetischen Begriffs.* Fink.

[2] Wir danken allen Autor*innen, die nicht nur ihre je spezifischen Perspektiven eingebracht, sondern auch mit Begeisterung und Engagement an den für den Entstehungsprozess des Bandes so wichtigen Werkstätten und Gesprächen teilgenommen haben. Ganz herzlich bedanken wir uns bei Shary Hergaß für die äußerst hilfreiche formale Durchsicht und Korrektur der Beiträge und bei Maria Lebeda für die Erstellung des Gesamtmanuskripts.

Rössner, M., & Uhl, H. (Hrsg.). (2012). *Renaissance der Authentizität? Über die neue Sehnsucht nach dem Ursprünglichen.* transcript.

Sumner, R. (1993). *A woman in the wilderness: The story of Amalie Dietrich in Australia.* University Press.

Sumner, R. (2019). The demonisation of Amalie Dietrich. *Federkiel, LXVIII,* 1–6.

Ueckert, C. (2008). Amalie Dietrich (1821–1891). In C. Ueckert (Hrsg.), *Hamburgerinnen. Eine Frauengeschichte der Stadt* (S. 49–58). Hamburg: Die Hanse.

von Braun, C. (2020). *Stille Post. Eine andere Familiengeschichte.* Propyläen.

Biografiewissenschaftliche Perspektiven

Ein Leben erzählen: Literarische Verfahren und narrative Muster in *Amalie Dietrich. Ein Leben* (1909)

Narrating a Life: Literary Techniques and Narrative Patterns in *Amalie Dietrich. Ein Leben* (1909)

Uta Schaffers

Zusammenfassung

Die von der Tochter verfasste lebensgeschichtliche Erzählung *Amalie Dietrich. Ein Leben,* deren Bedeutung für die Rezeption des Lebens und Werks der Amalie Dietrich kaum zu überschätzen ist, soll in diesem Beitrag nicht im herkömmlichen Sinne als Biographie aufgefasst und analysiert werden. Der Text, der einen hohen Grad an Inszenierung aufweist und auch an Genreschemata partizipiert, die auf fiktionale Gattungen verweisen, soll v. a. im Hinblick auf seine Narration, die auffindlichen literarischen Verfahren sowie auf seine Narrative hin untersucht werden: Wie funktioniert dieser Text? Wie, nach welchen präformierten Mustern und Schemata erzählt er? Welches Figurenrepertoire gibt es, und welche Funktion hat es für die Erzählung? Solcherlei Fragen sind leitend für die Analyse, die sich in einem weiteren Schritt exemplarisch zwei Narrativen und ihrer Verknüpfung zuwendet: Im Fokus stehen die Narrative ‚Lesen' und ‚Reisen', die für die Gesamterzählung des Lebens der Amalie Dietrich von großer Relevanz sind.

U. Schaffers (✉)
Institut für Germanistik, Universität Koblenz-Landau, Koblenz, Deutschland
E-Mail: schaffers@uni-koblenz.de

© Der/die Autor(en), exklusiv lizenziert durch Springer Fachmedien Wiesbaden GmbH, ein Teil von Springer Nature 2021
N. Hoffmann und W. Waburg (Hrsg.), *Eine Naturforscherin zwischen Fake, Fakt und Fiktion,* Frauen in Philosophie und Wissenschaft. Women Philosophers and Scientists, https://doi.org/10.1007/978-3-658-34144-2_2

9

Abstract

In my contribution, the biographical novel Amalie Dietrich, whose value for the reception of Amalie Dietrich's life and work cannot be overestimated, will not be understood and analyzed as a 'biography' in a conventional sense. The text – written by the daughter Charitas Bischoff – exhibits a high degree of staging and follows specific patterns, which strongly reference to fictional genres. I will analyze the text in relation to detectable literary techniques, its plot, and its participation in different genre schemes as well as its repertoire of characters. These aspects will guide the analysis, which, in a second step, will exemplary turn towards two types of narrative patterns ("Narrative"; Müller-Funk, 2007) and their entanglement, which are of significant relevance for the entire 'story' of Amalie Dietrich's life: 'reading' and 'traveling'.

Schlüsselwörter

Biographie · Lebensgeschichtliche Erzählung · Narration · Narrative · Lesen · Reisen · Reiseerzählung · Welterschließung · Charitas Bischoff

Keywords

Biography · Biographical Novel · Life Writing · Narrative · Narration · Reading · Traveling · Travel Writing · Charitas Bischoff

1   Einführung

„Dabei hegen wir stets den Verdacht, dass wir wüssten, was Leben ist."
(Fetz, 2006, S. 20)

Dass die von der Tochter Charitas Bischoff verfasste lebensgeschichtliche Erzählung *Amalie Dietrich. Ein Leben* (1909)[1] kein verlässliches Zeugnis über das Leben und den Werdegang der Amalie Dietrich darstellt, sondern eher ins Romanhafte weist, wurde bereits kurz nach dem Erscheinen des Buches in frühen Rezensionen vermerkt (vgl. Sumner, 1993, S. 84 f.). Die Rezeptionsgeschichte dieses überaus erfolgreichen Werks (vgl. u. a. ebd., S. 7–9, 84–92)

---

[1] Die hier zugrunde gelegte Ausgabe ist die von 1951, im Text nachgewiesen mit der Sigle AD.

zeigt jedoch, welch großer Reiz darin liegt, die Erzählung eines Lebens mit dem Leben selbst in eins zu setzen – und es ist eben genau dies, das *Erzählen,* das uns dafür ein perfektes Angebot macht. Narration und Narrative,[2] die dem Leben Ordnung und vertraute Strukturen, einen Zusammenhang und kollektiv geteilten und akzeptierten ‚Sinn‘[3] verleihen, mildern die Kontingenz unseres Daseins und machen die Ereignisse und Widerfahrnisse sowie unser Handeln (er-)fassbar, erklärbar und letztlich vertraut, nicht zuletzt, da sie in der Regel den jeweiligen historisch, kulturell und gesellschaftlich gültigen Prämissen folgen.[4] Das Angebot der Charitas Bischoff, das ungewöhnliche Leben ihrer Mutter zu lesen und zu verstehen, wurde in der Rezeptionsgeschichte denn auch trotz der o. a. kritischen Stimmen nicht zurückgewiesen und kann bis heute als Fundament ausgemacht werden, auf dem das kulturelle Bild der Amalie Dietrich aufruht.

Das Interesse des vorgelegten Artikels ist es nun nicht, das Leben jenseits der Erzählung (auf-)zusuchen, Fakten von Erfindungen zu scheiden oder, wie bei einem Vexierbild, die Gestalt der Person in der Figur (oder umgekehrt) zu erkennen. Ein solches Vorhaben ist schon deshalb hinfällig, da das Leben der Amalie Dietrich längst erzähltes, textuelles Leben geworden ist, und jeder

---

[2]Zu Erzählung, Narration und Narrativ schreibt Müller-Funk: „Einengung schmälert die Ein-Sicht. Es genügt, ihre Differenzen durch den Gebrauch und den Kontext hervortreten zu lassen, etwa das Narrativ als eine theoretisch strenger gefasste Kategorie, die auf das Muster abzielt, Erzählung als vorläufigen Begriff in einem formal unproblematisierten Allerweltssinn und Narration als einen Terminus, der den Akt und das Prozessuale mit einschließt und exakter ist als jener der Erzählung, die im Deutschen sowohl die Narration wie das Narrativ einschließt" (2007, S. 15).

[3]Dieser ‚Sinn‘ wird in Lebenserzählungen zumeist in einer Zielbewegung narrativiert, die – letztlich zirkelhaft – aus dem abgeleitet wird, was als ‚Angekommen-Sein‘ definiert wird: In der Regel zeigt sich die ‚Ankunft‘ in einer zugeschriebenen Lebensleistung, die sich materialisiert (das ‚Werk‘) oder in einem Ereignis kulminiert (Verleihung des Nobelpreises), in Form der Retrospektive, mithin sich in einzelnen Szenen erinnernd herausbildend, etc. Der Akt des mündlichen oder schriftlichen Erzählens eines Lebens selbst – und auch der Akt des Lesens – kann somit als performative Sinnbildung desselben verstanden werden.

[4]Gerade bei lebensgeschichtlichen Erzählformen wird das Material, das dem Schreiben vorausgeht, in diskursive Strukturen übertragen, die, „abhängig von kulturellen, historischen, ideologischen und individuellen Prädispositionen", die „Ordnung eines biographischen Diskurses" vorgeben (Fetz, 2006, S. 17; vgl. auch Fetz, 2009). Komplexere Texte können auch neue Prämissen zur Diskussion stellen oder Sinnbildungsangebote gänzlich verweigern, davon kann aber im hier untersuchten Text nicht die Rede sein. Die Herstellung einer Einheit von Leben und Person sowie das Austreiben der Kontingenz war in populären Biographien des 19. Jahrhunderts unproblematisch. Zur populären Biographik allgemein vgl. Porombka, 2011.

weitere Text (so letztlich auch dieser), an diesem textuellen Leben, diesem Gewebe weiterschreibt und -arbeitet. Aber davon einmal abgesehen ist es auch nicht das fachspezifische Erkenntnisinteresse dieser Ausführungen. Im dieser Einführung folgenden zweiten Abschnitt soll vielmehr der Text *Amalie Dietrich. Ein Leben* (Bischoff, 1951 [1909]) selbst im Mittelpunkt stehen und im Hinblick auf seine Narration, die auffindlichen literarischen Verfahren sowie auf seine Narrative hin untersucht werden: Wie funktioniert dieser Text? Wie, nach welchen präformierten Mustern und Schemata erzählt er? Welche ‚Stimmen‘, welche Wahrnehmungsbereiche, epistemologischen und ideologischen Positionen (vgl. Schmid, 2005) bietet er den Lesenden an? Welches Figurenrepertoire gibt es und welche Funktionen hat es für die Erzählung? Welche literarischen Mittel finden sich und welche Effekte zeitigen diese für die Rezeption? Diese Fragen können im gegebenen Rahmen nur exemplarisch behandelt werden. Vor allem die Narrative, also die interpretativen Muster oder Kernerzählungen, die zu einer sinn- und identitätsstiftenden Gesamterzählung verknüpft werden und die diese sowohl ausmachen als auch von ihr bestimmt und begrenzt werden, können hier nur punktuell fokussiert werden. So beschränken sich die Ausführungen im dritten Abschnitt auf die Narrative ‚Besonderung und Welt-Erfahrung durch Lesen‘ und ‚Besonderung und Welt-Erfahrung durch Reisen‘. Das bietet sich an, da diese Muster zum einen auf der Ebene der *histoire* die Aspekte Bildung und Horizonterweiterung aber auch (soziale und kulturelle) Entfremdung und Gefahr beherbergen, Aspekte, die für den Lebenslauf (v. a. den Konnex Herkunft und Lebensleistung) der Amalie Dietrich von großer Relevanz sind. Zum anderen kann auf der Ebene des *discours* der spezifischen Ausgestaltung der (topischen) Verknüpfung dieser beiden Narrative genauer nachgegangen werden.[5]

Die bisherigen Ausführungen deuten bereits an, dass der Text im Folgenden nicht im herkömmlichen Sinne als Biographie aufgefasst und analysiert werden soll. Die Konventionen und Gattungsobligatorien, die sich traditionsgemäß mit der Biographie verbinden, gehen von einem starken Zusammenhang zwischen Leben und Erzählung aus. Biographische Texte im engeren Sinne erheben etwa aufgrund ihrer hohen außertextuellen Referentialität einen Anspruch auf Faktualität, auch dann, wenn sie sich literarischer oder literarisierender Darstellungsmittel bedienen. Wahrhaftigkeit, (möglichst) Vollständigkeit, Glaubwürdigkeit und ein hoher Grad

---

[5]Die Ebene des *discours* bezeichnet das *Wie*, die Art und Weise, die Erzeugungstechniken des Erzählens, *histoire* umfasst das *Was*, den Inhalt und die erzählte Welt (Figuren und Objekte sowie Räume und Handlungen) (vgl. u. a. Genette, 2010; spezifisch zu *histoire* und *discours* in der Biographieforschung Klein, 2011a, b).

an Authentizität[6] sind Ansprüche, die (von Leser*innen und Verfasser*innen) gemeinhin an die Biographie herangetragen werden, auch wenn sich dies im Verlaufe der Geschichte und Entwicklung der Gattung durchaus gewandelt hat (vgl. Tippner & Laferl, 2016, S. 9–20). Aufgrund der Vielzahl an literarischen Verfahren und einem hohen Grad an Inszenierung in *Amalie Dietrich. Ein Leben*, der erfundenen Dialoge, der – durchaus auch historisch verbürgten – Akteure, die in ihrer Ausgestaltung nicht selten dem volksliterarischen Typenkatalog entstiegen zu sein scheinen, aufgrund der fingierten ,Zeugnisse' und ,Dokumente', wie etwa die Reisebriefe aus und nach Australien (AD, S. 217–352), und nicht zuletzt aufgrund der präformierten Narrations- und Genreschemata, an denen der Text partizipiert und die auf fiktionale Gattungen verweisen (Märchen, Schwank, …), ist es für die Untersuchung produktiver, den Text versuchsweise als literarischen (von durchaus zweifelhafter Qualität) und mit den Mitteln der Erzähltextanalyse zu untersuchen. Das bringt es u. a. mit sich, dass die Akteure im Text als mediale Figuren verstanden und auch als solche bezeichnet und betrachtet werden. Auch die ,Amalie Dietrich' des Textes, deren etwaige Bezüge zu der historisch-empirischen Person längst verblasst sind, wird als eine textuelle Konstruktion aufgefasst und entsprechend auch als ,Figur' oder Protagonistin bezeichnet. Die Ereignisse, von denen im Text berichtet wird, und der Lebensverlauf, also die Lebensstationen, Reisen, privaten Umstände und Geschehnisse etc. sind großenteils verbürgt, manchmal sind sie erfunden; auch dies wird hier aus den dargelegten Gründen nicht weiter differenziert, nur da, wo es für die Untersuchung relevant ist, wird darauf verwiesen (vgl. v. a. Sumner, 1993).

Von besonderem Interesse ist nun in Lebenserzählungen immer das Verhältnis von Autor*in, Erzähler und Protagonist*in - so wird etwa in autobiographischen Erzählungen eine Identität dieser Instanzen vorausgesetzt, in Biographien die zwischen Autor*in und Erzähler (vgl. Klein, 2011b). Das wäre durchaus auch grundsätzlich zu reflektieren, im vorliegenden Fall lohnt es sich jedoch noch aus einem anderen Grunde, genauer hinzusehen. Die Verfasserin der lebensgeschichtlichen Erzählung ist hier bekanntermaßen die Tochter der Amalie Dietrich, Charitas Bischoff.[7] Das hat mehrere Konsequenzen: Zunächst scheint die verwandtschaftliche Beziehung aufgrund intimer familiärer sowie räumlicher und zeitlicher Nähe Kenntnis und mithin auch Verlässlichkeit und Authentizität

---

[6]Zu dieser problematischen Kategorie vgl. die Beiträge in Knaller und Müller (2006).
[7]Eine ähnlich prekäre und interessante Konstellation findet sich z. B. in der Biographie der Caroline Luise von Klencke über ihre Mutter Anna Louisa Karsch (1792) (vgl. Schaffers, 1997, S. 114–175).

der Erzählung zu verbürgen. Was als Vorannahme für sich genommen schon einer genaueren Prüfung bedürfte, wird durch die besonderen historischen Umstände jedoch regelrecht fragwürdig und bringt die (unterstellte) Stabilität und Glaubwürdigkeit der Darstellung auf mehreren Ebenen ins Schwanken: So entschied sich Charitas Bischoff erst 15 Jahre nach dem Tod der Mutter, die Biographie zu verfassen (vgl. Sumner, 1993, S. 81), inwieweit die Tochter das Leben ihrer Mutter überhaupt kannte, ist nicht recht deutlich. Es gab bekanntermaßen lange Phasen der Trennung (vgl. ebd., S. 75–80), und ihre Beziehung war gelinde gesagt problematisch.[8] Aber auch ohne psychologisierenden Zugriff mit Blick auf die Verfasserin und ihr Schreiben wird deutlich, dass es Charitas Bischoff nicht um eine faktenbezogene, material- und quellentreue, historisch verbürgte Darstellung des Lebens ihrer Mutter ging, und dies, obwohl sie auch nach eigener Aussage offenbar intensiv recherchiert hat (vgl. Sumner, 1993, S. 83–84 sowie die Selbstaussagen in Bischoff, 2014 [1912]).[9] Es soll hier nicht darüber spekuliert werden, ob vielen Leser*innen nun die familiäre Beziehung von Mutter und Tochter bereits genügte, um die Erzählung als intime Lebensdarstellung zu beglaubigen und die literarisierende Ausgestaltung als Steigerung des Unterhaltungswertes nicht nur zu akzeptieren, sondern auch zu begrüßen. Von Relevanz ist an dieser Stelle aber, dass die von Bischoff genutzten literarischen Verfahren für die Analyse Anlass geben, konzeptuell zwischen Autor*in und Erzähl*stimme* zu differenzieren. Hinzu kommt, dass hier, wie in vielen lebensgeschichtlichen Erzählungen, die durch Zeitgenoss*innen und/oder Familienangehörige geschrieben werden, diese im Text selber als Akteure in Erscheinung treten, im hier präferierten Zugriff also zur innertextuellen Figur werden. Ebenso wie Amalie Dietrich hier als Figur aufgefasst wird, gilt dies dann folglich auch für die ‚Charitas Bischoff‘, die im und durch den Text entsteht. Insofern muss der von Ray Sumner (1993, S. 3) vorgenommenen Unterscheidung *dreier* Frauen – a) die historische Persönlichkeit Amalie Dietrich, b) die Tochter und Verfasserin

---

[8] Dabei ist zudem noch zu beachten, dass auch persönliche Erinnerung und familiäres Gedächtnis ‚Quellen‘ sind, die in einem komplexen und formenden Verhältnis zu stattgehabten Ereignissen und gelebtem Leben stehen, vgl. etwa Harald Welzer: „Im Regelfall leistet das Gehirn eine komplexe und eben konstruktive Arbeit, die die Erinnerung, sagen wir: anwendungsbezogen modelliert" (2005, S. 21; vgl. auch Pohl, 2010; Tipner und Laferl, 2016, S. 22–23).

[9] Vgl. auch Sumner: „Charitas Bischoff did not see her book on Amalie Dietrich as a work of history. For Bischoff, her mother's life was like a natural resource, the raw material which the writer used to construct a literary work reflecting those moral and spiritual values which she herself held dear" (1993, S. 93).

Charitas Bischoff und die von dieser kreierte, c) „fictional Amalie Dietrich" –
eine vierte hinzugefügt werden: die Figur der Tochter, ‚Charitas Bischoff', deren
Leben im Text parallel zu dem der Mutter zur Darstellung kommt, und deren
Stimme besonders in den fingierten Briefen nach Australien ausgestaltet (und
wahrscheinlich von den Lesenden dort auch am stärksten mit der Stimme der Verfasserin identifiziert) wird.[10]

Viele lohnenswerte Narrative, Motive und Handlungsstränge müssen hier
außer Acht gelassen werden, auch können z. B. genderbezogene Aspekte und
Perspektiven nur sehr punktuell angesprochen werden,[11] zudem wären die diskursiven Anordnungen und Verhandlungen von Eigenem und Fremden eine
eigene Untersuchung wert.[12] Im Folgenden richtet sich der Blick jedoch zunächst
auf die Strukturen und Schemata der Narration sowie auf präformierte Lebens-
laufmodelle und Gattungsmuster, die u. a. dazu dienen, Sinnstrukturen und inter-
pretative Muster vorzugeben und soziale und kulturelle Subtexte zu evozieren,
in die sich die Darstellung einschreibt. Dabei orientieren sich die Ausführungen
auch am chronologischen Ablauf der Erzählung[13] (wobei einige Aspekte und
Figuren dann exemplarisch stärker fokussiert werden), da vor allem traditionell
angelegte Lebenserzählungen wie die hier untersuchte, Ereignisse und Sachverhalte in eine raumzeitliche Ordnung bringen und ihnen (dem erzählten Leben)
ein Ziel geben, auf das die Erzählung zusteuert und das die Anordnung und Dis-
kursivierung dieser Elemente bereits vorbestimmt.

---

[10] Der Grad der Fiktionalität beider Figuren changiert sicherlich, nicht zuletzt, da die Ausführungen zu Charitas Bischoff im Buch eher autobiographischer denn biographischer
Natur sind, jedoch muss auch hier manches als ‚erfunden' vorausgesetzt werden.

[11] Vgl. zu den Geschlechtsrollenbildern in biographischen Skizzen über Amalie Dietrich,
die stark auf den hier untersuchten Text referieren, den Beitrag von Nicole Hoffmann in
diesem Band.

[12] Vgl. z. B. den Artikel von Christine Eickenboom in diesem Band.

[13] Ray Sumner fasst die Abfolge der Erzählung pointiert zusammen: „This book [...]
begins with a highly emotional depiction of Dietrich's early life, from a hard childhood,
through an unhappy marriage to a husband portrayed as weak both physically and morally,
to arduous years of struggling alone and penniless, before Dietrich is employed to collect
in Australia" (Sumner, 1993, S. xiii). Den Abschluss bilden dann wenige Seiten, die die
letzten Lebensjahre zusammenfassen und stellvertretend die ‚Summe' dieser präsentieren
(vgl. den dritten Abschnitt: Die Narrative Lesen und Reisen).

2   Die Narration

„Ausgehend von einer Untermenge an Messungen kann man eine logisch in sich
stimmige Geschichte definieren, von der man allerdings nicht sagen kann, ob sie
wahr ist; sie läßt sich nur ohne Widersprüche vertreten."
(Houllebecq, 2015, S. 73)

Der Text *Amalie Dietrich. Ein Leben* partizipiert an einer Vielzahl von Erzähl-
und Gattungstraditionen, so enthält er märchenhafte, über die Figuren-
zeichnungen auch schwankhafte Züge, zudem werden Träume und traumhafte
Sequenzen eingebettet. Gerade zu Beginn, im Rahmen der Inszenierung des Herkunftsmilieus der Amalie Dietrich, steht der Text in der Tradition des volkstüm-
lichen, szenischen und vor allem oral geprägten Erzählens, während dies später
inhaltlich, strukturell und formal durch tradierte Elemente der Reiseerzählung,
auch der Untergattung Reisebrief,[14] allmählich abgelöst wird.[15] In den Text
werden sukzessive viele kleine, abgrenzbare Reiseerzählungen eingeflochten
(selbst in der großen Australienreise stecken wie in einer Matrijoschka viele
kleinere Reisen, so wie die große Australienreise selbst in der noch größeren
Lebensreise steckt). Die Reiseerzählungen greifen viele tradierte Konventionen
des Reiseschreibens auf, so ist es zum Beispiel unerlässlich, in die Erzählung
der Überfahrt nach Australien einen „Gewittersturm" (AD, S. 218) einzufügen,
da ein solcher obligatorisch zu jeder Schiffsreiseerzählung dazugehört.[16] Das
Dialogische als die dominanteste Darstellungsform bleibt jedoch auch in den
Reisebriefen von und nach Australien (v. a. denen zwischen Mutter und Tochter)
erhalten. Ebenso wie die lebensgeschichtliche Erzählung viele Reisegeschichten
enthält, finden sich auch kleinere oder größere Lebenserzählungen, die in die

---

[14] So wird schon vor den fingierten Australienbriefen auf Reisebriefe verwiesen, so z. B.
auf die Briefe des Bruders Karl, die er von seinen Wanderschaften schickt. Überhaupt
spielen Briefe eine wichtige Rolle, da sie sowohl das Dokumentarische als auch Intimität
inszenieren, so z. B. der Brief von A. Dietrich an ihren Bruder (vgl. AD, S. 137–149), die
Empfehlungsbriefe für Amalie Dietrich (vgl. AD, S. 189–190), etc.

[15] Ray Sumner (1993, S. 35–36) verweist, unter Rückgriff auf die Lesebiographie der
Charitas Bischoff sowie eine Szene in den Reisebriefen (vgl. AD, S. 252–254), noch auf
den Einfluss der Romantik, v. a. Novalis und seinen fragmentarischen Roman *Heinrich*
von Ofterdingen. Solche Einflüsse und die Spuren dieser im Text sollen nicht grundsätzlich
zurückgewiesen werden, allerdings wird ihnen hier nicht dieselbe Bedeutung zugewiesen
wie bei Sumner.

[16] Von Sumner wird dieser als eine Hinzufügung entlarvt (vgl. Sumner, 1993, S. 17).

große Lebenserzählung der Amalie Dietrich eingebettet sind, wobei – gemäß dem tradierten Topos – auch das Leben selbst wiederum als Reise semantisiert wird. Eine für die Narration wichtige lebensgeschichtliche Erzählung ist die männlich-genealogisch angelegte Familienerzählung Wilhelm Dietrichs (AD, S. 44–53), die u. a. dazu dient, den Namen Dietrich und mithin diejenigen, die diesen Namen tragen, mit einer gewichtigen Bestimmung und Bedeutung zu verknüpfen. Auch hier ist das Setting eines, das mündliche Erzähltraditionen evoziert: Wilhelm erzählt in abendlicher Runde seiner Verlobten und deren Eltern die Geschichte seiner Familie, während die Zuhörenden kleineren Handarbeiten nachgehen. Er tritt hier als Lehrer in Erscheinung, eine Rolle, die die Beziehung zwischen ihm und Amalie sehr lange bestimmt. In seiner paternalistischen Haltung erinnert er an den Vater-Erzähler in Joachim Heinrich Campes (2000 [1779/1780]) *Robinson der Jüngere,*[17] Amalie und ihren Eltern kommt dabei die Rolle der – nicht etwa müßig, sondern mit kleineren Arbeiten befassten – lauschenden, unwissenden ‚Kinder' zu, die auf erstauntes Nachfragen mehr oder weniger wohlwollend belehrt werden.

Das Buch, dem vier Bildtafeln beigefügt sind,[18] ist in insgesamt 63 kurze Abschnitte unterteilt (davon sind 31 Briefe von und nach Australien[19]), die jeweils illustrierend mit kurzen Titeln (resp. Daten und Anreden) überschrieben sind. Der Erzähleinstieg führt die Lesenden in eine „ärmliche Stube" (AD, S. 1) in der sächsischen Kleinstadt Siebenlehn, den Geburtsort der Amalie Dietrich, der als symbolisch aufgeladener räumlicher Ausgangs- und Fixpunkt der Erzählung gelten kann. Bereits in der Eingangsszene werden der etwas betuliche

---

[17] Joachim Heinrich Campes: *Robinson der Jüngere. Zur angenehmen und nützlichen Unterhaltung für Kinder* (1779/1780) als Nach- und Weitererzählung von Daniel Defoes *The Life and Strange Surprizing Adventures of Robinson Crusoe of York, Mariner* (1719) evoziert wiederum die Gattung der Reiseliteratur.

[18] Ein Bild der Amalie Dietrich findet sich im inneren Titelblatt, eine Fotografie der Tochter relativ am Ende, im Kontext eines Briefes an die Mutter, den die Tochter aus England schreibt (vgl. AD, S. 336; zur den Photographien vgl. Sumner, 1993, S. 73–75). Gottlieb Dietrich, der Onkel von Wilhelm Dietrich, der zu einiger Berühmtheit gelangt ist, ist auf S. 64 abgebildet, J. Cesar Godeffroy IV, der wichtigste Arbeitgeber der Amalie Dietrich, auf S. 208 (zur Bildsprache vgl. auch den Beitrag von Sigrid Nolda in diesem Band).

[19] In vielen Ausgaben, so auch der von 1918, die über das digitale Archiv der Universität Düsseldorf zugänglich ist, ist das Buch noch in zwei Abteilungen eingeteilt. Teil 1 umfasst die Erzählung bis zu den Briefen aus und nach Australien, Teil 2 beinhaltet dann die Briefe und die zwei kurzen Abschlusssequenzen (vgl. Bischoff, 1918 [1909]). In der hier zugrunde gelegten Ausgabe von 1951 [1909] fehlt diese Einteilung.

Erzählton, die häufig szenisch angelegten Settings, der Hang zu mundartlich geprägten Äußerungen sowie die teils etwas langatmigen, Oralität simulierenden und punktuell monologisch anmutenden Dialoge lesbar. In dieser ersten Szene werden wichtige Standards, Normen und Werte eines engen, kleinbürgerlichen und handwerklichen Milieus vorgeführt und in Figurenäußerungen explizit gemacht, die Zugehörigkeit anzeigen und bedingen, und zu denen das Leben der Amalie Dietrich (nicht in allen, aber in zentralen Punkten) die Abweichung darstellt. Entsprechend ist auch die Narration der Erzählung dichotomisierend und in Oppositionen angelegt – auch wenn die zentrale Figur dabei häufig in einem ‚Zwischen' verbleibt: Die räumlichen Grenzüberschreitungen der Amalie Dietrich etwa (aus ihrem Elternhaus, aus Siebenlehn, aus Sachsen, aus Deutschland, das Verlassen des europäischen Kontinents), führen diese zwar in einen ‚anderen Raum', aber dort scheint sie nie im eigentlichen Sinne anzukommen – der Weg zurück, der mehrfach abgelegt wird, beherbergt dann aber auch keine wirkliche Rückkunft. Es sind dies zudem nicht nur räumliche Transgressionen, sondern auch solche im Bereich der geschlechtsspezifischen Rollenzuweisungen sowie im Kontext von Milieu und vor allem Bildungsmilieu – aber auch diese sind so gestaltet, dass die Protagonistin in den neuen Lebensbereichen und Milieus nicht heimisch wird.[20] Zudem wird sehr häufig durch Blicke, räumliche und soziale Anordnungen, Anreden, Emotionen, Wertungen etc. ‚von oben nach unten' oder umgekehrt erzählt.[21]

Da nun das heimatliche Milieu für die Erzählung die Folie ist, von der sich der Lebensweg und die Figur der Amalie Dietrich gestalthaft abzeichnet und abhebt, wird der Schilderung desselben von Beginn an hohe Aufmerksamkeit gewidmet. So setzt die Lebenserzählung nicht mit der Geburt der Amalie Dietrich ein, sondern zwei Jahre später; im Modus des *showing* werden die Lesenden direkt in eine Milieu-Szene versetzt: „In dem kleinen sächsischen Bergstädtchen Siebenlehn saßen im Jahre 1823 vier Männer in einer ärmlichen Stube und spielten beim Schein einer hochbeinigen, zinnernen Öllampe Karten. ‚Gottlieb,' riefen sie einem langen, hageren Manne zu, ‚Gottlieb, du bist am Geben!'"

---

[20] Der Bereich des Ökonomischen, wie er in der Erzählung ausgestaltet wird, wäre nicht allein in dieser Hinsicht eine eigene Untersuchung wert, vor allem, da ökonomische Erwägungen und Verhältnisse in der Lebenserzählung eine komplexe und nicht unproblematische Verhandlungsmasse auf vielerlei Ebenen darstellen.

[21] Dabei ist aber die Semantisierung nicht im Lotman'schen Sinne eindeutig (vgl. Lotman, 1970, S. 327–347): ‚oben' ist nicht immer hell und gut, und ‚unten' ist nicht immer dunkel und verderblich, es finden sich häufig gerade entgegengesetzte Wertungen.

(AD, S. 1). Die Kartenrunde besteht aus dem hier angesprochenen Vater, dem Bader, der neu ist in der Dorfgemeinschaft, und zwei weiteren Spielern. Mitten in das Spiel wird Amalie („Malchen") von ihrer Mutter auf den Tisch gesetzt, „ein kleines rotbackiges Mädchen, das aus großen blauen Augen klug und verwundert um sich blickte" (ebd.). Nachdem der Vater mit dem Kind nach Hause gegangen ist, echauffiert sich der Bader über das Verhalten der Mutter. Dabei wird diese Figur nicht allein darüber als ‚Fremder' markiert, dass er ein ‚Zugezogener' ist. Schwerer wiegt, dass der Bader sich einer anderen Klasse zugehörig, als „hoch erhaben [...] neben den Siebenlehnern" (AD, S. 2) zu fühlen scheint. Dies wird insbesondere an seiner Kleidung und seinen Umgangsformen („geschraubte, überlegene Art" (ebd.)), aber auch daran festgemacht, dass er sich für „klüger hielt als seine Umgebung" (ebd.).[22] Das Narrativ ist ein tradiertes: Die (so der Verdacht der Siebenlehner) auf Schein beruhende Überlegenheit der ökonomisch und in Bildung besser ausgestatteten Anderen wird mit der Ärmlichkeit aber eben auch der Ehrlichkeit, Authentizität und Wertesicherheit der heimatlichen Gemeinschaft kontrastiert. Diese Position wird als Stimme des Kollektivs ‚Siebenlehn' inszeniert.[23] Hier wird im Nukleus der Konflikt vorgeführt, der die Erzählung des Bildungs- und (Welt-)Erfahrungsaufstiegs der Amalie Dietrich begleitet: Wie und in welchem Maße kann der Aufstieg der Protagonistin positiv konnotiert werden? Gibt es in der innertextlichen (sozialen, familialen, räumlichen) Ordnung einen (neuen) Ort für die Aufsteigerfigur? Welche textuellen Instanzen nehmen welche Position dazu ein? Dieses, auch erzählerisch-konzeptuelle Problem wird bis zum Ende verhandelt und eigentlich nicht recht gelöst. Es zeigt sich u. a. darin, dass das, was am Ende als Bescheidenheit und Härte der Protagonistin gegen sich selbst tugendhaft vorgeführt wird, auch ganz anders, nämlich als verfehlte Deutung der eigenen Lebensleistung gelesen werden kann; der Text selbst lässt beide Lesarten zu.[24]

---

[22] Die Klugheit der zweijährigen Amalie wird nicht mit dieser negativen Konnotierung versehen.

[23] Es ist dies ein Verfahren, auf das häufig zurückgegriffen wird, manchmal wird diese Stimme auch einzelnen Figuren zugeordnet, die dann stellvertretend für das Kollektiv sprechen.

[24] „Charitas hörte, wie sie nachts rief:»Wilhelm! was wir wurden, – das danken wir dir! – Hörst du, Charitas, du auch!« Ruhig und gefaßt sprach sie von ihrem Tod:»Macht nur ja keine Umstände,« sagte sie.»Mit mir sind im Leben nie Umstände gemacht. Nimm ja keins von den neuen Laken, und den Sarg so billig es angeht. Pflanzt einen Efeu auf mein Grab, damit gut."" (AD, S. 360).

Der Bader, der als Außenstehender über ein alteingesessenes Mitglied der Dorfgemeinschaft scharf urteilt, wird nun auf seinen Platz verwiesen, indem eine weibliche Figur wie auf einer Volksbühne hinter einem, „bei der ärmeren Bevölkerung" (ebd.) ortstypischen Vorhang hervortritt und den ‚Zugezogenen' über die Mutter von Amalie belehrt: hilfsbereit, heilfertig, Nächstenliebe übend, sprachgewandt, werte- und normenfest sowie enttäuscht in ihren bescheidenen Aufstiegswünschen sei „die Gevatter Cordel" (ebd.). Diese mündliche Erzählung der Siebenlehnerin, die, dialektal vorgetragen, wiederum Milieu- und Standes-unterschiede markiert, wird dann von der Erzählstimme übernommen, um die Familie Nelles vorzustellen und von der Geburt Amalies zu erzählen, die als Segen für die Familie und als Substitut für drei verstorbene Kinder eingeführt wird.[25]

Das Siebenlehner Figurenrepertoire wird noch erweitert durch die „Krumm-biegeln", eine Figur, die konzeptuell ins Wunderbare weist und in Gestalt und Auftreten einem Märchen oder einer Volkssage entstiegen scheint. Sie verkörpert diese Gattungen nicht nur gestalthaft, sondern sie erzählt sie auch:

> „Die Krummbiegeln war ein vertrocknetes Weibchen, deren lebhaftes, neugieriges Gesicht eulenartig aus der Umrahmung der weißen Mütze herausschaute. Auf der stark entwickelten Nase saß eine große, schwarze Hornbrille, hinter der die dunklen, glänzenden Augen in beständigem Wechsel den Beschauer anblitzten. Ach ja, die Krummbiegeln! Die »derlebte« immer so viel und so wunderbare Dinge. Wenn man der zuhörte, war es fast, als wenn man ein spannendes, geheimnisvolles Buch läse." (AD, S. 16)

Diese Figur, die bis zum Schluss immer wieder wichtige Lebensstationen der Amalie Dietrich von ihrem fest verwurzelten räumlichen und unbeweglichen geistigen Standpunkt aus stellvertretend kommentiert, dient mit ihrem Aber-glauben und ihrer Unwissenheit, ihrer engen Weltsicht und Angst vor allem, was fremd ist und sich außerhalb der vertrauten Siebenlehner Welt befindet, als

---

[25] Diese Erzählstimme hat uneingeschränkten Einblick in die Innenwelt aller Figuren, wechselt Perspektiven und Schauplätze und herrscht souverän über die erzählte Welt. Dies geht von der Übernahme von Kollektiv-Diskursen bis hin zu simulierten Gedankenreden, die über das Verfahren der *translatio temporum* eine Vergegenwärtigung starker Sinnesein-drücke der Figuren bei den Lesenden bewirken sollen (vgl. z. B. AD, S. 27). Es ist dies ein rhetorisches Mittel, auf das etwa bei den Reiseerzählungen zurückgegriffen wird, so wenn Stationen der ersten Reise nach Bukarest mal aus der Wahrnehmungsperspektive und der Gefühlswelt der Tochter, mal aus der Mutter, auch im epischen Präsens, geschildert werden (vgl. AD, S. 91, 98 f.).

Kontrastfolie zur Welt der Vernunft,[26] der Wissenschaft und der Welterfahrung. Diese wird durch Wilhelm Dietrich verkörpert, der von eben dieser Krummbiegeln ausgerechnet als „Hexenmeister" in die Erzählung eingeführt wird (AD, S. 18).

Wilhelm Dietrich repräsentiert in der Erzählung zu Beginn nicht nur Vernunft und Wissenschaft, sondern vor allem Entsagungs- und Entbehrungsbereitschaft sowie völlige Unterordnung unter sein Streben und seinen Beruf. Es ist genau dies, was er bei der Brautwerbung von seiner zukünftigen Frau fordert (vgl. AD, S. 40–41): Unterwerfung letztlich unter seine Person, die all das repräsentiert. Die Brautwerbung wird denn auch, wie es bei der Erzählung kulturell kanonischer Ereignisse im Lebenslauf üblich ist, als ein mit Bedeutung aufgeladener Wendepunkt gestaltet. Vor dem Hintergrund, dass dieser Wendepunkt im Leben der Amalie Dietrich zweifach bedeutsam ist (Ehe und Beruf), wird hier die genealogische Erzählung der Dietrichs integriert, und Amalie wird nicht nur von den Eltern (ungern) an den Mann überhändigt, sondern sie tritt sozusagen in die Lehre ein und unterwirft sich dabei ,freudig' dem Werte- und Verhaltenskodex ihres Ehemannes-Meisters. Dieser Kodex ist dem ihres Milieus zwar nicht gänzlich fremd (Arbeitsamkeit, Duldsamkeit), dessen zugrunde liegende Aspiration ist jedoch eine andere: Nicht ökonomische Stabilität und verlässliche Einbettung in die Gemeinschaft sind das Ziel, sondern ein Streben, das zunächst abstrakt und ungenau in seiner Zielbewegung bleibt, aber eine in der Zukunft liegende Verbesserung in Bezug auf den sozialen und ökonomischen Stand verspricht. In der eingebetteten Lebens-Erzählung Wilhelm Dietrichs (vgl. AD, S. 44–53) wird den Zuhörenden (und den Lesenden) die „Neigung", der „Sammeltrieb",

---

[26] Diese Figur ist jedoch nicht gänzlich in der hier angedeuteten Opposition zu verorten. Einer eindeutigen Abwertung dessen, wofür sie steht, stehen ihre fast schon prophetisch anmutenden Äußerungen entgegen, so etwa in Bezug auf die Ehe der Amalie Dietrich oder auch, wenn sie den Lesenden ein letztes Mal ,leibhaftig' vor Augen tritt, kurz vor der Abfahrt der Dietrich nach Australien. Ihr Abschiedskommentar lautet: „Ä', dummes Zeig! Egal hast du gelernt, und wie is der'sch denn gegang'n? Arm biste, aber e Dickkopp biste ooch! Was man von dir wohl noch mal hört!«" (AD, S. 213). Selbst im fernen Australien, einer Erfahrungswelt, die antipodischer nicht sein könnte, berichtet die Briefeschreiberin von einer Erinnerung an die Krummbiegeln (es ist dies deren wirklich letzter Auftritt). Angesichts der für Dietrich wundersamen Unterwasserwelt schreibt sie an ihre Tochter: „Wirklich widerliche, ekelhafte Ungeheuer waren dabei, und als ich sie so vor mir hatte, wanderten plötzlich meine Gedanken weit, weit weg, zurück in meine Jugend, in die Niederstadt, ich sehe die alte Krummbiegeln mit ihrer Hornbrille in unsrer Stube in der Niederstadt, und ich höre, wie sie sagt:»Molche und Drachen mußt de dorch de Welt schleppen, wenn de mit dem Mann zusammen kommst!«" (AD, S. 330).

die „Leidenschaft" und „Liebe" der männlichen Familienmitglieder zur Natur und zur Wissenschaft in „schwärmerischem Ausdruck" (AD, S. 46) vermittelt und durch berühmte Namen (z. B. Goethe und Linné) beglaubigt und geadelt. Durch die Markierung des wissenschaftlichen Strebens mit starken Emotionswörtern, öffnet sich der tradiert männliche Raum als Angebot für die ergriffen lauschende Amalie.[27] Den Kodex sowie die ‚Bestimmung' wird die Figur in einer Weise akzeptieren und internalisieren, dass sie diesem auch nach der Trennung von Wilhelm und unabhängig von ihm weiter nachlebt,[28] wodurch beides als ihr eigentliches Schicksal und ihre eigene „Gabe" (ebd., S. 168) markiert wird. Dies ist umso wichtiger, da es gilt, die Überschreitungen der durch die zeitgenössischen tradierten Geschlechterrollen vorgegebenen Grenzen als Wissenschaftlerin und reisende Frau[29] insofern zu mildern, als dass sie nicht eine Wahl der Person, sondern der Wille einer ‚höheren Macht' sind, der man folgt, sei es auch um einen hohen Preis. Wilhelm Dietrich erscheint in der Retrospektive damit lediglich noch als Vermittler- oder Helferfigur, die ihre Funktion erfüllt hat – für das Leben der Amalie Dietrich und für die Narration.

Das zweijährige Mädchen, das in der Eingangsszene „klug und verwundert um sich blickte" (AD, S. 1) hat mit seiner Verlobung als junge Frau einen weiteren Schritt hin zu dem getan, was schon vor der Erzählung als der Zielpunkt ihres Lebens ausgemacht ist und in der Narration fortwährend konstituiert wird. In diesem Sinne kann weder das Leben noch das Schreiben letztlich fehlgehen. Die in *Amalie Dietrich. Ein Leben* nach der Verlobung bis hin zu ihrer Reise nach Australien ausgestalteten (verbürgten oder fiktiven) Hindernisse, Kalamitäten und

---

[27] Diese wird in der Szene sehr kindlich gezeichnet, W. Dietrich ist der Vater-Lehrer-Erzähler. Ein interessantes Forschungsprojekt wäre die Untersuchung der Verknüpfung von Wissenschaft und wissenschaftlicher Arbeit, Natur und Pflanzenwelt mit Emotionswörtern und emotionalem Gehalt sowie moralischen Wertungen (über den Sonnentau heißt es: „»So schön waren sie, und dabei so hinterlistig!«" (AD, S. 51)). Überhaupt partizipiert der Text an der Ausbalancierung spezifischer Wissenschafts-Diskurse, etwa im Kontext der Abstufungen und Gewichtungen von ästhetisch-sinnlicher Naturerfahrung („Seele", „Stimmung" (AD, S. 60)) und systematisierender wissenschaftlicher Betrachtung („Untersuchen, Trennen und Zählen" (AD, S. 61)).

[28] Die erste Krise wird zunächst durch und im Rahmen einer Reise bewältigt, während derer Amalie Dietrich nach einigen Versuchen, anderen Tätigkeiten nachzugehen, erkennt, was ihre eigentliche Leidenschaft ist. Nach der Trennung von Wilhelm festigt sich ihr Entschluss, ihrem „Beruf" (AD, S. 170) auch weiterhin nachzugehen.

[29] Zu diskursiven und praktischen Überbrückungen der Differenzen zwischen dem jeweiligen Frauenbild und reisenden Frauen vgl. u. a. Pelz, 1988.

Umwege sind nicht nur erlaubt, sondern aufgrund der Unterhaltungs- und Vorbildfunktion des Genres sogar ausdrücklich erwünscht.[30] Dass die Protagonistin
dann durch tatkräftige Hilfe wohlwollender, prototypisch gezeichneter Bildungs-
bürger des 19. Jahrhunderts das Vertrauen und die Chance erhält, ihre Reise nach
Australien als Beauftragte der Firma Godeffroy anzutreten, ist zugleich Klimax
und Erlösung.[31]

Die 31 Briefe, die den Aufenthalt der Amalie Dietrich in Australien in der
und für die Narration zugleich überbrücken und illustrieren, sind in der Hauptsache ein Dialog zwischen Mutter und Tochter. Beide berichten aus ihrem
eigenen Leben und Erleben. Die Funktionen der Briefe, die an den Traditionen
des Genres Reisebrief (vgl. dazu Schaffers, 2006, S. 189–199) partizipieren,
sind dabei vielfältig: Sie informieren und berichten, suggerieren und evozieren
Authentizität und Glaubwürdigkeit sowie Nähe und Intimität zwischen den
Schreibenden und dienen dazu, das Leben von Mutter und Tochter neben- und
gegeneinander zu stellen.[32] Die Briefe der Mutter erfüllen am klarsten die Vorgaben des Reiseschreibens. Da sie sich an die Tochter richten, sind sie auf die
Lebensumstände bezogen und geben einen Einblick in die Tätigkeit in Australien
‚aus erster Hand‘, der Ton ist entsprechend edukativ, die Wissensvermittlung steht
in vielen Passagen im Vordergrund.[33] Auf dem Zenit ihres beruflichen Erfolgs

---

[30] Die Kapitel, die von Problemen und Nöten berichten (Kap. 23–27), werden in teils
romantischer, teils religiöser Manier überschrieben mit: *Alles umsonst, Ein Wandern im
Nebel, Die Nebel verdichten sich, „Und ob es währt bis in die Nacht", Die Nebel zerreißen,
– Der Himmel wird helle!*.

[31] Dies wird vor allem nach dem Schema ‚Bewährung und Gnade‘ erzählt. Es wäre insgesamt lohnenswert, das Buch auf seine religiösen Diskurse sowie auf Elemente legenden-
hafter Erzählschemata hin zu analysieren. Die gängigen Elemente dieser Erzählform
– schicksalhafte Bestimmung und Talent, ‚Lehre‘, Krise, tugendhafte Bewährung und Lohn
– lassen sich jedenfalls nachweisen (zur Übersetzung der Hagiographie in den säkularen
Kontext vgl. Gumbrecht, 1979).

[32] Es gibt 13 Briefe von Charitas an ihre Mutter und elf von Amalie Dietrich an ihre
Tochter. Diese Verhandlung von Lebensläufen, Werten und Haltungen, ist insofern
interessant, als dass sie innertextuell in Zusammenhang mit dem Mutter-Tochter-Verhält-
nis von Cordel und Amalie eine generationenübergreifende Inszenierung und Aushandlung
unterschiedlicher weiblicher Lebensläufe, Aspirationen und Rollen darstellt.

[33] Ray Sumner, die die Briefe als „core of the book" (1993, S. 8) bezeichnet, was deren
Bedeutung für die lebensgeschichtliche Erzählung (wohl nicht für deren Rezeption) deutlich überschätzt, weist nach, dass die Autorin für das Verfassen dieser Briefe in großen
Teilen auf einen Reisebericht von Carl Sofus Lumholtz (1887; dt. Ausgabe 1892) zurückgegriffen hat, der von 1880 bis 1884 in Australien war.

und zur Unterstreichung dessen fügt die Autorin den Briefen aus Australien einen von Wilhelm Dietrich hinzu (vgl. 10. Brief, AD, S. 260–262). Dieser Brief hat die Funktion, die Umkehrung aller (Macht-)Verhältnisse des Paares und die Bedeutung Amalie Dietrichs als Wissenschaftlerin durch die staunende Bewunderung ihres einstigen Lehrers, Meisters und Gatten aufzuzeigen. Die sechs Schreiben aus dem Hause Godeffroy unterstreichen dies, indem sie die Arbeitsumstände in Australien sowie das Vertrauen der Firma in Amalie Dietrich illustrieren und ihre wissenschaftlichen Leistungen würdigen.

Zwei letzte Abschnitte beschließen die Lebenserzählung, wobei die *„Heimkehr"* (AD, S. 352–358) symbolisch stark aufgeladen ist: Gemäß der mythischnarrativen Struktur der Reise und ihrer Darstellung – Auszug, Abenteuer und Heimkehr (vgl. Wolfzettel, 2003, S. 6) – schließt sich der Lebens-Kreis und Amalie Dietrich kommt im vorletzten Abschnitt zurück an den Ausgangspunkt ihrer Reisen und die Narration zurück zu ihrem Beginn: Siebenlehn. Es wird noch einmal Bilanz gezogen und Gewinne (Anerkennung und Stellung in der wissenschaftlichen Welt) und Verluste (Entfremdung von ihrer Tochter und ökonomische Verluste) werden nebeneinandergestellt. Dass ‚Reise/n' in der Erzählung auch symbolisch für die Lebens-Reise steht, findet seinen Ausdruck dann in folgender Szene:

„Vierzehn Tage später reiste Amalie in ihre Heimat. [...] Ihre Sammlungen wurden auf dem Rathause ausgestellt. Als sie kam, um nachzusehen, ob alles gut angekommen sei, kam ihr der alte Stadtrichter entgegen, hieß sie in der Heimat willkommen und sagte: ‚Hier an dieser Stelle zeigte ich Ihnen einst auf der Landkarte den Weg nach Bukarest. Was für ein Lebensweg seitdem!' Sie neigte den Kopf und sagte leise: ‚Rund um die ganze Welt. Es war weit und schwer!'." (AD, S. 357–358)

3   Die Narrative Lesen und Reisen

„Das ist eine ursprüngliche, das heißt initiatorische Erfahrung: lesen bedeutet,
woanders zu sein, dort, wo wir nicht sind, in einer anderen Welt. [...] Weit davon
entfernt, Schriftsteller [...] zu sein, sind die Leser Reisende."
(de Certeau, 1988, S. 306)

Als eines der Schlüsselelemente der Lebensdeutung der Amalie Dietrich kann in der lebensgeschichtlichen Erzählung der Konnex von ‚Lesen' und ‚Reisen' ausgemacht werden. Beide kulturellen Praktiken gelten im textweltlichen Herkunftsmilieu der Protagonistin als in Maßen und zweckgebunden notwendig aber auch als gefährlich, wenn sie das zugeteilte Maß überschreiten. Beide werden narrativ zur Besonderung von Figuren eingesetzt und beiden wird kulturell das Potenzial zugeschrieben, den Horizont zu erweitern und Welt-Erfahrung zu ermöglichen. Diese Formen der Welterschließung, Lesen und Reisen, ihr Potenzial und die damit verbundenen Gefahren werden bereits in den Kindheitsepisoden, u. a. in Form des *blending*,[34] zusammengeführt:

> „Ja, dieser Bücherschrank, das war eine Welt! Malchen übertraf das Kantor-Klär-chen an Lesefähigkeit, und mit Kopfschütteln sahen Nelles die wunderbarsten Bücher bei sich ein- und auswandern; Ritter- und Räubergeschichten wechselten mit moralischen Jugendschriften und Reisebeschreibungen. Der Vater schalt über das dumme Zeug und sagte:»Ich will froh sein, wenn das Mädel erst konfirmiert ist; dann rührt sie mir keine von diesen Scharteken mehr an; dann setze ich sie an den Werktisch und sie hilft mir im Geschäft. Wenn ich mal nicht mehr kann, nehm' ich mir einen Gesellen, und der mag das Malchen heiraten.«" (AD, S. 12)

Der Bücherschrank wird zur Welt, Lesefähigkeit ist das Rüstzeug für die Reise durch diese, und wer nicht darüber verfügt, muss zurückbleiben. Bücher wandern ein und aus, sind mithin selbst auf der Reise, Reisebeschreibungen öffnen den Geist für andere Welten, lesend können soziale Grenzen und die, die das Geschlecht auferlegt, sowie festgezurrte Lebensentwürfe und die Grenzen der verlässlichen Wirklichkeit überschritten werden. Aber auch das Leben selbst wird dadurch unwägbar und eine Reise ins Unbekannte. Dem Vater, der hier stellvertretend das Wort bekommt, geht es folgerichtig um Einhegung.

Die Zusammenführung von Lesen und Reisen ist topisch und auch der damit verbundene (Be-)Deutungsgehalt ist in weiten Teilen konventionalisiert (Lesen als mentale Reise in unbekannte Welten, Reisen als Erlesen der Welt; vgl. Schaffers, 2006). Konventionalisiert und diskursiv vorstrukturiert sind aber auch die Gefahren, die mit beiden kulturellen Praktiken einhergehen, d. h. die damit

---

[34] Mit dem Begriff des *blending* soll an dieser Stelle das Fluide und Prozesshafte des poetischen Verfahrens betont werden: Es handelt sich hier um einen Akt der ‚Über-blendung' und der Vermischung auf sprachlicher und konzeptueller Ebene, wobei die Elemente einerseits lesbar bleiben, andererseits aber auch ineinander aufgehen. Vgl. etwa zum filmischen Mittel der Überblendung Rudolf Arnheim: „Man kann zwei nach dem Parallelitätsprinzip montierte Szenen so ineinander überblenden, daß die zwischen den beiden Zeitpunkten der besten Sehschärfe liegende unbestimmte, verschwommene, neutrale Zone nur das beiden Szenen Gemeinsame sozusagen abstrakt zeigt: Zwischen der pendelnden Uhr und der pendelnden Kinderschaukel ‚das' Pendeln!" (Arnheim, 2002, S. 121); zur *Blending-Theory* im Sinne von Fauconnier und Turner (2002).

verbundenen Grenzüberschreitungen, die als Transgressionen die ‚gute Ordnung‘ bedrohen: Allein reisende Frauen, auch solche, die einer höheren gesellschaftlichen Klasse als Amalie Dietrich angehörten, waren im späten 19. Jahrhundert immer noch eine misstrauisch beäugte Minderheit, die ihre Aktivitäten oft genug mit hohem diskursivem und praktischem Aufwand rechtfertigen, teilweise auch camouflieren musste (vgl. Stamm, 2018). Entsprechend werden so gut wie alle Reisen Amalie Dietrichs als mühselig, gefährlich und kaum zu bewältigend geschildert. Keine dieser Reisen wird aus einer inneren Unruhe, einem Drang hinaus in die Welt unternommen. Es sind unfreiwillig und teils unter körperlicher und emotionaler Qual angetretene, erzwungene Reisen, Reisen als Flucht vor der häuslichen Situation, aus Not, Geschäftsreisen. Es sind aber auch Reisen, die ihrer wissenschaftlichen Tätigkeit, ihrer ‚Bestimmung‘ dienen, die über das ‚Er-Fahren‘ und die Erfahrung von Welt Welterschließung ermöglichen.

Auch Lesen, vor allem literarisches Lesen, wurde seit dem 18. Jahrhundert intensiv pädagogisch reglementiert und auf seine Legitimation für bestimmte soziale Gruppen hin geprüft.[35] Ungesteuerte Lesepraxis galt als sozial und individuell schädlich, vor allem für die unteren Gesellschaftsschichten sowie für Mädchen und Frauen (vgl. Rouget & Schaffers, 2019). Die Lesebiographie der Protagonistin wird insbesondere im Abschnitt *„Amalie im Elternhaus"* (AD, S. 10–16) gestaltet: In der Lebenserzählung wird von keinerlei von den Eltern an ihre Tochter aufgetragener Bildungsaspiration berichtet.[36] Entsprechend dem Stand der Familie heißt es: „Bücher wurden nicht angeschafft. Den ‚Sächsischen Kinderfreund‘[37] erbte Malchen vom Karl, und als sie die Geheimnisse des

---

[35] Als bedrohlich wurde etwa um 1800, in einer Zeit des sich konstituierenden Sozialsystems, Literatur, die vermeintliche Verselbstständigung der Lesenden, v. a. der so genannten ‚unteren Volksschichten‘, wahrgenommen (vgl. Schmidt, 1989).

[36] Das ist für den Werdegang der Tochter etwas anders, Charitas partizipiert durch ihre institutionelle Erziehung stärker an der literarischen Kultur. Aber auch hier finden sich ähnliche Diskursstränge: „Was mich so alt gemacht hätte, äußerlich und innerlich, ich solle doch flott und jung sein, nicht immer die Nase ins Buch stecken, das hätte ich ja nun lange genug getan, ich solle die Augen aufmachen, die Seele weiten, das Leben solle ich auf mich wirken lassen. Weshalb ich ängstlich sei, allein auszugehen?" (AD, S. 322). Interessanterweise gibt die Urheberin dieser Sätze Charitas direkt im Anschluss einen von ihr selbst verfassten Roman zur Lektüre auf, was die Ambivalenzen dieses Diskurses einmal mehr offenbart.

[37] Wahrscheinlich: *Gutmann oder der Sächsische Kinderfreund. Ein Lesebuch für Bürger- und Landschulen von M. Karl Traugott* Thieme (1794), der in vielen Schulen Deutschlands, nicht nur in Sachsen, als Lesebuch eingesetzt wurde.

Lesens innehatte, ließ es ihr keine Ruhe, bis sie alle die kleinen rührenden und moralischen Geschichten durchgelesen hatte. Nun verlangte sie nach mehr" (AD, S. 11). Neben dem „Freiberger Bergkalender" werden anfangs vor allem religiöse Schriften genannt, Bibel und Gesangbuch sowie, überhändigt vom Pastor, religiöse Erbauungsliteratur, die zur Disziplinierung der „Lesewut" des Mädchens dienen soll: „Als der Pastor von Nelles hörte, mit welcher Lesewut seine Schülerin behaftet war, da bat er sie ernst und eindringlich, die andern Bücher zu meiden und nur „Stunden der Andacht" zu lesen" (AD, S. 12). Dies ist jedoch nur von kurzzeitigem Erfolg gekrönt und ‚Malchen' wendet sich anderer Lektüre zu: „Meist hatte sie doch in der Schieblade, wo sie Wachs, Zwirn und Nadel hatte, heimlich auch ein Buch – es war nicht mehr Zschokke – in dem sie las, wenn der Vater einen Geschäftsgang machte" (AD, S. 15). Diese und weitere Darstellungen partizipieren noch an den Diskursen aus dem letzten Drittel des 18. Jahrhunderts über Lesesucht und Lesewut und ihre Folgen (vgl. Schön, 1993, v. a. S. 46–49) und werden der wenig gebildeten Landbevölkerung der ersten Hälfte des 19. Jahrhunderts in den Mund gelegt: Das Kollektiv ‚Siebenlehn', der Vater sowie die Krummbiegeln variieren hier als Phalanx diesen Diskurs, wobei mal die Gefahr, dass Amalie ihrer eigentlichen Bestimmung als Frau nicht gerecht wird, mal die Gefahr der Entfremdung von Milieu und Religion durch Bildungsaufstieg im Vordergrund stehen:

„»Ja, was is denn das mit der albernen Nellen-Male? Was will denn die? Die is doch gar ni wie andere Mädel, aber die soll doch ni tun, als wär se was Besseres. Das hat schon manche gedacht, und was hat man an solchen derlebt!? Na! Na! – Man hat Beispiele!« So sagten die Alten kopfschüttelnd in der Niederstadt, und die Jungen gaben ihnen recht. [...] Wenn ein Mädchen in die Zwanzig kommt, und es werden ihm Anträge gemacht, da zieht man es doch in Erwägung. Worauf wartete sie denn? »Das kommt von der ewigen Leserei und Lernerei!« knurrte der Vater; [...] »Dein Mädel glaubt nichts mehr. Die hat zuviel gelesen. Man liest sich um alle Religion, wenn man immer die Nase in die neumodischen Bücher steckt. Cordel, du sollst sie mehr in der Bibel lesen lassen«." (AD, S. 13, 14, 18)

Reiseliteratur taucht im kindlichen Lektürekanon der Amalie Dietrich nur sehr punktuell auf, aber sie ist vorhanden. Im Bücherschrank des örtlichen Buchbinders, der Bücher für „einen Pfennig die Woche" entleiht, finden sich auch „Reisebeschreibungen" (AD, S. 11–12), und im Abschnitt *Amaliens Traum* (vgl. AD, S. 22–26), der als eine symbolhaft verbrämte, prophetische Traumerzählung des Lebens der Protagonistin gelesen werden kann, findet sich folgende Passage:

> „So war das, was ich im Traume sah, hohe Palmen, große, bunte Vögel, in der Ferne Berge, Wasser, und auf dem Wasser Schiffe, und in dieser merkwürdig schönen Gegend liefen fremdartige Menschen herum, schwarz waren sie, so wie ich es in Reisebeschreibungen gelesen habe." (AD, S. 25)

Auch die Briefe, die der ältere Bruder Karl von seinen Wanderschaften schreibt, und die in der Familie sowie in ganz Siebenlehn vorgelesen werden, können als Reisebeschreibungen gelten,[38] die zudem topographisch angereichert werden: Der Pastor „holte [...] eine Landkarte herbei und zeigte der Mutter Cordel ein kleines Pünktchen, mit dem Bemerken, da sei jetzt der Carl [sic]. Mutter Cordel nickte; sie konnte sich gar keine Vorstellung machen, was die Punkte und die bunten Linien mit Karls Aufenthalt zu tun hatten" (AD, S. 15).

Das Lesen, auch das Lesen von Reisebeschreibungen, verblasst im Verlaufe der Erzählung mehr und mehr und zwar in dem Maße, in dem die Protagonistin ihrer ‚Bestimmung‘ folgt: Mit der Verlobung und der Heirat verdrängen ihre ‚weiblichen‘ und beruflichen Pflichten das (müßige) Lesen. Es finden sich diesbezüglich nur noch wenige Passagen, und die berichten von Informationslesen: „Bücher brachte er mit, auch Pilzbücher, und bunte Bilder waren darin, und nun erklärte und zeigte er umständlich die Ähnlichkeiten und Unterschiede. Oft ließ er eines der Bücher da, und stellte ihr Aufgaben; wenn er wiederkam, examinierte er sie" (AD, S. 36)[39]. Mit dem Verschwinden des imaginationsanregenden Lesens

---

[38] Auch bei der kindlichen Bibellektüre richtet sich das Interesse vor allem auf die unbekannten Welten: „[N]un hatten beide Eltern ihren Spaß daran, wie ernsthaft und ausdauernd ihr Kind lernte, mit welcher Wichtigkeit und mit welchem Eifer sie die biblischen Geschichten wieder erzählte, und wie sie die Mutter mit Fragen nach den fremden Ländern quälte, wo sich diese Geschichten abgespielt hatten" (AD, S. 108–119).

[39] In einem der Reisebriefe heißt es: „Trotzdem ich mich unterwegs viel mit meinen Büchern beschäftigt hatte, merkte ich nicht, daß ich mit meinem bißchen Englisch etwas ausrichten konnte" (Ad, S. 219). Auf den Einfluss der Reisebeschreibungen und des Lebens von Ida Peiffer (1797–1858) auf Amalie Dietrich, auf den Ray Sumner (1991, S. 60–61) verweist und von dem Charitas Bischoff in ihrer Autobiographie berichtet (2014 [1912], S. 65) - „Abends musste ich vorlesen, hauptsächlich Reisebeschreibungen. Da erinnere ich besonders die merkwürdigen Erlebnisse der Ida Pfeifer [sic]" – soll hier nicht weiter eingegangen werden. Diese Hinweise auf die Lektüren der Amalie Dietrich als erwachsene Frau wurden in der Biographie nicht verarbeitet, spielen also für den Fokus der hier vorgelegten Untersuchung keine Rolle. Zu Pfeiffer vgl. u. a. Stamm (2018).

der Amalie Dietrich, das seine Funktion (für die Narration und das Leben) erfüllt hat, treten immer mehr die Reisen in den Vordergrund, die, wie beschrieben, durchwegs als mühselig und erzwungen dargestellt sind. Es gibt jedoch einige wenige Stellen, an denen ästhetische Erfahrungen aufscheinen, die dann als Traum und als Imaginationen diskursiviert werden, wie sie Leseerfahrungen vermitteln und präformieren können:

> „Ach, diese Donaufahrt! Eine Welt voll Wunder und Überraschungen brachte sie Amalie. [...] Ihr war, als träume sie, wenn das Schiff an Burgen, Städten, Brücken, Bergen und Ebenen vorüberglitt. [...]
>
> Das Kind führte sie an der Hand; diese weiche Kinderhand schien ihr das einzig Wirkliche, sonst war ihr, als ob sie träume. [...]
>
> An der Alster stand sie still und ließ ihren Blick über den märchenhaft erleuchteten Spiegel gleiten. Dieser Sturm in ihrem Innern! Wilde, phantastische Bilder traten vor ihre Seele: Fürst der Südsee? – Australien? – Tropenlandschaft! Palmen! [...] Still, du unruhiges Herz! Das alles sind ja unerfüllbare Vorstellungen. Fürst der Südsee und Nellen Malchen aus der Niederstadt? Wie konnte man so lächerlich verwegene Träume haben! [...]
>
> Ach, denk doch, – von Siebenlehn nach Australien! Kannst Du's Dir eigentlich vorstellen? Mir ist oft, als ob ich das alles geträumt hätte." (AD, S. 97, 102, 185, 217)

Die Ausgestaltung und diskursive Zusammenführung der Narrative Lesen und Reisen in *Amalie Dietrich. Ein Leben* transportiert als Subtext die damit verbundenen kulturellen Diskurse und evoziert diese für die Rezeption. Die spezifische erzählerische Inszenierung dieser kulturellen Praktiken liefert dann einen erklärenden Sinnzusammenhang für das ungewöhnliche Leben der Protagonistin, das sich vor der Folie des sorgfältig ausgestalteten Herkunftsmilieus entwickelt und davon abhebt. Insofern wird nicht zuletzt darüber die Besonderung und die Identität der Protagonistin konstituiert, die jedoch nicht ohne Brüche und mit einer gehörigen Portion an Ambivalenzen gezeichnet wird. Narrative haben gemeinhin die Funktion, Erlebtes in bekannte Kategorien und Strukturen zu überführen, auch Ordnung herzustellen, die auf sozialen und kulturellen Prämissen beruht. So wie die gesamte Narration, partizipiert jedoch auch die Ausgestaltung der Narrative Lesen und Reisen am Bereich des Wunderbaren, des Märchen- und Traumhaften: Lesend erschließt sich der Protagonistin die Welt zunächst vor allem als Imagination und Möglichkeitsraum, später dann als Faktum und Wirklichkeit, die erst auf der Grundlage von Sachlektüren richtig gesehen, erfahren und geordnet werden kann. Reisend erschließt sich ihr die Welt als harte und auch gefährliche Wirklichkeit, die zwar mit zunehmendem Wissen erschlossen werden kann, die jedoch als persönliche Erfahrung immer wieder auch als traumhaft mystifiziert und in den Bereich des Wunderbaren überführt wird.

4   Koda

„Die Transzendierung von Lebensspuren im Akt des Schreibens trifft beide Seiten des biographischen Prozesses: einmal das biographische Objekt [...] zum anderen die Biographen, die aus den Fragmenten fremden Lebens erst Lebenserzählungen machen" (Fetz, 2006, S. 7). Die „Transzendierung der Lebensspuren" betrifft in *Amalie Dietrich. Ein Leben* insofern auch die Autorin selbst, da Charitas Bischoff mit der lebensgeschichtlichen Erzählung über ihre Mutter auch einen Entwurf ihres eigenen Lebens vorlegt, der in ihrer Autobiographie (1912) dann fortgeschrieben wird. Auch für diesen Lebensentwurf sind die Narrative Lesen und Reisen von zentraler Bedeutung, sie haben jedoch eine andere Stoßrichtung, weisen auf eine andere ‚Bestimmung', und werden entsprechend variiert. Bis auf die Reise nach England, von der Charitas in den Briefen an ihre Mutter in Australien berichtet, sind alle anderen aufs Engste mit der Mutter verknüpft. Als Kind darf sie die Mutter entweder begleiten oder sie wird zurückgelassen, beides löst gleichermaßen Furcht aus und zieht Vernachlässigung und Unglück nach sich. Die häufigen Reisen der Mutter und das Heranwachsen der Tochter bringen es aber mit sich, dass Charitas mehr und mehr institutionelle Bildung erfährt und in Kontakt mit Literatur kommt.[40] Auf struktureller Ebene wird das Lesen der Mutter in der Erzählung vom Lesen der Tochter nachgerade abgelöst. Die Stoßrichtung dieses Lebens weist dann aber nicht in die Welt, sondern ins Literarische, wie abschließend anhand eines kurzen Zitates aus der Autobiographie der Charitas Bischoff illustriert werden soll:

„Dann sagte Nendel-Ernestine, die noch von Rosa her einen Groll auf mich hatte: »Meine Mutter sagt, jetzt in de Sächs'sche Schweiz zu reisen, das sei dummes Zeug, da sei es jetzt akkurat wie hier ooch, iberahl Schnee! Nu gesteh' mal, ob du was anderes gesehen hast. [...] Was hast du denn erlebt? Erzähl' uns doch davon!« »So schnell und hier auf der Straße kann ich euch das nicht erzählen.« »Kannst doch schnell etwas sagen, was du gesehen hast!« »Na, ich hab' in Dresden den Kaufmann von Venedig gesehen!«." (Bischoff, 2014 [1912], S. 101)

---

[40] Ihre klassische Bildung spiegelt sich vor allem in den Briefen an ihre Mutter (vgl. z. B. AD, S. 226–227).

Literatur

Arnheim, R. (2002). *Film als Kunst*. Suhrkamp (Erstveröffentlichung 1932).

Bischoff, C. (1918). *Amalie Dietrich. Ein Leben*. http://dfg-viewer.de/show/cache.off?tx_
dlf%5Bpage%5D=1&tx_dlf%5Bid%5D=http%3A%2F%2Fdigital.ub.uni-duesseldorf.
de%2Foai%2F%3Fverb%3DGetRecord%26metadataPrefix%3Dmets%26identifier%3D
1720804&tx_dlf%5Bdouble%5D=0&cHash=6e6a7a1cb7823e2417abb799d81e2d35.
Zugegriffen: 27. Juli 2020 (Erstveröffentlichung 1909).

Bischoff, C. (1951). *Amalie Dietrich. Ein Leben*. Grote'sche (Erstveröffentlichung 1909).

Bischoff, C. (2014). *Bilder aus meinem Leben*. Verlag Contumax (Erstveröffentlichung
1912).

Campe, J. H. (2000). *Robinson der Jüngere. Zur angenehmen und nützlichen Unterhaltung
für Kinder*. Reclam (Erstveröffentlichung 1779/1780).

de Certeau, M. (1988). *Kunst des Handelns*. Merve.

Defoe, D. (1719). *The life and strange surprizing adventures of Robinson Crusoe of York,
Mariner*. Taylor.

Fauconnier, G., & Turner, M. (2002). *The way we think: Conceptual blending and the
mind's hidden complexities*. Basic Books.

Fetz, B. (2006). Schreiben wie die Götter. Über Wahrheit und Lüge im Biographischen.
In B. Fetz & H. Schweiger (Hrsg.), *Spiegel und Maske. Konstruktionen biographischer
Wahrheit* (S. 7–20). Zsolnay.

Fetz, B. (2009). *Die Biographie – Zur Grundlegung ihrer Theorie*. De Gruyter.

Genette, G. (2010). *Die Erzählung* (3. Aufl.). UTB.

Gumbrecht, H.-U. (1979). Faszinationstyp Hagiographie. Ein historisches Experiment zur
Gattungstheorie. In C. Cormeau (Hrsg.), *Deutsche Literatur im Mittelalter. Kontakte
und Perspektiven. Hugo Kuhn zum Gedenken* (S. 37–84). Metzler.

Houllebecq, M. (2015). *Elementarteilchen*. DuMont.

Klein, C. (2011a). ‚Histoire': Bestandteile der Erzählung. In C. Klein (Hrsg.), *Handbuch
Biographie: Methoden, Traditionen, Theorien* (S. 204–212). Metzler'sche.

Klein, C. (2011b). ‚Discours': Das ‚Wie' der Erzählung – Darstellungsfragen. In C.
Klein (Hrsg.), *Handbuch Biographie: Methoden, Traditionen, Theorien* (S. 213–219).
Metzler'sche.

von Klencke, C. L. (Hrsg.). (1792). *Gedichte von Anna Louisa Karschin geb. Dürbach.
Nach der Dichterin Tode nebst ihrem Lebenslauf herausgegeben von ihrer Tochter C. E.
v. Kl. geb. Karschin*. Dieterich. http://www.deutschestextarchiv.de/book/show/karsch_
gedichte_1792. Zugegriffen: 5. Sept. 2020.

Knaller, S., & Müller, H. (Hrsg.). (2006). *Authentizität. Diskussion eines ästhetischen
Begriffs*. Fink.

Lotman, J. M. (1993). *Die Struktur literarischer Texte*. Fink (Erstveröffentlichung 1970).

Lumholtz, K. (1892). *Unter Menschenfressern; eine vierjährige Reise in Australien*.
Hamburger Verlagsanstalt und Druckerei.

Müller-Funk, W. (2007). *Die Kultur und ihre Narrative* (2. Aufl.). Springer.

Pelz, A. (1988). „... von einer Fremde in die andre?" Reiseliteratur von Frauen. In G.
Brinker-Gabler (Hrsg.), *Deutsche Literatur von Frauen. Zweiter Band: 19. und 20.
Jahrhundert* (S. 143–154). Beck.

Pohl, R. (2010). Das autobiographische Gedächtnis. In C. Gudehus, A. Eichenberg, & H. Welzer (Hrsg.), *Gedächtnis und Erinnerung. Ein interdisziplinäres Handbuch* (S. 75–84). Metzler.

Porombka, S. (2011). Populäre Biographik. In C. Klein (Hrsg.), *Handbuch Biographie: Methoden, Traditionen, Theorien* (S. 122–131). Metzler'sche.

Rouget, T., & Schaffers, U. (2019). Die Arbeit an der Verbindlichkeit: Reglementierungen und Normierungen der Lesepraxis und ihre Irritation. In M. Jung, M. Bauks, & A. Ackermann (Hrsg.), *Verbindlichkeit. Stärken einer schwachen Normativität* (S. 155–179). transcript.

Schaffers, U. (1997). *Auf überlebtes Elend blick ich nieder: Anna Louisa Karsch in Selbst- und Fremdzeugnissen*. Wallstein.

Schaffers, U. (2006). *Konstruktionen der Fremde. Erfahren, verschriftlicht und erlesen am Beispiel Japan*. De Gruyter.

Schön, E. (1993). *Der Verlust der Sinnlichkeit oder die Verwandlungen des Lesers. Mentalitätswandel um 1800*. Klett-Cotta.

Schmid, W. (2005). *Elemente der Narratologie*. De Gruyter.

Schmidt, S. J. (1989). *Die Selbstorganisation des Sozialsystems Literatur im 18. Jahrhundert*. Suhrkamp.

Stamm, U. (2018). Zwischen Anpassung und Widerstand. Die Verhandlung von Normbrüchen in Reiseberichten von Frauen. In U. Schaffers, S. Neuhaus, & H. Diekmannshenke (Hrsg.), *(Off) The Beaten Track. Normierungen und Kanonisierungen des Reisens* (S. 179–201). Königshausen & Neumann.

Sumner, R. (1991). Amalie Dietrich. In D. Walker & J. Tampke (Hrsg.), *From Berlin to the Burdekin: The German contribution to the development of Australian science, exploration and the arts* (S. 54–66). UNSW Press.

Sumner, R. (1993). *A woman in the wilderness: The story of Amalie Dietrich in Australia*. University Press.

Thieme, M. K. T. (1794). *Gutmann oder der Sächsische Kinderfreund. Ein Lesebuch für Bürger- und Landschulen*. Siegfried Leberecht Crusius.

Tippner, A., & Laferl, C. L. (2016). Einleitung. In A. Tippner & C. L. Laferl (Hrsg.), *Texte zur Theorie der Biographie und Autobiographie* (S. 9–35). Reclam.

Welzer, H. (2005). *Das kommunikative Gedächtnis. Eine Theorie der Erinnerung*. Beck.

Wolfzettel, F. (2003). Zum Problem mythischer Strukturen im Reisebericht. In X. von Ertzdorff & G. Giesemann (Hrsg.), *Erkundung und Beschreibung der Welt. Zur Poetik der Reise- und Länderberichte* (S. 3–30). Rodopi.

Amalie Dietrich – Modellage einer Biografie in Annette Duttons *Das Geheimnis jenes Tages*. Literarische Annäherungen an Reflexionen über lebensgeschichtliches Lernen

Amalie Dietrich – Modelling of a Biography in Annette Dutton's *The Secret of that Day*. Literary Approaches to Reflections on Life history Learning

Thorsten Fuchs

Zusammenfassung

In Annette Duttons Roman *Das Geheimnis jenes Tages* ist Amalie Dietrich nicht nur eine von drei weiblichen Hauptfiguren. In der Darstellung der Handlungsstränge arbeitet dieses literarische Werk auch mit weitreichenden intertextuellen Bezugnahmen auf die Lebensbeschreibungen von Charitas Bischoff, der Tochter von Amalie Dietrich, die rund hundert Jahre früher erschienen sind. Auf dieser Grundlage unternimmt der Beitrag den Versuch, in der Konfrontation von Duttons Roman mit Bischoffs biografischer Erzählung einige wesentliche Zusammenhänge zwischen Lebensgeschichte und biografischem Lernen zu ermitteln und so Annäherungen an theoriebildende Reflexionen über lebensgeschichtliches Lernen vorzunehmen. Fragen nach den Konsequenzen der

T. Fuchs (✉)
Institut für Pädagogik, Universität Koblenz-Landau, Koblenz, Deutschland
E-Mail: tfuchs@uni-koblenz.de

© Der/die Autor(en), exklusiv lizenziert durch Springer Fachmedien Wiesbaden GmbH, ein Teil von Springer Nature 2021
N. Hoffmann und W. Waburg (Hrsg.), *Eine Naturforscherin zwischen Fake, Fakt und Fiktion*, Frauen in Philosophie und Wissenschaft. Women Philosophers and Scientists, https://doi.org/10.1007/978-3-658-34144-2_3

33

Unterschiede zwischen den beiden literarischen Texten für die biografische Konstruktion der Figur *Amalie Dietrich* werden ebenso aufgeworfen wie Antworten auf die Modalitäten lebensgeschichtlicher Lernerfahrungen gegeben.

Abstract

In Annette Dutton's novel *Das Geheimnis jenes Tages (The Secret of that Day)*, Amalie Dietrich is not only one of three female main characters. In presenting the plot lines, the book also works with far-reaching intertextual references to the biography of Charitas Bischoff, the daughter of Amalie Dietrich, which was published about a hundred years earlier. On this basis, the contribution attempts to identify some essential connections between life history and biographical learning in the confrontation of Dutton's novel with Bischoff's biographical narrative, and in this way to make approaches to theory-forming reflections on life history learning. Questions about the consequences of the differences between the two literary texts for the biographical construction of the figure of Amalie Dietrich are raised as well as answers to the modalities of life-history learning experiences.

Schlüsselwörter

Lebensgeschichte · Lerngeschichte · Lernfeld · Biografieanalyse · Romananalyse · Literatur · Intertextualität · Theodor Schulze

Keywords

Life Story · Learning History · Learning Field · Biographical Analysis · Novel Analysis · Literature · Intertextuality · Theodor Schulze

1 Pädagogische Romanlektüren und theoriebildende Motive

Zeitgenössische Romane zählen zunächst und zumeist nicht zum bevorzugten *Sujet* der Erziehungswissenschaft – trotz der Pluralität von disziplinären Zugängen und Konzepten, die dem Neuen gegenüber aufgeschlossen sind, trotz der prinzipiellen Offenheit des pädagogischen Diskurses, der sich der Debatten und Themen anderer Wissenschaften immer wieder annimmt und sie für die ‚einheimischen‘ Sachverhalte zu adaptieren versucht. Es sind vielmehr und viel

deutlicher andere Gegenstandsbereiche, die als zentral gelten und erziehungswissenschaftliche Forschungsbemühungen in erster Linie antreiben bzw. üblicher-
weise methodisch und mit den Mitteln ihrer Theorieangebote genauestens in den
Blick genommen werden. Nichtsdestotrotz haben solche Werke, die gemeinhin
als ‚schöngeistig‘ oder ‚belletristisch‘ qualifiziert werden, in der Bemühung, sie
für Erkenntnisabsichten um Phänomene der Erziehung und Bildung zu nutzen,
in innerdisziplinären Debatten der letzten 15 Jahre auffallende Berücksichtigung
gefunden, nachdem gegen Ende der 1970er Jahre bereits angekündigt worden
ist, literarische Quellen für die wissenschaftliche Pädagogik als „neues Terrain
[...] erobern" (Baacke & Schulze, 1979, S. 7) zu wollen. Dieses Vorhaben wurde
dann aber – von wenigen Ausnahmen abgesehen (dazu etwa Oelkers, 1985;
Rösler, 1990) – nicht ebenso konsequent fortgeführt, wie die gleichermaßen
zur Ankündigung gebrachte Erschließung von autobiografischen Materialien.
Zu wirksam waren offenbar die skeptischen Stimmen, die statt literarischer
Lebenserzählungen nur selbstreflexiv-rekonstruktive Autobiografien für die
pädagogische Theoriebildung als aufschlussreich nobilitierten (vgl. Hermann,
1987). Seit 2005 sind die erneuten Bestrebungen indes offenkundig, und die
zunächst als „Grenzgänge" (Koller & Rieger-Ladich, 2005) apostrophierten
pädagogischen Auseinandersetzungen mit zeitgenössischen Romanen haben
sich ausgeweitet. Inzwischen kann sogar regelrecht von einer Konsolidierung
gesprochen werden. Nicht nur eine, sondern gleich mehrere Tagungen zum
Nexus von Pädagogik und Literatur hat man abgehalten. Mancherlei Heraus-
geberschaften umfangreicheren Ausmaßes sind zuletzt entstanden, die wiederum
in Rezensionen kritisch diskutiert worden sind, und diverse Einzelbeiträge haben
Eingang in andere Veröffentlichungsorgane wie etwa Zeitschriften gefunden.[1]

An die seinerzeit formulierte Programmatik einer dem Phänomen der
Narration gegenüber sensibilisierten Pädagogik knüpfen diese neuerlichen Auseinandersetzungen mit Literatur im Feld der Erziehungswissenschaft dabei
insofern an, als sie Romane weniger als Mittel dazu betrachten, um elaborierte,
mithin sperrige Theoriekonzepte didaktisch anschaulich zu machen. Auch verfolgen sie keine Reminiszenzen an eine „Literaturpädagogik" (Miller, 1916;
Schuster, 1930) früherer Tage. Es geht ihnen nicht um die positive Wirkung von
Literatur für die Persönlichkeitsentwicklung oder den Hinweis darauf, dass Lesen

---

[1] Ohne Anspruch auf Vollständigkeit sind aus den Jahren seit 2005 ganz im Zeichen dieser
Debatte stehend zu nennen: Koller und Rieger-Ladich (2009, 2013); Kleiner und Wulftange
(2018); Koller (2006, 2012, S. 170 ff., 2014, 2015); Rieger-Ladich (2007, 2014, 2020);
Bühler et al., (2014); Grabau (2015); Schaufler (2009); Thompson (2006, 2020).

von Prosatexten als ein wesentliches Charakteristikum der Selbstbildung – auch moderner Provenienz – zu verstehen sei (so zuletzt etwa Bieri, 2017; Liessmann, 2017, insbes. S. 13 ff.). Über die illustrative und pädagogisch-bildungsbedeutsame Funktion von Erzähltexten hinaus steht bei der genannten Wiederaufnahme literarischer Quellen stattdessen und vielmehr im Zentrum, das „Anregungspotential *zeitgenössischer Romane* für die erziehungswissenschaftliche Theoriebildung auszuloten" (Koller & Rieger-Ladich, 2005, S. 11; Herv. i. O.). M.a.W. über literarische Texte sollen aufgrund einer ihr attestierten Möglichkeit zur Irritation scheinbar vertraute pädagogische Phänomene der Selbstverständlichkeit entzogen und etablierte wissenschaftliche Betrachtungen infrage gestellt werden, sodass sich bestimmte Gegenstandsbereiche, wie etwa Akteure (z. B. Lehrer*innen), Institutionen (z. B. Familie), Handlungsformen (z. B. Erziehen) und Semantiken (z. B. Mündigkeit), auf neue Weise systematisch reflektieren lassen. Innovative und skeptische Aspekte der pädagogischen Lektüre von Gegenwartsliteratur gehen dabei Hand in Hand: Denn zum einen ist es das Anliegen, dass zeitgenössische Romane kraft ihrer „Konkretheit, Anschaulichkeit und Differenziertheit" (ebd., S. 9) der Pädagogik dabei helfen, ihr szientifisches Denken voranzubringen (vgl. Koller, 2012, S. 170 f.; Rieger-Ladich, 2014). Hier liegt das Augenmerk vor allem darauf, bestehende Theorien so zu modifizieren, dass sie dem Verdikt des kontinuierlichen Erkenntnisfortschritts gerecht werden. Zum anderen wird geltend gemacht, dass die *in rebus paedagogicis* untersuchten Prozesse und Themen mit anderen Mitteln womöglich eher nur einseitig, nicht aber in solcherlei Zusammenhängen zu erschließen sind, wie sie in literarischen Werken aufscheinen. Wenn und insofern zeitgenössische Romane nämlich statt Heilsversprechen gerade die Limitationen pädagogischer Einflussnahmen demonstrieren – wie es etwa in Thomas Bernhards autobiografischen Schriften der Fall ist (vgl. Bernhard, 2004; dazu Poenitsch, 2009; Walter-Jochum, 2016), in T.C. Boyles *Das wilde Kind* offenkundig wird (vgl. Boyle, 2010; hierzu Zirfas, 2009), am sprechendsten aber in Elisabeth Badinters *Der Infant von Parma: oder Die Ohnmacht der Erziehung* zum Ausdruck kommt (vgl. Badinter, 2010; siehe Jacobi, 2011) –, dann sind sie geradewegs dazu prädestiniert, „zur Entzauberung pädagogischer Ambitionen [...] beizutragen" (Koller & Rieger-Ladich, 2005, S. 10). Die im Feld der Pädagogik zahlreich kursierenden Idealisierungen, u. a. bereits Siegfried Bernfeld (1925) im „Sisyphos" ein Dorn im Auge, können auf der Basis literarischer Texte insofern ebenso konterkariert werden, wie man durch Romane auf manifeste Widersprüche und Friktionen stoßen kann, die den unterschiedlichsten Phänomenen um Erziehung und Bildung grundsätzlich zu eigen sind. Gegenwartsliteratur zu lesen, kann demnach also auch bedeuten, einen materialisierten Katalysator zu verwenden, der den oblique-gegenwendigen Blick auf pädagogisches Denken und Handeln kultiviert.

2 Literarische Referenzen und biografische Konstruktionen

2.1 Intertextuelle Beziehungen

Dass unter den Vorzeichen eines derart konzipierten Zugangs im Folgenden ein zeitgenössischer Roman Beachtung findet, mit dem sich mit theoriebildender Absicht auseinandergesetzt wird, kommt insofern nicht von ungefähr. Und nicht im schlichten Umstand, dass Amalie Dietrich darin eine der zentralen Fokalisierungsfiguren ist, erschöpft sich seine Berücksichtigung, wenngleich das die Auswahl ohne Wenn und Aber naheliegend macht. Alternativen wären allerdings auf dem Buchmarkt – vorrangig dem antiquarischen – durchaus vorhanden: Es gibt mindestens zwei weitere Romane, die Amalie Dietrich mit den Mitteln der Literatur portraitieren: Jener von Gertrud Enderlein (1959 [1937]) und das in einer Jugendbuchreihe erschienene Werk von Renate Goedecke (1951). Deutlicher als diese beiden älteren Werke lässt sich der gewählte zeitgenössische Roman aufgrund seiner ‚Komposition', von der sogleich noch genauer die Rede ist, allerdings dazu heranziehen, das in der pädagogischen Biografieforschung bestehende Konzept der Koinzidenz von Lebens- und Lerngeschichten zu verfolgen und es in Auseinandersetzung mit dem Erzähltext einigen theoretischen Sondierungen zuzuführen, mit dem Anspruch, auf diese Weise einen Beitrag zu dessen Weiterentwicklung zu leisten, indem bisher Konzipiertes punktuell anders als zuvor aufgenommen, reflektiert und weitergedacht wird.

Während das genannte theoretische Konzept der Biografieforschung die Überlegungen zum Thema macht, die Theodor Schulze über mehrere Jahrzehnte hinweg zur Auseinandersetzung mit den pädagogischen „Modalitäten biographischen Lernens" (Schulze, 2005; siehe auch. 2003) motiviert haben, handelt es sich bei der hier gewählten literarischen Grundlage um den im Jahr 2015 erschienenen Roman *Das Geheimnis jenes Tages* von Annette Dutton. Drei Handlungsstränge hält dieser bereit – den umfangreichsten zu Amalie Dietrichs Lebensgeschichte. Die Situierung im Schauplatz *Australien,* zugleich die Wahlheimat der Autorin und das Setting einiger weiterer der von ihr veröffentlichten Romane (vgl. Dutton, 2012, 2014), ist dabei allen mindestens vorübergehend gemein. Zeitlich sind die drei Handlungsstränge allerdings versetzt voneinander konzipiert.

Im Jahr 2009 spielen die Geschehnisse um Nadine Weber, die als Anthropologie-Professorin[2] an der Universität Leipzig die Aufgabe hat, sich um die Rückführung eines Schädels in das Ursprungsland nach Australien zu kümmern, wo
dieser als „unrechtmäßig erworbene *Human Remains*" (Dutton, 2015, S. 38; Herv.
i. O.) der indigenen Bevölkerung zurückgegeben wird. Begleitet von ihrer Tochter
Alina sowie von Thomas, Nadine Webers Jugendliebe und zugleich Alinas Vater,
zu dem nach dem Ende der Beziehung ein freundschaftliches Verhältnis fortbesteht,
kommt es zum plötzlichen Verschwinden der Tochter und einer waghalsigen
Befreiung aus den Fängen des Rucksack-Mörders Milos Ewan. Wie Katrin
Jahnke, Backpackerin in Australien, zusammen mit ihrer Begleitung Urs sieben
Jahre zuvor einem Verbrechen zum Opfer fiel, das derselbe Täter verübt hatte, ist
Thema eines kleinen zweiten Handlungsstrangs. Narrativ am umfangreichsten
präsentiert – rein quantitativ bestimmt auf 214 von 364 Seiten – wird die Lebens-
geschichte von Amalie Dietrich zwischen den Jahren 1842 und 1891. Angefangen
von den Ereignissen als 21-jährige junge Frau in Siebenlehn, über die spätere
Station in Hamburg, bis hin zum Aufenthalt in Australien erfolgt die Erzählung
dabei mit weitreichenden intertextuellen Bezugnahmen auf den biografischen Text
Amalie Dietrich. Ein Leben (1980 [1909]). Dieses Werk ist 1909 in einer ersten
Auflage von Dietrichs Tochter Charitas Bischoff veröffentlicht und mit Lebens-
erinnerungen sowie über 30 Briefen gestaltet worden; schon kurz nach Erscheinen
des Buches gab gerade dies Anlass zu regen Diskussionen über das Verhältnis von
Fakt und Fiktion (vgl. Wirth, 1980, insbes. S. 321 f.), bisweilen war vom Vorwurf
der „gefälschten Präsenz" (Marx, 2003) die Rede, eine vielfach auszumachende
Reaktion der Leser*innenschaft auf Romane, die sich solcher ästhetischer
Gestaltungsmittel bedienen.[3] Die Referenz auf dieses historisch frühere Werk
erfolgt in Duttons Roman zwar mehr als nur mittelbar; es ist alles andere als ein
‚subtil-filigranes' Spiel mit Halbsätzen, Kurzprägungen, abgewandelten Gedanken-
gängen oder einzelnen Wörtern. Vieles ist komplett übernommen, nicht nur ganze
Passagen aus den im ersten Teil von Bischoffs Werk stehenden Erzählungen. Auch
ein Großteil der Briefe, die sich im zweiten Teil abgedruckt finden, sind zwischen
den Seiten 186 und 289 des Romans ohne wesentliche Absetzungen von dieser Vorlage übernommen worden.[4] Dennoch erfolgt die Adaption nicht eins-zu-eins. Hier

---

[2] Auf dem Klappentext zum Werk ist dagegen irrtümlich von ‚Archäologie-Professorin' die
Rede.

[3] Gleiches gilt im Übrigen für Charitas Bischoffs zweite lebensgeschichtliche Erzählung,
die die Form einer Autobiografie annimmt: *Bilder aus meinem Leben* (Bischoff,
1981 [1909]).

[4] Siehe hierzu die Tab. A1 am Ende des Beitrags.

und da wird verändert, mit Auslassungen gearbeitet, umgestaltet, in der Reihenfolge umgekehrt, neu kompiliert usw. Es ist genau diese Einarbeitung einer Referenz auf den Text von Bischoff, ohne dass dieser eine bloße Kopie wäre, die eine Untersuchung mit dem Fokus dahingehend aufschlussreich macht, wie im zeitgenössischen Roman von Dutton die Biografie von Amalie Dietrich als Lebens- und Lerngeschichte *modelliert* wird. Wo erfolgt eine unveränderte Übernahme? Was wird aber auch verändert? Und vor allem: Welche Konsequenzen haben die Abweichungen möglicherweise für die biografische Konstruktion wie auch für die lebensgeschichtlichen Lernerfahrungen der Figur *Amalie Dietrich?* Diesen Fragen soll im Beitrag nachgegangen werden. Folgendes gilt es hierbei allerdings zu berücksichtigen: Eine solche Perspektive zu wählen, geschieht keineswegs mit der Intention, anschließend eine Grundlage zu haben, auf der entschieden werden kann, welche Charakterisierungen der wirklichen Amalie Dietrich näherkommen. Gemäß literaturwissenschaftlicher Einsicht muss man vielmehr davon ausgehen, dass sowohl in Duttons Roman als auch in der biografischen Erzählung Bischoffs die Figur der Amalie Dietrich jeweils als eine fiktive, durch sprachliche Referenz erschaffene Person in Erscheinung tritt (vgl. Lahn & Meister, 2016, S. 237). Auch nach den Beweggründen der Autorin für diese Konzeptualisierung zu suchen, also danach zu fragen, wieso sie die Vorlage aufgreift, jedoch nicht immer im originalen Wortlaut wiedergibt, wird nicht verfolgt. Das Dechiffrieren eines solchen ‚Warums‘ wäre überaus müßig, letztlich – wie man mit Roland Barthes und einschlägigen Positionen zum Konzept der Intertextualität sagen kann – in weiten Teilen sogar spekulativ.[5] Das Bestreben besteht vielmehr

---

[5] Der Ansatz der Intertextualität geht auf Julia Kristeva (1996) zurück und gilt als eine nach wie vor prominente Konzeption innerhalb der Literaturtheorie, wenngleich sie zuletzt etwas an Bedeutung verloren hat (vgl. Berndt & Tonger-Erk, 2013, insbes. S. 34 ff.). Nach dieser Konzeption müssen die traditionellen Kategorien von Autor*in, Werk und Leser*in einer kritischen Revision unterzogen werden, „da Werke keine abgrenzbaren Einheiten darstellen […] und der Autor im Schreibprozeß implizit und explizit fortwährend Verbindungen mit anderen Texten herstellt" (Stiegler, 1996, S. 329). Von Interesse sind deshalb die Bezüge zwischen diesen Texten. Nach Karlheinz Stierle (1996, S. 359), einem weiteren Vertreter des Ansatzes der Intertextualität, der das Konzept Kristevas allerdings mit übertriebenen Hoffnungen verbunden sieht und es stattdessen ‚bloß‘ als eine deskriptiv-analytische Herangehensweise in der Literaturtheorie verstanden wissen will, bietet die dezidierte Konzentration auf das „Verhältnis eines Textes zu einem [anderen] Text" (ebd., S. 357) die Möglichkeit, eine alternative Form der ästhetischen Betrachtung literarischer Werke vorzunehmen.

darin, das erwähnte „Gewebe von Zitaten" (Barthes, 2002, S. 108) im zeitgenössischen Roman von Dutton aufzuspüren und es so zu ‚entwirren', dass
hierüber der Blick freigegeben wird auf die Konstruktion lebens- und lern-
geschichtlicher Zusammenhänge, die einige Reflexionen in biografietheoretischer
Hinsicht generieren können. Den Blick darauf zu lenken, was in der Darstellung auf welche Weise „verwandelt, ausgelesen, verdichtet und wieder aus-
gebreitet, verfestigt oder verändert und in neue Beziehungen zueinander
gebracht" (Schulze, 1979, S. 54) worden ist, bringt die beiden Figuren der Amalie
Dietrich aus Duttons Roman und Bischoffs biografischer Erzählung zueinander
in Relation – mit Aussicht darauf, das individuell Allgemeine einer Lebensgeschichte, um das es Theodor Schulze (2010, insbes. S. 433 f.; zuletzt 2020)
in seinen pädagogischen Überlegungen zur Biografieforschung immer wieder
geht, auf diese Weise durch das Ziehen von einigen kontrastiven Vergleichen
zu bestimmen. So gewendet verspricht die intertextuelle Analyse über ihre im
literaturtheoretischen Kontext entfalteten Möglichkeiten hinaus, die Identifizierung von Modalitäten lebensgeschichtlichen Lernens zu konkretisieren und
sie dadurch in den Kontext pädagogischer Theoriebildung zu stellen.

2.2   Entfernte Parallelen

Duttons (2015) *Das Geheimnis jenes Tages* ist Vieles zugleich: historischer
Roman einerseits, Thriller andererseits. Der Verlag wiederum kündigt ihn
auf der Webseite unter der Rubrik der Liebesromane an (vgl. Verlagsgruppe
Droemer Knaur, 2015). Derlei Schwierigkeiten, ihn eindeutig einem Genre
zuzuordnen, dürften vor allen Dingen darauf zurückzuführen sein, dass die
insgesamt 38 Kapitel mehr als nur einer *histoire* folgen und weithin parallel
konzipierte Handlungsstränge um die drei Protagonistinnen bereithalten. Zur
umfassenden Integration der Handlungsstränge um Nadine Weber, Amalie
Dietrich und – allerdings mit lediglich drei Kapiteln am knappsten gehalten –
Katrin Jahnke kommt es dabei nicht. Selbst dort, wo Nahstellen offenkundig
sind, verzahnen sich die Geschichten um Amalie Dietrich auf der einen und
Nadine Weber sowie Katrin Jahnke auf der anderen Seite nicht sehr engmaschig
miteinander.[6] Zwar gibt es fraglos die ein oder andere Parallele: Nadine Weber

---

[6]Das ist in mancherlei Besprechungen des Romans durch die breite Leser*innenschaft
moniert worden (vgl. z. B. Binder, 2015; Dell'Agnese, 2015), wobei man sagen muss, dass
der Roman keine umfangreiche Rezeption in der Literaturkritik gefunden hat.

und Amalie Dietrich sind Mütter, die sich über die meiste Zeit hinweg allein um ihre Töchter zu kümmern haben. Beide sind umfassend der Wissenschaft zugeneigt. Sie opfern sich für ihre Tätigkeiten regelrecht auf, teilweise sogar mit ziemlich ernsten Folgen für die Gesundheit. Zuweilen werden sie von anderen, vorrangig männlichen Zeitgenossen, aufgrund ihres Tuns suspekt betrachtet und etwa als „Knochensammlerin" (Dutton, 2015, S. 184)[7] tituliert. Bedingt durch die jeweiligen beruflichen Tätigkeiten der Mütter nehmen die persönlichen Beziehungen im Fall von Amalie Dietrich und ihrer Tochter Charitas sowie die bei Nadine Weber und Alina hier und da konflikthafte Züge an. Die Orte, an denen die beiden Frauen leben und wirken, Siebenlehn und Leipzig, liegen in Sachsen. Überhaupt ist der Anlass von Webers Reise begründet durch die Sammlungen von Amalie Dietrich, die u. a. menschliche Skelette von australischen Ureinwohner*innen zur Ausstellung im Museum des Hamburger Kaufmanns Godeffroy bringen ließ. Beide haben auch jeweils einen Widersacher. Ist es bei Nadine Weber der Rücksack-Mörder Milos Ewan, der sie und ihre Tochter töten will, so ist es in der Geschichte um Amalie Dietrich ein noch junger Wissenschaftler namens Harald Neugerber, der aus Gier nach Ruhm und Ehre buchstäblich über Leichen geht und dabei sogar nach dem Leben der Siebenlehnerin trachtet. Aber trotz alledem, d. h. obwohl diese und einige weitere Parallelen[8] existieren, kommt es eben kaum zu expliziten Verschränkungen der Geschichten. Gleiches gilt für die Fokalisierungen. Je nach Handlungsstrang werden die Geschehnisse in dem durchgängig dem späteren Erzählen folgenden Roman – zu erkennen an der konsequenten Verwendung des epischen Präteritums

---

[7] Der besseren Lesbarkeit halber werden die weiteren Zitate des Romans *Das Geheimnis jenes Tages* ohne Angabe des Namens und der Jahreszahl – allein durch den Hinweis auf die Seitenzahl – nachgewiesen. D. h. überall dort, wo nur Ziffern hinter Zitaten stehen, wird damit die Seitenzahl im Roman von Anette Dutton bestimmt. Kursiv sind die Zitate dann geschrieben, wenn diese typografische Form auch im Roman Verwendung findet, was vor allen Dingen bei den Briefabdrucken der Fall ist.

[8] Noch weiter hergeholt ist gewiss die Parallele, die zwischen Katrin Jahnke und Amalie Dietrich im Roman aufscheint. Nach der Entdeckung von menschlichen Überresten, die Katrin Jahnke zugesprochen werden, wird diese aufgrund eines in der Nähe des Fundortes liegenden bedruckten T-Shirts mit dem Schriftzug „Angel" als „der tote Engel" (S. 212) in der Presse bezeichnet und trägt damit einen ähnlichen Namen wie Amalie Dietrich, die im Lauf des 20. Jahrhundert als der „Angel of Black Death" (S. 37, 361) Bekanntheit erlangte. Und dass es acht Skelette sind, die seinerzeit von Australien nach Deutschland geschafft wurden, und acht getötete Touristen, ist ebenfalls eher als eine nebensächliche Gemeinsamkeit anzusehen.

(vgl. Martínez & Scheffel, 2012, S. 71) – aus der wahrnehmungslogischen Position von Nadine Weber, Amalie Dietrich oder Katrin Jahnke erzählt. Sie dienen jeweils als Reflektorfiguren. Die narrative Instanz kombiniert dabei nie die Perspektiven. Sie bleiben in den Kapiteln stets auf eine der drei weiblichen Figuren beschränkt. Im Handlungsstrang zu Amalie Dietrich, der die Geschichte über weite Strecken mittels Briefen weiterführt, kommen allerdings zudem noch einige weitere Perspektivierungen zum Tragen: So werden etwa Begebenheiten zusätzlich aus der Perspektive der Tochter Charitas vorgestellt oder auch aus der Binnensicht von Wilhelm Dietrich, zum Ende dann auch aus dem Blickwinkel des Widersachers Neugerber (vgl. z. B. S. 204 ff., 235 ff., 302 ff.). Von der durchgehenden Gestaltung der Erzählungen mittels einer extradiegetischen Erzählinstanz weicht interessanterweise nur der Prolog ab, mit dem der Roman zu den Geschehnissen während einer Skifreizeit im Jahr 1984 einsetzt. Darin ist die Geschichte mittels einer autodiegetischen Erzählung gestaltet, die Eindrücke und Empfindungen von Nadine Weber aus der Ich-Perspektive darstellt und vom Tod ihrer Schwester Vanessa in den Bergen Österreichs berichtet. Man kann trotz der Gemengelage von Erzählperspektiven – über deren notwendige Komplexität sich trefflich diskutieren lässt – daher insofern durchaus ohne allzu viel Aufhebens darauf schließen, dass Nadine Weber, bei geringerer Seitenanzahl, die der Roman für die Erzählung der sich um sie ereignenden Geschehnisse aufbringt, die eigentliche Hauptfigur des Romans ist. Insbesondere in Anbetracht des theoriebildenden Vorhabens, wie im voranstehenden Abschnitt schon erläutert, ist es dennoch angezeigt, eher etwas kürzer gefasst auf sie und den im Stil eines Thrillers aufgebauten Plot einzugehen, um anschließend den Fokus ganz und gar auf die Figur der Amalie Dietrich zu lenken, um so auch die aufgeworfene Frage nach dem Zusammenhang von Lebens- und Lerngeschichten nicht aus den Augen zu verlieren.

3 Zwischen 1984 und 2009

3.1 Couragierte Anthropologin

Während Nadine Weber im Prolog noch eine 16-jährige Jugendliche ist, erzählen die weiteren, ihrer Figur vorbehaltenen 15 Kapitel versetzt mit einigen wenigen analeptischen Einschüben – etwa über die Zeit des Studiums in Berlin und darüber, wie sich nach den Ereignissen der Skifreizeit ihre Beziehung zur Jugendliebe Thomas entwickelt hat (vgl. S. 55, 61) – vom bevorstehenden Aufbruch als renommierte Anthropologie-Professorin nach Australien. Dorthin

verreist sie, um dem „Stamm der Birri Gubba" (S. 39) einen Schädel zurückzu-
bringen, der ehemals mit anderen Gebeinen, so lässt sich durch ihre Ansprache
vor Studierenden erfahren, durch Amalie Dietrich im Auftrag von Johan Cesar
Godeffroy nach Deutschland gebracht worden ist. Seinerzeit ist er zunächst im
Hamburger Museum aufbewahrt worden (vgl. S. 37 ff.). Anschließend fand er
seinen Weg nach Leipzig und hat als einzige Reliquie unversehrt ein Feuer in
der Bombardierung durch die Alliierten im Jahr 1943 überstanden. Von der Universität Leipzig aus macht sich Nadine Weber dann auch mit ihrer Tochter Alina
und Thomas auf den Weg nach Bowen, Queensland. Es soll maximal ein zwei-
wöchiger Aufenthalt für sie und Thomas werden. Ihre 18-jährige Tochter Alina
hingegen plant, gleich für ein ganzes Jahr in Australien zu bleiben. Noch am
Flughafen wird der Schädel dem Stammesältesten der indigenen Bevölkerung –
das Wort „Aborigines" (S. 72, 194) lehnt die Professorin strikt ab – übergeben.
Eine Zeremonie, die unter großer Beachtung der Presse und des mitgereisten
Journalisten Alexander Nordheimer stattfindet, steht sogleich noch für den Abend
an, sodass die beiden darauffolgenden Tage ganz im Zeichen der Vorbereitung auf
den bevorstehenden Abschied zwischen Mutter und Tochter stehen. Als einige
Tage später in Anbetracht der Vereinbarung, sich regelmäßig zu melden, von
Alina keine neue Nachricht eingetroffen ist und sie auch telefonisch nicht erreicht
werden kann, wird Nadine Weber „fast wahnsinnig vor Angst" (S. 199). Die auf-
gesuchten Polizisten wollen so rasch keine Vermisstenanzeige aufnehmen, und als
ihr der Journalist Nordheimer auch noch einen vorbereiteten Artikel zeigt, den er
über die unaufgeklärten Morde an acht Rucksack-Touristen in Australien verfasst
hat, ist Nadine Weber „so verzweifelt" (S. 239), dass sie zu allem bereit ist, um
Hinweise auf den Verbleib ihrer Tochter zu erhalten. Nach der Veröffentlichung
des Zeitungsartikels meldet sich bei ihr ein Mann, der sich als Urs vorstellt und
vorgibt, im Besitz wichtiger Informationen über Alinas Verbleib zu sein. Nadine
Weber trifft sie sich mit ihm und erfährt, dass er selbst vor einigen Jahren
zusammen mit seiner Freundin in den Fängen eines Entführers gewesen ist, der es
offenbar ganz gezielt auf Touristen abgesehen hat.

Im Stil einer repetitiven Erzählung wird in der Figurenrede von Urs dabei verdichtet ein Teil jener Geschehnisse rekapituliert, die in drei vorherigen Kapiteln
um Katrin Jahnke im Mittelpunkt stehen (vgl. S. 95–98, 109–123, 130–137).
Darin hat die narrative Instanz geschildert, wie die studierte Psychologin als
Backpackerin im Jahr 2002 in Australien unterwegs ist, um sich eine Auszeit zu
gönnen. Von Ort zu Ort reisend findet sie genau das, was sie sich in Down Under
erhofft: „die Freiheit, zu leben, wie es ihr passte, endlose Party, hier und da ein
Joint am Strand, schneller Sex, keinerlei Verpflichtungen" (S. 96). Währenddessen verbringt sie die Zeit mit verschiedenen Männern, zu denen auch der

attraktive, sonnengebräunte Urs gehört. Als beide in einem Campervan in den Outbacks Australiens unterwegs sind – so beschreibt Urs gegenüber Nadine Weber den Verlauf des Geschehens –, taucht unvermittelt hinter ihnen ein anderes Fahrzeug auf, das unentwegt Lichtzeichen gibt. Der Mann, der das Fahrzeug steuert, gibt vor, wie er beobachtet habe, dass sie gerade eine Menge Kühlflüssigkeit verlieren. Er bietet an, einen schnellen Blick auf den Wagen zu werfen. Reparieren aber lässt sich das Auto an Ort und Stelle nicht, sodass Katrin und Urs das Angebot annehmen, in die nächste Stadt mitgenommen zu werden. Als der Mann, der sich als Ewan vorstellt, mit einer ruckartigen Lenkbewegung plötzlich die Straße verlässt, dämmert es den beiden. Ewan bringt die beiden in seine Gewalt, fesselt sie und spielt ein perfides Spiel mit ihnen, das Katrin mit dem Leben zu bezahlen hat und Urs offenbar als gebrochenen Mann zurücklässt.

Überzeugt davon, dass man ihr „die Wahrheit erzählt" (ebd., S. 269) hat und auf eine heiße Spur zu stoßen, solange die Polizei nicht gewillt ist, aktiv zu werden, lässt sich Nadine Weber auf den Vorschlag von Urs ein, sie zu dem Platz zu bringen, an dem er glaubt, damals zusammen mit Katrin Jahnke festgehalten worden zu sein. Nadine hat sich als „Backup-Plan" (S. 270) jedoch im Vertrauen an einen Einheimischen namens Barry Gordon gewandt, den sie zuvor während ihres Besuchs einer kleinen Siedlung kennenlernte. Ausgestattet mit GPS und einem einfachen Küchenmesser lässt sie sich zum ehemaligen Tatort bringen, Urs jedoch knickt ein und entzieht sich der Konfrontation mit der Vergangenheit durch fluchtartigen Rückzug, kurz bevor sie jenen Ort erreichen, an dem Alina womöglich gefangen gehalten wird.

3.2 Nachdenkliches Ende

Der Rest ist schnell erzählt: Nadine Weber schlägt sich alleine weiter und trifft, nachdem sie schon glaubt, sich komplett verirrt zu haben, an einer Lichtung auf ihre Tochter, neben der jener Urs steht, der sie in diese unwirtliche Gegend gebracht hat. Kurz nachdem er sich als Milos zu erkennen gibt und schildert, wie er den echten Urs an die Krokodile verfüttert habe, taucht der eingeweihte Barry Gordon auf und reißt „seinen Gegner kraftvoll zu Boden" (S. 323), sodass sich Mutter und Tochter schnell in die Wälder begeben und dort, wie zuvor bei einem Känguru-Weibchen beobachtet, in zwei voneinander getrennten Verstecken ausharren, bis die per GPS verständige Polizei mit dem Helikopter eintrifft. Im Krankenhaus kommen sie wieder zu Kräften. Auch Barry Gordon hat den Kampf überlebt, trotz einer Schusswunde. Der Kidnapper kann festgenommen werden, und Amalie Dietrich wird in einer sehr kurzen Sequenz durch den

Stammesführer der Birri Gubba, den Nadine Weber nochmals vor ihrem Rück-
flug besucht, von dem ihr zugeschrieben Vergehen freigesprochen: ein ‚Angel of
Black Death' sei sie nie gewesen, so heißt es hier. Denn wenn sie wirklich „von
bösen Geistern besessen" (S. 361) gewesen wäre, hätte einer der ihren, Iokkai mit
Namen, zu dem man im Totenreich Kontakt habe, sich nicht den Expeditionen
angeschlossen. Nach diesen Worten macht sich Nadine Weber „nachdenklich"
(ebd.) auf den Weg nach Hause – wie vor ihr auch schon Amalie Dietrich, von
der im letzten Kapitel des Romans, dem Epilog (vgl. S. 363–365), erzählt wird,
wie sie nach ihrer Heimkehr als Weitgereiste nicht davon ablassen kann, an ihren
zusammengetragenen Beständen weiterzuarbeiten.

4   Zwischen 1842 und 1891

4.1   Leidenschaftliche Sammlerin

Parallel zu den Erzählungen um Nadine Weber und Katrin Jahnke präsentiert der
Roman die Lebensgeschichte von Amalie Dietrich, auf die nun im Folgenden
besonders Wert zu legen ist. Dabei bietet es sich mit Blick auf das theoriebildende
Vorhaben an, sogleich hier und da intertextuelle Referenzen auf die biografische
Erzählung von Charitas Bischoff (1980 [1909]) vorzunehmen, um nach etwaigen
Abweichungen in der literarischen Darstellung der Lebensgeschichte Ausschau
zu halten. Dass diese gar nicht erst vollumfänglich kurz vor Ende der Geschichte
zum Tragen kommen, sondern bereits von Anfang an im Roman von Dutton
(2015) als virulent zu bezeichnen sind, wird sogleich offensichtlich. Denn eingeführt wird die Figur der Amalie Dietrich im Rahmen einer Szene, in der sie
gerade zusammen mit ihrer Mutter Cordel im Wald Pilze sammelt und auf ihren
späteren Mann Wilhelm trifft. Das geschieht an einem Herbsttag des Jahres
1842. Zwar folgt dieser Auftakt in allen „Materialschichten" (Schulze, 1979,
S. 54) ohne nennenswerte Differenzen dem von Charitas Bischoff geschriebenen
Kapitel „Waldeszauber" (1980 [1909], S. 29–34). Von den objektiven Begebenheiten, Zeit, Ort und Namen, über die subjektiven Empfindungen bis hin zu
„kommentierenden Reflexionen" (Schulze, 1979, S. 57; Herv. i. O.) stellt er
insofern weitgehend eine Adaption des Primärtextes dar, wenngleich in Syntax
und Lexik bisweilen Veränderungen hervortreten (z. B. „sammeln" (S. 24) statt
„nehmen" (Bischoff, 1980 [1909], S. 30) und ähnliche, eher kleinere sprachliche Anpassungen). Die fünf vorangegangenen Kapitel, in denen ‚Malchen', so
der Kosename von Amalie, als Kind und Jugendliche im Siebenlehner Elternhaus
aufwächst, sind aber nicht eingearbeitet. Weder ist vom Tod des Bruders Fritz

die Rede, noch findet ein seltsamer Traum Erwähnung, in dem sich die junge
Amalie selbst als glücklich Umherwandernde in einer sonderbaren Gegend sieht,
„hohe Palmen, große bunte Vögel" (ebd., S. 27) und fremdartige Menschen um
sie herum. Der Roman verlegt sich somit ganz auf die Erzählung der Biografie
ab dem Zeitpunkt ihrer Verpartnerung mit Wilhelm; sie dem bäuerlichen Milieu
zugehörig, herkunfts und famililienorientiert, er im Besitz akademischer Bildung,
mit zehn Jahren mehr Lebenserfahrung ausgestattet und von klaren beruflichen
Visionen angetrieben. Die sozialen Unterschiede könnten zunächst kaum deutlicher gezeichnet sein. Seine sichere Stellung als Apotheker hat Wilhelm Dietrich
aufgegeben, um sich ganz der „Pflanzenwelt" (S. 22) zu verschreiben. Seine
„Zaubersprüche" (S. 23) – er benennt die Pflanzen auf lateinischer Sprache –
werden von manchen der Bewohner*innen im beschaulichen Siebenlehn als
äußerst irritierend empfunden. Auch Amalie hat zunächst Respekt. Ihr Agieren
ihm gegenüber ist scheu und reserviert. Doch nicht nur sein Aussehen, sondern
auch seine reiche Kenntnis zu allem, was insbesondere die Welt der Flora betrifft,
fasziniert sie auch sogleich. Spontan kommt es ihr in den Sinn, sich vorzustellen,
was „er ihr nicht alles beibringen" (ebd.) könnte; eine Vorwegnahme freilich von
dem, was in den weiteren Kapiteln des Romans anschaulich gemacht wird und
die spätere Karriere als Sammlerin in Australien überhaupt erst ermöglicht.

Bevor es jedoch dazu kommt, gehen zunächst noch einige Jahre ins Land, von
denen die narrative Instanz episodenhaft zu erzählen weiß und auch hier Charitas
Bischoffs Werk folgt. Geheiratet wird ein halbes Jahr nach dem Kennenlernen.
Das Paar zieht zusammen auf den Forsthof und richtet sich „voller Eifer für
die gemeinsame Arbeit ein" (S. 32). Bei nahezu täglichen Wanderungen in der
Natur lernt Amalie Dietrich schnell von ihrem Mann, die gesammelten Pflanzen
zu betrachten und zu beschreiben, Herbarien anzulegen und die geeigneten
Stellen zu finden, an denen begehrte Exemplare wachsen. Eifrig, „unermüdlich" (S. 33), voller Hingabe und Interesse, akribisch und gewissenhaft widmet
sie sich der wissenschaftlichen Welt der Pflanzen. Sie geht darin vollends auf.
Als ihre Tochter – eben jene Charitas – geboren wird, kommt es allerdings zu
ersten Konflikten zwischen den beiden Vermählten. Wilhelm Dietrich hatte sich
sehnlichst einen Sohn gewünscht, einen „Gottlieb" (S. 74)[9], wie das Kind hätte
heißen sollen, wenn es männlichen Geschlechts gewesen wäre. Die kleine und
anfänglich schwächliche Charitas interessiert ihn nicht sehr. Im Späteren wird

---

[9] Denselben Namen trägt auch der Vater von Amalie Dietrich (vgl. Bischoff, 1980 [1909],
S. 7 ff.).

sie ihm sogar regelrecht zur Last. Die Herausforderung, Hauswirtschaft, Kindererziehung und Unterstützung ihres Mannes beim Sammeln und Pflanzenpressen
gleichermaßen gut zu realisieren, wächst, als Amalie Dietrichs Mutter Cordel
stirbt. Das angestellte Kindermädchen Pauline unterstützt nicht wie geplant bei
den ihr zugedachten Aufgaben – sogar noch ärger: ein Brief, den Charitas beim
Spielen findet, bringt die Affäre ans Tageslicht, die es zwischen dem Kindermädchen und Wilhelm Dietrich gibt. Amalie Dietrich verlässt stehenden Fußes
zusammen mit ihrer Tochter Siebenlehn. Erst gut ein Jahr danach kehrt sie an
einem Novembermorgen des Jahres 1849 zurück zu ihrem Mann, kein Wort
darüber verlierend, wo sie die ganze Zeit über gewesen ist. Fast schon reumütig
bittet Amalie Dietrich ihren Mann, es noch einmal mit ihr zu versuchen, wozu es
dann auch kommt. Der Anlass ihres Gesinnungswandels wird dabei jedoch nicht
deutlich. Dem Roman selbst sind weder auf der Basis dieser Szene, die nicht
viel mehr bereithält als ein lapidares „Wilhelm, da sind wir wieder!" (S. 63) und
das Eingeständnis, möglicherweise „zu überbordend" (S. 63 f.) in den Gefühlen
gewesen zu sein, noch in „späteren Erinnerungen" (Schulze, 1979, S. 56; Herv. i.
O.) der Amalie Dietrich einsichtige Begründungen abzuringen.

An dieser Stelle hilft der Brückenschlag zur biografischen Erzählung von
Charitas Bischoff (1980 [1909]), mit der sogleich auch weitere Differenzen
zwischen den beiden Texten bzw. hinsichtlich einer Modellage der Figur *Amalie
Dietrich* hervortreten. Vom hastigen Aufbruch nach der zufälligen Entdeckung
von Wilhelm Dietrichs Affäre ist auch im Werk Bischoffs die Rede – deut-
lich ausführlicher jedoch. Denn zur Darstellung kommt hierbei, dass Amalie
Dietrich unverzüglich zu ihrem Bruder Karl nach Bukarest will. Mit ziemlich
großem bürokratischen Aufwand – sie braucht zur Einreise in die rumänische
Hauptstadt hier eine Genehmigung und dort eine Passiererlaubnis – gelingt ihr
das zusammen mit Charitas schließlich (vgl. Bischoff, 1980 [1909], S. 79 ff.).
Zunächst zutiefst verletzt vom Ehebruch ihres Mannes, findet sie bei ihrem
Bruder und dessen Frau Leanka, zu denen es bislang nur wenig Kontakt gab, über
Trost hinaus auch Geborgenheit und offene Ohren. Die Stadt aber ist ihr zu laut.
Zudem benötigt sie Arbeit, weshalb sie auf Anraten des örtlichen Pastors eine
Stelle in Siebenbürgen anzunehmen gedenkt. Als sie an freien Tagen, die sie zur
Wanderung nutzt, an Pflanzen und Steinen vorbeikommt, will sie diese lieber in
den Apothekerschränken des Forsthofes bei ihrem Mann Wilhelm Dietrich auf-
bewahrt wissen: „Aber; und das stand plötzlich fest bei ihr: alles das, was sie
hier gesammelt hatte, auch diese Versteinerungen, das alles mußte auf den
Forsthof. O, was würde er für Augen machen, wie würde er sich freuen!" (ebd.,
S. 112). Dem Motiv ihrer Rückkehr in die Ehe wird so das Opake genommen.
Nicht etwa die Einsicht in die Not der selbstständigen Lebensführung oder

eine unabweisliche Liebesempfindung führen zur Revision der Entscheidung. Amalie Dietrich *sensu originali* – d. h. hier nach der Erzählung von Bischoff betrachtet – beendet die Trennungsphase und kehrt nach Siebenlehn zurück, weil sie es als ihre Aufgabe erkennt, dafür zu sorgen, dass die von ihrem Mann angefertigten Sammlungen anwachsen. Deutlich stärker als im Roman tritt in der biografischen Erzählung von Bischoff dabei auch die Verschränkung einer Hingabe an die Sache mit der Selbstbestimmung der Person hervor. Indem Amalie Dietrich in der räumlichen Distanz „Kräfte gesammelt" (ebd., S. 115) hat, ist sie ihrem Mann noch im ersten Moment des erneuten Aufeinandertreffens „in vieler Beziehung neu und fremd geworden" (ebd.). So wird es denn auch plausibel, dass die tatsächliche Reaktion von Wilhelm Dietrich anders ausfällt als die antizipierte – denn keineswegs freudig, sondern „[z]ögernd" (ebd., S. 115; so auch im Roman: S. 64) nur nimmt er die Hand seiner Frau, als sie ihn um die Wiederaufnahme bittet, um sich an Ort und Stelle zurückgekehrt „mehr denn je in ihre Arbeit" (ebd., S. 116) zu vertiefen.

Von dieser Fortsetzung des gemeinsamen Tuns der Eheleute, das sie der Botanik widmen, handelt sodann auch der Roman wieder auf den folgenden Seiten, wobei die wesentliche Veränderung für Amalie Dietrich offensichtlich wird: Fortan begleitet sie ihren Mann auf den Reisen. Das ermöglicht ihr insofern noch mehr Kenntnisse über das Metier zu erlangen, als sie nun auch die Seite des Verkaufs der Pflanzen erlernt. Als ständige Begleiterin sieht sie, wie ihr Mann die „Geschäftsanbahnung" (S. 81) gestaltet und was zu tun ist, um die potenziellen Käufer zu überzeugen, wenngleich das ihm nicht immer gelingt; teilweise redet sich Wilhelm Dietrich auch den „Mund fusselig" (ebd.) und es läuft dennoch nur auf eine „magere Ausbeute" (S. 82) hinaus. Amalie Dietrich wiederum kann in den eigenen Verkaufsgesprächen recht schnell überzeugen und „viele Aufträge sammeln, bestimmt für hundert Taler" (S. 99). Immer öfter ist sie fortan allein unterwegs. Diese Erfahrung aber hat, so wesentlich sie den Grundstein für die eigenen botanischen Reisen und deren Erfolg legt, eine Kehrseite, die Amalie Dietrich zunehmend belastet. Denn das häufige Reisen bringt nicht nur gesundheitliche Probleme mit sich. Auch Charitas ist immer wieder für die Zeit der Abwesenheit in fremde Hände abzugeben. Zunächst bei „den Hänels" (S. 66), dann z. B. beim „Sattler Haubold" (S. 75). Als Amalie Dietrich auf einer Reise in Holland, die sie erneut allein unternimmt, infolge eines Nervenfiebers zusammenbricht und erst nach vierwöchiger Rekonvaleszenz wieder die Heimkehr antreten kann, findet sie im geräumten Forsthof weder Mann noch Kind vor. Sie ist vollkommen von der Rolle und weiß zunächst weder ein noch aus.[10] Die Nacht verbringt sie – so erzählt der Roman – bei ihrer „Freundin Klärchen" (S. 108), und damit vom biografischen Text Bischoffs abweichend nicht beim Vater (vgl. Bischoff, 1980 [1909], S. 143). Ausfindig machen kann Amalie Dietrich ihren Mann schließlich beim Grafen Schönberg in Herzogswalde, wo er zu ihrer Überraschung eine Stelle als Hauslehrer angetreten hat. Dort kommt es sodann zum endgültigen Zerwürfnis der Eheleute. Als auch noch klar wird, dass der geschlossene Vertrag mit dem Grafen es nicht vorsieht, Amalie Dietrich an der Seite ihres Mannes im Schloss eine Bleibe zu offerieren, trennen sich die Wege auf immer. Amalie Dietrich empfindet nur noch Verachtung für ihren Mann; nur vor der späteren Abreise nach Australien besucht sie ihn noch ein letztes Mal, um endgültig „Lebewohl" zu sagen (vgl. S. 175 f.).

Amalie Dietrich holt ihre Tochter, die in der ganzen Zeit seit der Holland-Reise als Dienstmädchen bei einer Familie untergebracht gewesen war, zu sich zurück; die beiden stellen sodann selbst diverse Pflanzensammlungen her. So wie zuvor Wilhelm Dietrich die Rolle des Unterweisenden übernommen hat, ist es nun die Mutter, die der Tochter die Arbeitsschritte zeigt und sich unzufrieden äußert, wenn es nicht rasch genug vorangeht. Doch Charitas gerät weder „außer sich vor Freude über eine seltene Pflanze" (S. 142), noch zeigt sie „wirkliches Interesse an der Botanik" (ebd.). Die Umstände fügen sich halbwegs glücklich, als nach einiger Zeit in Hamburg der Kontakt zum Kaufmannsehepaar Dr. Meyer entsteht, das von den angelegten Herbarien schier begeistert ist und Amalie Dietrich empfiehlt, sich bei einem gewissen Herrn Godeffroy vorzustellen.[11] Dieser sei gerade dabei, ein Museum aufzubauen. Zwar wird Amalie Dietrich von Herrn Godeffroy bei einer ersten Begegnung zunächst zurückgewiesen, kann aber nicht zuletzt aufgrund der Vorlage von diversen Referenzschreiben und einer Empfehlung durch Dr. Meyer beim zweiten Mal eine Anstellung erwirken. Sie unterschreibt überschwänglich, ohne die Versorgung der zu diesem Zeitpunkt 14-jährigen Charitas schon geregelt zu haben, einen Kontrakt, der vorsieht, in Australien zehn Jahre lang Sammlungen anzufertigen und diese regelmäßig nach Hamburg verschiffen zu lassen. Im Vergleich zur literarischen Erzählung von Bischoff (1980 [1909]) erzählt der Roman verdichtet, z. T. auch auf wenige

---

[10] Kompositorisch zwar ganz anders aufgebaut, kann das gleichwohl an jene Situation um Nadine Weber erinnern, in der sie in Ungewissheit über den Verbleib ihrer Tochter Alina ist.

[11] Die Begegnung mit den Eheleuten Dr. Meyer an der ‚Alster 24a' ist auch Gegenstand einer Erzählung in beiden von Charitas Bischoff verfassten biografischen Texten (siehe Bischoff, 1980 [1909], S. 156 ff., 1981 [1912], S. 220 ff.)

Stunden statt mehrerer Tage verlegt, von den Vorbereitungen auf die Abreise am „15. Mai 1863" (S. 176) per Segler. Die in der literarischen Vorlage zum Ausdruck kommende innere Zerrissenheit und der Zweifel, der Amalie Dietrich überkommt, wenn sie daran denkt, ihre Tochter wieder einmal allein zurückzulassen, und dieses Mal unglaublich lange, sind als Schicht subjektiver Erfahrungen mit ihren widersprüchlichen, affektiven Bestandteilen ebenso wenig prägnant ausgearbeitet, wie etwa der von Mutter und Tochter gemeinsam unternommene Besuch im „Privatzimmer von Godeffroy" (Bischoff, 1980 [1909], S. 180). Es ist diese kurze Szene, die es Amalie Dietrich in der biografischen Erzählung von Bischoff ganz offenbar deutlich leichter macht, die Reise anzutreten. Im Roman dagegen begibt sie sich sogleich nach Australien, zielgerichtet und erwartungsvoll sowie beruhigt zu wissen, dass Charitas währenddessen in guten Händen bei Familie Dr. Meyer weilt, da sie dort eine erlesene Bildung erwarten kann: eine Bildung, die Amalie Dietrich selbst, auch während ihrer Beziehung zu Wilhelm Dietrich, nie in einem solchen Ausmaß erfahren hatte (vgl. dazu v. a. S. 167).

4.2 Gelüftetes Geheimnis

Der von nun an bestehenden räumlichen Distanz zwischen Deutschland und Australien entspricht die Abwandlung der stilistischen Mittel, die verwendet werden, um den Fortgang des Handlungsverlaufs zu gestalten. Es sind die schon erwähnten Briefe, insgesamt zehn von Amalie Dietrich, sieben von ihrer Tochter Charitas, zwei vom Kaufmann Godeffroy und einer von Wilhelm Dietrich, mit denen nun die weitere Geschichte erzählt wird. Den ersten verfasst Amalie Dietrich knapp drei Monate nach ihrer Abreise für ihre Tochter. Sie berichtet am 12.8.1863 darüber, dass sie nun „endlich in Australien angekommen" (S. 186) sei und die erste Expedition bereits erfolgreich durchgeführt habe, auch wenn die Furcht vor der Aufgabe sie zunächst komplett zu lähmen drohte. Ihre weiteren Briefe enthalten neben den zuweilen auch etwas barschen, mithin tadelnden Antworten[12] auf das von Charitas Geschilderte vor allem Berichte zu geografischen Stationen sowie diverse situative Beschreibungen der „Märchenwelt" (S. 217) bzw. „Wunderwelt" (S. 284), die Amalie Dietrich in Australien vorfindet. Alles, was ihr vor die Augen trete, so schreibt sie, sehe ziemlich anders

---

[12]Etwa: „Willst du wohl Deine Gefühle im Zaum halten!" (S. 278), „Du träumst Dich in eine unwirkliche Welt. Wach auf!" (S. 279 f.).

aus als jene Objekte in den bislang vertrauten Gefilden: *„Die Schwäne sind schwarz, manche Säugetiere haben Schnäbel. Die Bienen hingegen haben keinen Stachel, und eine Bachstelze habe ich beobachtet, die hebt ihren Schwanz nicht auf- und abwärts, sondern bewegt ihn von links nach rechts."* (S. 217; s. auch Bischoff, 1980 [1909], S. 201).

Die Andersartigkeit der äußeren Realität findet im Inneren, der *„Schicht der subjektiven Erfahrungen und ihrer Organisation"* (Schulze, 1979, S. 55.; Herv. i. O.), von Amalie Dietrich ihre Extrapolierung. Auch sie erfährt in Australien *„das Gegenteil"* (S. 219): keine Demütigungen mehr, sondern Anerkennung, sogar *„unbegrenztes Vertrauen"* (S. 256) durch ihren Auftraggeber Godeffroy, der sie zum intensiven Sammeln ermutigt und sie in einem Brief vom 20.1.1865 darum bittet, *„möglichst Skelette und Schädel von Eingeborenen"* (S. 229) zu senden, dem sie aber nicht sogleich nachkommen kann. Erst mehr als vier Jahre später gelingt es Amalie Dietrich, *„dreizehn Skelette und mehrere Schädel nach Hamburg"* (S. 282) verschiffen zu lassen, wie sie ihrer Tochter in einem Brief vom 20.9.1869 schreibt.

Während die biografische Erzählung von Bischoff erst dann wieder von den Briefen in den narrativen Modus mit heterodiegetischer Erzählinstanz wechselt, als Amalie Dietrich nach Hamburg zurückkehrt (siehe dazu Bischoff, 1980 [1909], S. 296), folgen im Roman nach dem Abdruck eines in der literarischen Vorlage nicht vorhandenen Briefs vom *„Januar 1972"* (S. 287) zwei Kapitel, die ins Zentrum das Agieren zwischen Amalie Dietrich und dem jungen Wissenschaftler Harald Neugerber[13] stellen und dabei das im Titel zur Ankündigung gebrachte ‚Geheimnis jenes Tages' lüften. Alles, was hier geschildert wird, ist nicht Teil der literarischen Erzählung Bischoffs, kein Geschehnis, kein Dialog, kein Handlungsverlauf, insofern aber auch nochmals besonders interessant in den Blick zu nehmen, um etwaige Differenzlinien der biografischen Konstruktion von Amalie Dietrich zu erkennen.

Neugerber hat die weiteren Lieferungen nach Deutschland zu forcieren, vor allem „vollständige Skelette" (S. 302) soll er für Godeffroy und Professor Rudolf Virchow herbeischaffen. Zwar weiß Amalie Dietrich um die Dringlichkeit, sobald wie möglich die Lieferungen von Gebeinen zu veranlassen, nicht aber

---

[13]Ob es sich bei Neugerber um jenen „brauchbaren Gehilfen" (S. 280) aus Deutschland handelt, den Amalie Dietrich in ihrem Brief vom 20.9.1869 gegenüber Charitas lobend erwähnt, ist unklar. Der Einblick in Neugerbers Gedankenwelt bei der Einführung seiner Figur im Roman (abgedruckt auf den Seiten 302–304) lässt jedoch eher vermuten, dass es sich nicht um dieselbe Person handelt.

um Neugerbers Besessenheit, diesen Auftrag ohne Kompromisse zu erfüllen. Sie hat derweil den Einheimischen Iokkai kennengelernt, der sie beim Sammeln tatkräftig unterstützt. Wenngleich ihr Verstand immer noch hellwach ist, so benötigt Amalie Dietrich inzwischen Hilfe bei den Expeditionen. Nachgelassen hat vor allem ihre Sehkraft. Die eigens für sie angefertigte Brille kann den leicht unscharfen Blick nicht gänzlich korrigieren. Genauso wie zu früheren Tagen ist sie aber darauf erpicht, präzise zu arbeiten, keine Fehler zu machen und ihren Auftraggeber zufrieden zu stellen (vgl. S. 298 f.).

Zusammen mit Neugerber und Iokkai begibt sie sich auf die Farm des Engländers Andrew Archer, wo sie nach ihren Tagesexpeditionen arbeiten und nächtigen kann. Dort kommt der Kollege rasch in den Besitz einer Kinderleiche, die ihm von der Mutter im Tauschgeschäft für Tabakwaren überlassen wird. Doch das reicht Neugerber nicht. Er verwickelt den Farmbesitzer in ein Gespräch, bei dem er ihn zu überreden versucht, Einheimische zu erschießen, was man – so deutet er es an – als Notwehr deklarieren könnte, nachdem in letzter Zeit gelegentlich von Überfällen Einheimischer auf Stationen Weißer die Rede war. Archer jedoch reagiert empört, fordert danach Amalie Dietrich und Neugerber auf, sofort seine Farm zu verlassen. Im Disput mit Amalie Dietrich droht Neugerber – redegewandt und abgebrüht, wie er ist – mit der Ruinierung ihrer Reputation, sollte sie auch nur irgendjemandem aus Hamburg davon berichten. Wild entschlossen seinen Auftrag zu erfüllen und die versprochenen Skelette der Ureinwohner*innen zu besorgen, erschießt er nur wenig später sechs Aborigines, die gerade dabei sind, ein Ritual zu begehen. Durch die Gewehrschüsse aufmerksam geworden, eilen Amalie Dietrich und Iokkai auf Pferden heran; Iokkai wird im Zuge dieser Aktion ebenfalls erschossen, Amalie Dietrich kann in letzter Minute mit einem der herbeigerufenen Pferde noch die Flucht ergreifen. Die ominöse Herkunft der acht später in Hamburg eingetroffenen Skelette, eben jene sechs erschossenen Aborigines, Iokkai und das tote Kind, über die Nadine Weber vor ihren Studierenden über 130 Jahre später sagt, dass sie sich „nicht mehr zuverlässig rekonstruieren" (S. 36) lässt, ist damit geklärt und der Ruf der Amalie Dietrich – zunächst für die Anthropologin Weber (wie auch für die Leser*innen des Romans) – rehabilitiert.[14] Dass Nadine Weber das gelüftete Geheimnis der Öffentlichkeit nicht lange vorenthalten wird, lässt sich zudem annehmen.

---

[14] Eine Unstimmigkeit besteht allerdings hinsichtlich der beiden Zeitangaben: Nadine Weber sagt, die Skelette seien „1870/1871" (36) nach Hamburg gekommen, die nach Bowen verlegte Handlung in den beiden genannten Kapiteln spielt jedoch erst im Jahr 1872.

Wenngleich gerade mit Blick auf diese Ereignisse um Neugerber und Iokkai zum Ende des zehnjährigen Aufenthalts in Australien der Lebensverlauf der Amalie Dietrich in Duttons Roman eine ziemlich andere Kontur erfährt als in der literarischen Vorlage von Bischoff (1980 [1909]), ist es allerdings einigermaßen bemerkenswert, dass sich die dramatischen Geschehnisse für die Protagonistin offenbar nicht unbedingt zu biografisch bedeutsamen Lernerfahrungen sedimentieren. Zumindest legen das die letzten beiden Abschnitte, „Heimkehr" (S. 344–347) und „Epilog" (S. 363 ff.) nahe, die wieder kaum Abweichungen zu jenen Passagen aufweisen, auf die der Roman intertextuell referiert. Diesen Fragen nach den Modalitäten biografischen Lernens gilt es im Folgenden allerdings nochmals genauer anhand der Themen *zentrales Lernfeld* und *innovatives Lernen* nachzugehen.

5   Lebensgeschichte und biografisches Lernen

5.1   Zentrales Lernfeld

Lebensgeschichten sind auch Lerngeschichten. Diese Einsicht ist konstitutiv für eine Biografieforschung, die es sich zur Aufgabe macht, die „Akkumulation vieler einzelner Lernprozesse" (Schulze, 2005, S. 46) über lebensgeschichtliche Zusammenhänge zu eruieren, um damit die Komplexität und Langfristigkeit des Lernens in den Blick zu bekommen, statt ausschließlich deren Elementarformen zu betrachten (vgl. Schulze, 2003, insbes. S. 203 f.). Dabei ziehen sogenannte Lernfelder eine besondere Aufmerksamkeit auf sich. Unter einem „Lernfeld" wird „eine selektive Beziehung zwischen einem Individuum und einem Ausschnitt oder Aspekt seiner Umwelt" (Schulze, 2005, S. 47) verstanden. Lebensvollzüge werden durch Lernfelder an- bzw. vorangetrieben. Sie finden sich als ein „Ensemble aus Orten, Aktivitäten und Strategien" (ebd., S. 52) in unterschiedlicher Ausprägung in jeder Biografie. Dort, wo sie „mit dem Beruf [...] oder mit einem besonderen Engagement zusammenhängen" (ebd., S. 47), verdichten sie sich geradezu. Das hat Theodor Schulze insbesondere anhand der Künstlerbiografie von Marc Chagall als Musterbeispiel für lebensbezogene Zentrierungen anschaulich machen können (vgl. ebd.; auch Schulze, 2003) – und es scheint nicht sehr weit hergeholt, wenn man behauptet, dass es mit der Figur der Amalie Dietrich ebenfalls aussichtsreich ist, über das in ihrer Lebensgeschichte zentrale Lernfeld zur Analyse einiger Modalitäten biografischen Lernens hervordringen zu können. Denn auch Amalie Dietrichs Lebensgeschichte scheint – da widersprechen sich die Charakterisierungen in Duttons und Bischoffs Werk in keinerlei Weise – von einem unbändigen Ehrgeiz charakterisiert zu sein. Es geht ihr immerzu darum, die Vielfalt der zunächst floristischen, später dann auch faunistischen und menschlichen Natur verfügbar zu machen, sie zu konservieren und Belege aus der Welt für wissenschaftliche Neubeschreibungen zusammenzutragen. Analog zum voranstehenden Vorgehen ist dabei gerade auch zu fragen, welche Konsequenzen etwaige Abweichungen zwischen den beiden im Schlagabtausch befindlichen Erzähltexten für die Modellage von Amalie Dietrichs Biografie haben.

Im biografischen Text von Bischoff nimmt dieses zentrale Lernfeld seinen Ausgang als vage Vorankündigung schon im Kapitel „Amaliens Traum" (Bischoff, 1980 [1909], S. 25–28), während es bei dem zeitgenössischen Roman Duttons die allererste Szene der Begegnung mit Wilhelm Dietrich ist, mit der die nachhaltige Thematik des Botanisierens eingeführt wird. Es ist eine anschauliche Lehrstunde für das noch junge „Malchen", das sich bislang offenbar weitgehend auf die Erfahrungen ihrer Mutter verlassen hat, nicht nur, aber auch bei so alltäglichen Dingen wie dem Sammeln von Pilzen. Wilhelm Dietrich kann diese alltagsweltlich fundierten Erfahrungen nicht nur insofern präzisieren, als er beim Blick in den Korb die Pilze in wissenschaftlicher Terminologie bezeichnet. Er kann sie auch entzaubern. Eindringlich warnt er vor dem von Cordel mitgeführten Behelfsmittel, giftige Pilze mittels einer Zwiebel dadurch ausfindig zu machen, dass sich diese bei Berührung im Korb schwarz verfärbt. „Das ist ja alles Unsinn und Aberglaube. Wissen, Wissen und nochmals Wissen, das allein schützt vor Irrtum und damit vor dem Tod!" (S. 24), so Wilhelm Dietrich gegenüber den beiden Frauen, nur kurze Zeit später einen „*Boletus sanatus*" (S. 28) ergreifend, den er halbiert und auf diese Weise demonstrieren kann, dass es sich gerade nicht um einen Steinpilz handelt, für den Amalie ihn zunächst gehalten hat.

Das zentrale Lernfeld der Amalie Dietrich ist damit unübersehbar sozial konstituiert. Ohne die Begegnung mit Wilhelm Dietrich hätte es sich nicht ergeben, das kann man annehmen. Es wird initiiert über die Anregung durch ihn, die bei der jungen Frau sogleich auf Empfänglichkeit stößt und Lernbegierde hervorruft – anders als dies etwa einige Jahre später zwischen Amalie Dietrich und Charitas der Fall ist. Denn die Tochter zeigt kein Interesse, keine Leidenschaft für die Welt der Pflanzen und Tiere. Amalie Dietrich dagegen lernt im permanenten Austausch mit ihrem Mann sodann, sich in der zunächst fremden Welt der Botanik zurechtzufinden, erlangt Expertise in der Bestimmung von Pflanzen, ihrer zunächst arbeitsteilig organisierten Weiterverarbeitung und schließlich auch im Verkauf von gepressten Exemplaren. Es kommt zur „Verflechtung und Vereinigung von individuellen Lernprozessen in einem gemeinsamen Kontext" (Schulze, 2003, S. 211), wie sich mit Schulze sagen lässt.

Das Lernergebnis löst sich somit sowohl von Amalie Dietrich als auch ihrem Mann ab und geht „einen überindividuellen Zusammenhang" (ebd., S. 213) ein. Nicht, indem beide für sich lernen, stellt sich ein vereintes Lernergebnis ein. Es geschieht partizipativ bzw. wird prozessiert mittels einer relationalen Beziehungsgestaltung. Es ist vor allem Tobias Künkler (2011), der eine derartige Perspektive im Anschluss an neuere Debatten der Subjektivierung geführt und sich dabei an der *„Formulierung einer alternativen Konzeption des Lernens"* (ebd., S. 21; Herv. i. O.) für die Erziehungswissenschaft versucht hat. Bedeutsam für diesen Ansatz Künklers ist insbesondere die Annahme, dass Gegenstände und Wege des Lernens ganz entscheidend davon abhängig sind, „was für bedeutsame Andere bedeutsam ist" (ebd., S. 540), sodass deren ‚Begehrensmatrix' als Orientierung im Lernprozess dient.[15] Übertragen auf die Modalität des Lernens im Fall von Amalie Dietrich heißt dies, dass sie nicht nur ‚von', ‚durch' und ‚mit' ihrem Mann lernt, sondern auch ‚für' ihn. Der Wunsch, von Wilhelm Dietrich mehr als nur beachtet, sondern darüber hinaus geliebt zu werden, evoziert und strukturiert den gemeinsamen Lernprozess. Im Roman auf den Satz gebracht: „Die Liebe war die beste Lehrmeisterin" (S. 33; auch Bischoff, 1980 [1909], S. 58). Auf diese Weise wird es für Amalie Dietrich möglich, in Wissen und Können ihrem Mann beinahe ebenbürtig zu werden. Mit der so gelebten Begeisterung für das Sammeln von Pflanzen gelingt es ihr schließlich sogar, erfolgreicher als Wilhelm zu werden. Dies aber mag mit der relationalen, anerkennungstheoretisch hergeleiteten Sicht Künklers dann auch als Grund dafür angesehen werden, dass die Ehe allmählich bröckelt – schließlich besteht fortan so etwas wie eine Reziprozität der Expertise bei gleichzeitiger Erosion der Gemeinsamkeit, auf die im nächsten Abschnitt noch genauer einzugehen ist. Wilhelm Dietrich ist nicht mehr der Unterweisende, der „Aufgaben" (S. 31) stellt, „Belehrungen" (S. 32) gibt und Wissen abprüft – Amalie Dietrich nicht mehr diejenige, die sich „klein fühlte [...] diesem wunderbaren Manne gegenüber" (S. 33).

Sozial konstituiert ist das zentrale Lernfeld aber nicht nur durch Wilhelm Dietrich, sondern im Weiteren auch durch den Austausch mit anderen Menschen. Dass Amalie Dietrich nach Australien reisen und dort ihre Leidenschaft für die Botanik intensiv ausleben kann, verdankt sie dem Angebot von Godeffroy und

---

[15] Analog zu Künkler (2011) hat auch Franz Schaller (2012) eine im Anspruch erziehungswissenschaftlicher Anschlussfähigkeit stehende Konzeptualisierung des Lernens als wechselseitige Konstituierung von Individualität und Sozialität entworfen. Schallers Version ist dabei insbesondere leibphänomenologisch grundiert, wartet an der ein oder anderen Stelle jedoch mit ähnlichen Schlussfolgerungen auf.

auch der Hilfsbereitschaft der Familie Dr. Meyer, die sich der Betreuung von Charitas annimmt. Das bedeutet, das zentrale Lernfeld folgt auch bei Amalie Dietrich der „emotional verankerten Zuwendung" (Schulze, 2005, S. 47) durch sie selbst; alles, was sie tut, ist ihr wichtig und wertvoll. Umfassend eingelagert ist das Lernfeld jedoch in einen mit- bzw. zwischenmenschlichen Kontext. Das zeigt etwa gerade auch die Szene vor der Abreise nach Australien in Godeffroys Privatzimmer, die im Roman jedoch nicht eingearbeitet ist (vgl. Bischoff, 1980 [1909], S. 180). Zugleich ist die Akkumulation der Vorgänge, von der Schulze in der Charakterisierung von derartigen biografischen Lernfeldern spricht, auch in ihrem Fall offenkundig (vgl. Schulze, 2005, S. 47). Sie erstreckt sich über Raum und Zeit: Immerzu und überall agiert Amalie Dietrich im Grunde genommen mit „*bewundernswerter Energie*" (S. 252), trotz manifester sozialer Gegenkräfte, die spätestens dann virulent sind, als sie ihr Kind zur Welt bringt. Mit dem Tod der Mutter Cordel wirken sie noch intensiver, weil die zeitlichen Ressourcen, sich in das gemeinsame Geschäft um die Botanik einzubringen, schwinden, die Konflikte im Eheleben hingegen umso stärker werden. Dass sich Lernfelder in Auseinandersetzung mit solchen Gegenhorizonten konstituieren, ist zwar durchaus kein Kuriosum (vgl. Schulze, 2005, S. 48). Erwartungswidrig indes dürfte sein, dass sich Amalie Dietrich nicht davon abbringen lässt, das zentrale Lernfeld weiter zu verfolgen, statt sich den Aufgaben, die ihr als Frau gesellschaftlich zugewiesen werden, zu widmen. Beharrlich, wie sie ist, desillusionieren sie auch die kritischsten Reaktionen anderer und größten Herausforderungen, mit denen sie konfrontiert wird, nicht. An ihrem Vorhaben hält sie trotz zahlreicher Widerstände vehement fest: der Ehebruch ihres Mannes, die langwierige Erkrankung in Holland, die endgültige Trennung von Wilhelm Dietrich im Anschluss, die zunächst erfolgte Zurückweisung durch Godeffroy im Wunsch, bei ihm eine Anstellung zu finden, der notwendige Verzicht auf die Nähe ihrer Tochter während des Aufenthalts in Australien, das alles – und noch viel mehr – bringt sie in keinerlei Weise von ihrem Weg ab. Das Lernfeld entfaltet durchweg biografische Bedeutung.

5.2 Innovatives Lernen

Von einem besonderen Interesse für biografisches Lernen sind für Schulze (2003, S. 215) die „umfassenden Wandlungen, die die Lebens- und Denkweise der Menschen und die Organisation ihres Zusammenlebens grundlegend verändern". Diese Modalität des Lernens wird von ihm als innovativ begriffen. Charakterisiert werden damit solche „Lernprozesse, die die Grenzen des bisher gültigen und gewohnten Verhaltens überschreiten und neue Formen zu handeln, zu denken, zu sprechen, zu sehen und zu fühlen in das Repertoire menschlicher Verhaltensmöglichkeiten einbringen" (ebd.). Während die vorangegangenen Ausführungen somit vor allem der *Formation* des zentralen Lernfeldes nach-gegangen sind, ist angezeigt, im Weiteren nach den Bedingungen eines *trans-formativen* Lernens Ausschau zu halten. Drei zeitliche Abschnitte sind es, denen in Anbetracht der beiden literarischen Texte über Amalie Dietrich gezielt Auf-merksamkeit zu widmen ist: 1. den Monaten von November 1848 bis November 1849, die Amalie Dietrich nach der Entdeckung des Ehebruchs ihres Mannes in Bukarest verbringt, 2. der Phase nach der endgültigen Trennung von Wilhelm Dietrich, also von 1858 bis 1863, und 3. dem zeitlich umfangreichsten Abschnitt vom Beginn der Australien-Reise – ineinanderfallend mit dem Abschied von Charitas – bis zur Rückkehr im Jahr 1873. Alle drei charakterisiert dabei ganz grundlegend eine krisenhafte Kontur im Zusammenhang mit der Veränderung personaler Beziehungen, v. a. Abschiede und Trennungen. Allerdings lassen sich die Abschnitte kaum ausschließlich mit den theoretischen Mitteln von Schulze ergiebig betrachten. Denn Schulze benennt relativ plakativ und ohne Nennung ausgearbeiteter Analysemittel drei Formen von innovativen Lernprozessen, denen die Wandlung jeweils eingeschrieben ist: Zunächst sind es ihm zufolge jene, die sich „ziemlich direkt auf individuelles Lernen" (ebd.) zurückführen lassen, was überall der Fall sei, „wo die Wandlungen unmittelbar von technischen Erfindungen oder wissenschaftlichen Entdeckungen ausgehen" (ebd.). Sodann sind es Wandlungen, die „als soziale Bewegungen" (ebd., S. 216) in Erscheinung treten und mehrere Individuen kollektivieren, schließlich weitreichende Wandlungsprozesse, die sich „über Jahrhunderte" (ebd., S. 217) erstrecken. Dass sich gerade die zuletzt aufgezählten Formen innovativen Lernens kaum unmittel-bar in eigenerlebten biografischen Erfahrungen widerspiegeln, dürfte jedoch ziemlich offenkundig sein. Gehaltvoller erscheint damit, eine Differenzierung in die Frage nach innovativen Lernprozessen in biografischen Horizonten zu integrieren, wie sie ausgehend zur begrifflichen wie auch empirischen Unter-scheidung zwischen Lernen einerseits und Bildung andererseits in erziehungs-wissenschaftlichen Diskussionszusammenhängen umfassender ausgearbeitet worden ist (vgl. u. a. Laros et al., 2017; Nohl, 2016). Biografische Veränderungen werden hierbei dahingehend unterschieden, ob sie eher die Interpunktions-prinzipien der Erfahrung linear anreichern, ohne sie jedoch neu zu ordnen, oder durch die Transzendierung bisheriger Schemata der Welt- und Selbstauslegung eine grundsätzlich andere „Art und Weise des In-der-Welt-Seins" (Nohl, 2016, S. 170) hervorrufen. Letztere zieht eine Transformation von Perspektiven nach sich, die eine „neue gesamtbiografische Selbstthematisierung" (ebd.) beinhaltet.

Diesem analytischen Blick folgend sind es jene drei genannten Lebensabschnitte der Amalie Dietrich, die im Hinblick auf die Frage nach der Reichweite des Innovationsgeschehens für die Welt- und Selbstverhältnisse der Protagonistin in den Blick genommen werden.

Zunächst zum Lebensabschnitt von 1848 bis 1849: Anders als der Roman erzählt Charitas Bischoffs biografischer Text über das Leben der Amalie Dietrich von dem Jahr, das die Protagonistin nach der Entdeckung der außerehelichen Affäre ihres Mannes in Bukarest bei ihrem Bruder verbringt. Schon die Fahrt dorthin liest sich wie ein Martyrium; die Lage ist „schrecklich" (Bischoff, 1980 [1909], S. 84), „alles ist so fremdartig" (ebd.), „keiner hat einen Blick für die einsame Frau" (ebd.), die sich mit ihrer zu diesem Zeitpunkt vierjährigen Tochter auf den Weg in die rumänische Hauptstadt macht, ängstlich und voller Sorge, die ihr auch die „freundlichen Ungarn" (ebd., S. 92) auf der Reise dorthin mit ihrer Hilfsbereitschaft nur bedingt nehmen können. Erst nachdem Amalie Dietrich bei ihrem Bruder und dessen Frau Leanka die ersten Tage verbracht hat, dort etwas zur Ruhe gekommen und von den beiden auch mit stärkenden Speisen umsorgt worden ist, beginnt sie, die neue Umgebung zu erkunden. Das „sächsische Nest" (ebd., S. 96), Siebenlehn, zu dessen Vergessen Leanka ihr in Anbetracht des prächtigen Bukarests rät, bleibt Amalie Dietrich aber weiterhin ungemein präsent. Äußerlich zwar der neuen Umgebung angepasst, weil sie etwa auf Wunsch der beiden einer ‚Weltstädterin' angemessene Mode trägt, ist Amalie Dietrich innerlich nicht bereit, auf Dauer dort sesshaft zu werden und sich mit der urbanen Kultur anzufreunden. Beim Spazierengehen durch die Straßen steigen ihr immer „wieder die Tränen hoch" (ebd., S. 103). Sie fühlt sich einsam. Nur der Anblick von „Blumen" (ebd.) in den Geschäften ruft kurze Augenblicke der Freude hervor und lässt sie die Umstände vergessen. Als sie nach einem dieser Spaziergänge im Gästezimmer mit der Anfertigung von Herbarien beginnt, kommt es zwischen ihr und Leanka vorübergehend zum Streit. Für Leanka ist Amalie Dietrich ohnehin zu wenig darauf bedacht, neues Glück im Leben zu finden. Und nur weil Amalie Dietrich um des lieben Friedens willen die Blumen sodann auf den „Schutthaufen" (ebd., S. 104) wirft, hängt der Haussegen nicht länger schief. Als ihr dann jedoch auch noch von den beiden nahegelegt wird, die Scheidung herbeizuführen, was sie selbst jedoch partout ablehnt, fasst sie den Entschluss, sich eine Arbeit außerhalb der Stadt zu suchen, zu der ihr der Pastor Neumeister in Siebenbürgen verhilft. Hier aber, in ländlicher Umgebung, intensiviert sich ihr großes Interesse an der Pflanzenwelt ebenso wie das Sammeln von „allerlei Getier [...], das [...] sie [...] in Gläser mit Spiritus" (ebd., S. 109) steckt. Zurechtgemacht auf Volksfeste zu gehen, wie es andere junge Frauen in ihrem Alter tun, interessiert sie dagegen kein Stück weit. Der während einer Wanderung durch die Karpaten gefasste Entschluss, wieder nach Siebenlehn zu ihrem Mann zurückzukehren und dort die Arbeit mit den Pflanzen erneut aufzunehmen, mag so zwar nicht vollends erwartbar sein, stellt aber alles andere als ein Konversionserlebnis dar. Obwohl ihre Interessenslage keine grundlegende Veränderung erfährt und man damit von einer Linearität der Erfahrungen ausgehen könnte, zeugt der biografische Text von Bischoff (1980 [1909]) dann dennoch von einer weitreichenden Perspektiventransformation, die zunächst nur Wilhelm Dietrich deutlich zu bemerken scheint, als er bei seiner Frau die „alte Hingabe" (ebd., S. 115) feststellt, die sie antreibt, aber auch sieht, dass in diesem einen Jahr „allerlei Neues hinzugekommen" (ebd.) ist, weshalb ihm seine Frau – irgendwie „fremd geworden" (ebd.) – als eine gänzlich andere gegenübertritt. Die zentrale Rekonfiguration des Welt- und Selbstverhältnisses scheint damit in der Zeit der Abwesenheit aus Siebenlehn stattgefunden zu haben. Und sie zeigt sich im Weiteren etwa darin, dass Amalie Dietrich nicht länger für ihren Mann lernt, sondern für sich selbst die Welt der Pflanzen und Tiere erkundet. Der relationale Lernprozess kommt damit zum Ende. Umso weniger nachvollziehbar ist es mit Blick auf die Dramaturgie der biografischen Entwicklung von Amalie Dietrich, dass im Roman von Dutton (2015) dieser wichtige Lebensabschnitt mit keinem Wort erwähnt wird, obgleich er für das, was sich im Weiteren ereignet, von so eminenter Bedeutung ist.

Dass sich das Ehepaar neun Jahre später, also 1858, dann endgültig trennt, kommt alles andere als vollends überraschend. Der Schritt hat sich mit dem ‚Fremdwerden' der Amalie Dietrich nach ihrer Zeit in Bukarest schon angedeutet. Und an die in den ersten Ehejahren bestehende Gemeinsamkeit des Erlebens wird gerade nicht mehr angeschlossen. Vielmehr agieren Amalie Dietrich und ihr Mann eher unabhängig voneinander, auch wenn beide mit der Anfertigung von Pflanzensammlungen und deren Verkauf beschäftigt sind. Man kann insofern womöglich sagen: Es kommt, wie es kommen muss. Beim Grafen Schönberg in Herzogswalde trennen sich die beiden auf immer. Die folgenden fünf Jahre sind für Amalie Dietrich indes ebenso wenig ein kompletter Neuanfang, wie nach der Rückkehr aus Bukarest. Auf Null gesetzt wird nichts. Denn die Arbeit an und mit den Pflanzen steht weiterhin im Zentrum ihres Tagesablaufs. In einem ihr zunächst mietfrei zur Verfügung gestellten Hinterhaus widmet sie sich in „fieberhaftem Eifer" (Bischoff, 1980 [1909], S. 151) dem ihr allzu vertrauten Metier. Neu dabei ist, dass Amalie Dietrich nun ihre Tochter immer um sich hat, nachdem sie Charitas viel zu lange in fremde Hände hat abgeben müssen. Trübsal bläst sie nur hin und wieder. Nie aber denkt sie ans Aufgeben. Zudem achtet sie auch mehr auf sich: „Seit sie die Anweisungen der Ärzte aus Haarlem befolgte und auf eine gesunde Ernährung achtete, waren ihre Wangen rosig, und ihre Augen leuchteten. Auch das Haar, das ihr kurz vor dem Krankenhausaufenthalt in Büscheln ausgefallen war, wuchs wieder kräftig und fiel ihr in dichten, dunklen Locken bis auf die Schultern herab" (S. 145). Dass sie ihre völlige Aufopferung fürs Botanisieren beinahe mit dem Leben bezahlt hätte, wird ihr offenbar bewusst und evoziert einen zumindest anderen Umgang mit sich selbst. „Die Nebel zerreißen" – so formuliert es Bischoff (1980 [1909], S. 156) in einer Kapitelüberschrift ihres Werkes –, als Amalie Dietrich dann die Gelegenheit erhält, in Hamburg eine opulente Sammlung von getrockneten Pflanzen zu verkaufen und dort in Kontakt mit der Familie Dr. Meyer kommt. Als diese ihr von Cäsar Godeffroy und dessen Plänen erzählen, ist Amalie Dietrich zwar zunächst zu ungeduldig – eine bekannte Schwäche ihrer „Natur" (S. 142) –, um vorbereitet den richtigen Moment abzuwarten und sich für eine Anstellung vorzustellen. Sie wird abgewiesen. Nur durch das Bemühen von Herrn Dr. Meyer erhält sie eine zweite Chance, in Kontakt mit Cäsar Godeffroy zu treten. Und schließlich packt sie die Gelegenheit beim Schopf, für eine zehnjährige Expedition nach Australien zu gehen, während ihre Tochter in Deutschland bleiben kann. Amalie Dietrich mag in dieser ganzen Zeit das ein oder andere lernen und Routinen ausbilden. Substanziell ändert sich in ihrem Blick auf sich selbst, auf andere und die Welt aber nicht allzu viel. Schon nach ihrer Rückkehr zu Wilhelm Dietrich war sie es, die einzelne Tätigkeiten koordiniert und sich für die Akquise der Aufträge verantwortlich gezeichnet hat. Mehr und mehr Eigenständigkeit hatte sie zuvor schon erlangt. Allerdings scheint sich vor ihrem Aufbruch nach Australien ein positives Lebensgefühl, das ihr über geraume Zeit nicht vergönnt war, wieder einzustellen. Angestoßen und in Gang gesetzt wird es – wie könnte es in Anbetracht der sozialen Konstitution ihres zentralen Lernfeldes auch anders sein – durch die Menschen aus ihrem Nahfeld, die sie in ihren Bemühungen unterstützen und ihr mit Anerkennung begegnen: Frau Hänel, die ihr unentgeltlich die Wohnung bereitstellt, ein Herr Weber, der sie ganz angetan von den angefertigten Herbarien zur Familie Dr. Meyer schickt, das Ehepaar Dr. Meyer selbst, Cäsar Goddefroy, der im zweiten Versuch „Vertrauen" (S. 161) zu Amalie Dietrich findet und ihr die erhoffte Anstellung bietet usw. Sie alle sorgen dafür, dass Amalie Dietrich auf positivem Fundament neue Möglichkeiten für sich wahrnimmt. Bemerkenswert jedoch ist, dass sich sogar Wilhelm Dietrich in dieser Reihe von Namen herzählen lässt. Ihm attestiert Amalie Dietrich – ganz ohne Groll – bei der letzten Begegnung vor der Abreise, einen wichtigen Beitrag zum Glücklichsein geleistet zu haben, wenn sie sich – wie es im biografischen Text von Bischoff (1980 [1909], S. 186) heißt – von ihm mit den Worten verabschiedet: „Leb' wohl, mein armer Wilhelm! Glücklich – unglücklich – glücklich bin ich durch dich geworden. Für alles Glück danke ich dir, in dem Sinne werde ich stets deiner gedenken!"

In Australien angekommen, sind es für Amalie Dietrich sodann ganz andere Bedingungen, unter denen sie arbeiten kann. Nicht nur ist die Natur so reichhaltig, wie sie es sich kaum ausmalen konnte: *„Es duftet so anders"* (S. 190). *„Neu ist [...] alles, und eine solche Fülle von Material wächst einem entgegen"* (S. 191), dass Amalie Dietrich kaum weiß, wo sie anfangen soll zu botanisieren. Frei von Sorgen *„ums tägliche Brot"* (S. 217) und ohne, dass jemand in ihrem *„Sammeleifer irgendwelche Schranken"* (S. 218) diktiert, macht sie sich unermüdlich ans Werk: *„Ich durchschreite die weiten Ebenen, durchwandere Urwälder, durchfahre im schmalen Kanu Flüsse und Seen und sammle, sammle, sammle"* (ebd.). Sind es in Sachsen vor allem die Pflanzen gewesen, so ist es nun zusätzlich immer mehr auch die *„Tierwelt"* (S. 261), der sie *„mit Freuden"* (ebd.) ihre Aufmerksamkeit zuwendet. Kraft schöpft sie dabei nicht nur aus der Zuversicht, dass sie die Erwartungen Godeffroys nicht enttäuscht, sondern auch aus der Anerkennung, die sie schon jetzt für ihre Sammlungen erhält. Zuweilen stellen sich aber dennoch immer wieder, wie bereits zuvor, Selbstzweifel ein. In kurzen Momenten sinniert sie darüber, ob sie den Ansprüchen an sie vollumfänglich gerecht werden kann. Und es ärgert sie, wenn ihre Arbeiten *„nur sehr langsam"* (S. 264) vorangehen. Denn das bedeutet für sie, dass sie ihre Verbindung *„mit der alten Heimat"* (S. 218) nicht so eng gestalten kann, wie sie es gerne würde. Wenn sie dagegen produktiv ist und immer wieder reichlich Aufgefundenes nach Deutschland bringen kann, verspürt sie nicht einfach nur Genugtuung, sondern trotz der großen räumlichen Distanz eine Verknüpfung der beiden Welten. Im Text von Bischoff (1980 [1909], S. 203) heißt es dazu: „Unsichtbare Fäden ziehen dadurch hinüber und herüber; von mir zu all den Gelehrten, die die Sachen bearbeiten". Die Bedeutung der sozialen Konstitution des Lernfeldes durchzieht somit ihre Biografie – auch abseits von Sachsen und dem heimischen Terrain, sogar tief in der Wildnis, in der sie zuweilen tagelang allein unterwegs ist. So fremdartig, zum Teil bizarr alles um sie herum wirkt, die Artenvielfalt und Farbenpracht der Natur, so irritierend ihr auch die ein oder andere Begegnung mit den Eingeborenen erscheint – etwa, wenn sie sich nicht erklären kann, wieso sie urplötzlich wütend gebärdend ihr Haus belagern (vgl. S. 259) –, große Veränderungen im Welt- und Selbstverhältnis, die als eine biografische Perspektiventransformation zu qualifizieren wären, gibt es dennoch nicht. Selbst dort, wo der Roman von Dutton (2015) mit den Erzählungen um Iokkai und Neugerber ganz andere Wege als die literarische Vorlage von Bischoff (1980 [1909]) geht, sind sie nicht präsent. Qualitative Sprünge in den Welt- und Selbstreferenzen treten trotz der existenziellen, krisenhaften Erfahrung in der Biografie von Amalie Dietrich hierbei nicht auf. Wie schon angeführt, ist das für die Abschnitte „Heimkehr" (S. 344–347) und „Epilog" (S. 363–365) zwar nicht unbedingt gänzlich plausibel gestaltet, aber vielleicht auch nicht komplett unwahrscheinlich. Das könnte – auf theoriebildender Ebene betrachtet – abermals Anlass zu der Vermutung geben, dass grundlegende Veränderung von Welt- und Selbstverhältnissen doch viel seltener sind als pädagogisch gemeinhin angenommen und in entsprechenden Theorieansätzen kolportiert. Sogar bei Menschen, die ständig Fremdheits- erlebnissen ausgesetzt sind, liegen sie so besehen mitunter gar nicht so nah, was eine basale These in jener Theorie deutlich relativieren würde, die sich den Bedingungen und Anlässen von biografischen Wandlungsprozessen in der Welt- und Selbstauslegung widmet (vgl. v. a. Koller, 2012, S. 79 ff.).

Und dennoch: Trotz der zum Ende hin virulenten Kongruenz zwischen Duttons Roman und der Erzählung von Bischoff zeigt der Vergleich der beiden biografischen Modellierungen in den Texten einige bemerkenswerte Unter- schiede. Sie brauchen nicht nochmals ausführlich rekapituliert zu werden; genauso wenig wie auch die Möglichkeiten, den Roman und das eingearbeitete frühere Werk für theoriebildende Motive heranzuziehen. Erwähnenswert ist jedoch in der Zusammenführung von beidem noch ein letzter Gedanke: Wenn das biografische Lernen des Einzelnen nicht nur die Person selbst verändert, sondern auch andere, die daran teilhaben, wenn also – und dafür steht der Fall *Amalie Dietrich* – Lernprozesse relational zu deuten und Lernfelder durchaus ganz wesentlich sozial konstituiert sind, dann dürfte es sich für ein Weiterdenken des Zusammenhangs von Lebens- und Lerngeschichte als sehr aussichtsreich erweisen, die Autobiografie von Charitas Bischoff (1981), also das Werk über ihre eigene Lebensgeschichte, zu lesen und als zusätzliches Werk in die intertextuell geführte Auseinandersetzung um biografisches Lernen zu integrieren, auch wenn das an Ort und Stelle nun nicht mehr geschehen kann. Die weitere Beschäftigung mit Amalie Dietrich an der Schnittstelle von Pädagogik und Literaturwissenschaft könnte damit eine besonders lohnenswerte Aufgabe darstellen.

Anhang

Tab. A1: Vergleich der abgedruckten Briefkorrespondenzen in Bischoff, 1980 [1909] und Dutton, 2015 (eigene Darstellung)

Zählung der Brief-korrespondenzen laut Bischoff (1980 [1909])	Absender/Empfänger	Ort und Datum des Briefs laut Bischoff (1980 [1909])	Ort und Datum des Briefs laut Dutton (2015 [1909])
1	Amalie Dietrich/ Charitas	– „Brisbane, 1. 8. 1863." – „Brisbane River, den 20. 8." (S. 189–194)	– „Brisbane, Australien, den 12.8.1863" – „Brisbane River, den 20.8.1863" (S. 186–192)
2	Charitas/Amalie Dietrich	„Hamburg, 4. Januar 1864." (S. 194–197)	„Hamburg, 4. Januar 1864" (S. 204–207)
3	J. C. Godeffroy & Sohn/Amalie Dietrich	„Hamburg, 3. 1. 1864." (S. 198)	„Hamburg, 3.1.1864" (S. 207–208)
4	Amalie Dietrich/ Charitas	„Rockhampton, 12. 4. 64" (S. 199–203)	„Rockhampton, im April 1864" (S. 215–219)
5	Charitas/Amalie Dietrich	„Hamburg, 12. 5. 64." (S. 204–206)	„Hamburg, 26.5.1864." (S. 219–222)
6	Charitas/Amalie Dietrich	– „Eisenach, d. 12. Juni 1864." – „17. Juni." – „29. Juni." – „7. Juli." (S. 207–214)	Ø
7	Amalie Dietrich/ Charitas	„Rockhampton, d. 12. 10. 64." (S. 215–219)	„Rockhamton, den 12.10.1864" (S. 222–227)
8	Charitas/Amalie Dietrich	„Eisenach, 3. 2.65."; S. 220–221	Ø
9	J. C. Godeffroy & Sohn/Amalie Dietrich	„Hamburg, d. 20. 1. 65." (S. 222–223)	„Hamburg, den 20.1.1865" (S. 228–229)

Zählung der Brief-korrespondenzen laut Bischoff (1980 [1909])	Absender/Empfänger	Ort und Datum des Briefs laut Bischoff (1980 [1909])	Ort und Datum des Briefs laut Dutton (2015 [1909])
10	Wilhelm Dietrich/ Amalie Dietrich	„Herzogswalde, 1865." (S. 223–225)	„Herzogswalde, 1865" (S. 235–237)
11	Charitas/Amalie Dietrich	– „Wolfenbüttel, 2. 5. 1865." – „9. 5." (S. 225–230)	– „Wolfenbüttel, 2.5.1865" – 9.5. (S. 230–234)
12	J. C. Godeffroy & Sohn, im Auftrag: Schmeltz, Kustos/ Amalie Dietrich	„Hamburg, 12. 6. 1865." (S. 231–232)	Ø
13	Charitas/Amalie Dietrich	– „Wolfenbüttel, d. 12. Aug. 65." – „20. September 1865." – „5. Oktober" – „17. Oktober" (S. 233–239)	– Ø – Ø – „5. Oktober 1865" – 22. Oktober 1865" (S. 252–254)
14	Amalie Dietrich/ Charitas	„Rockhampton, 2. 2. 1866" (S. 239–241)	„Rockhampton, 2.2.1866" (S. 254–257)
15	Im Auftrag: Schmeltz, Kustos/Amalie Dietrich	„Hamburg, d. 8. 4. 1866." (S. 241–242)	Ø
16	Charitas/Amalie Dietrich	„Wolfenbüttel, d. 5. 8. 1866." (S. 242–243)	Ø
17	Amalie Dietrich/ Charitas	„Makay, 3. 1. 1867." (S. 244–249)	„Mackay, 17. Juli 1867" (S. 257–263)
18	J. C. Godeffroy & Sohn	„Hamburg, 12. 2. 1867." (S. 249)	Ø
19	Charitas/Amalie Dietrich	„Wolfenbüttel, 28. 7. 1867." (S. 250–251)	Ø
20	Amalie Dietrich/ Charitas	„Lake Elphinstone, 8. 3. 1868." (S. 252–255)	„Lake Elphinstone, im Januar 1869" (S. 263–267)
21	Charitas/Amalie Dietrich	„Wolfenbüttel, 2. 9. 1868." (S. 255–257)(	Ø
22	Amalie Dietrich/ Charitas	„Makay, 16. 2. 1869" (S. 258)	Ø

Zählung der Brief-korrespondenzen laut Bischoff (1980 [1909])	Absender/Empfänger	Ort und Datum des Briefs laut Bischoff (1980 [1909])	Ort und Datum des Briefs laut Dutton (2015 [1909])
23	Charitas/Amalie Dietrich	„London, d. 5. April 1869." (S. 259–266)	„London, den 5. April 1869" (S. 275–278)
24	Amalie Dietrich/ Charitas	„Bowen, d. 20. September 1869" (S. 267–270)	„Bowen, den 20. September 1869" (S. 278–283)
25	Charitas/Amalie Dietrich	„London, d. 30. Juli 1870." (S. 271–277)	Ø
26	Amalie Dietrich/ Charitas	„Bowen, d. 8. Oktober 1870." (S. 277–280	„Bowen, den 8. Oktober 1870" (S. 284–287)
27	J. D. E. Schmeltz, jun. Kostos" /Amalie Dietrich	„Hamburg, d. 5. November 1870." (S. 280–282)	Ø
28	Charitas/Amalie Dietrich	„Harpole-Hall, d. 3. Februar 1871. Northhamptonshire." (S. 282–288)	Ø
29	Amalie Dietrich/ Charitas	„Melbourne, d. 2. April 1871." (S. 288–289)	Ø
30	Charitas/Amalie Dietrich	„London, d. 28. Mai 1871." (S. 289–291)	Ø
Ø	Amalie Dietrich/ Charitas	Øs	„Bowen, im Januar 1872" (S. 287–289)
31	Amalie Dietrich/ Charitas	„Tongatabu, d. 5. Februar 1872." (S. 291–295)	Ø

Literatur

Baacke, D., & Schulze, T. (Hrsg.). (1979). *Aus Geschichten lernen. Zur Einübung pädagogischen Verstehens*. Juventa.

Badinter, E. (2010). *Der Infant von Parma oder die Ohnmacht der Erziehung*. Beck.

Barthes, R. (2002). Der Tod des Autors. In U. Wirth (Hrsg.), *Performanz. Zwischen Sprachphilosophie und Kulturwissenschaften* (S. 104–110). Suhrkamp.

Berndt, F., & Tonger-Erk, L. (2013). *Intertextualität. Eine Einführung.* Schmidt.

Bernfeld, S. (1925). *Sisyphos oder die Grenzen der Erziehung.* Internationaler Psychoanalytischer Verlag.

Bernhard, T. (2004). *Autobiographische Schriften.* Residenz.

Bieri, P. (2017). *Wie wäre es gebildet zu sein?* Komplett-Media.

Binder, E. (2015). *(Rezension zu) A. Dutton. Das Geheimnis jenes Tages.* https://www. janetts-meinung.de/belletristik/das-geheimnis-jenes-tages. Zugegriffen: 25. Juli 2020.

Bischoff, C. (1980). *Amalie Dietrich. Ein Leben erzählt von Charitas Bischoff.* Calwer. (Erstveröffentlichung 1909).

Bischoff, C. (1981). *Bilder aus meinem Leben.* Evangelische Verlagsanstalt (Erstveröffentlichung 1912).

Boyle, T. C. (2010). *Das wilde Kind.* Hanser.

Bühler, P., Bühler, T., Helfenberger, M., & Osterwalder, F. (Hrsg.). (2014). *Erziehung in der europäischen Literatur des 19. Jahrhunderts.* Haupt.

Dell'Agnese, R. (2015). *„Die Geschichte will sich nicht so richtig entwickeln".* https:// www.histo-couch.de/titel/5147-das-geheimnis-jenes-tages/. Zugegriffen: 25. Juli 2020.

Dutton, A. (2012). *Der geheimnisvolle Garten.* Droemer Knaur.

Dutton, A. (2014). *Das geheime Versprechen.* Droemer Knaur.

Dutton, A. (2015). *Das Geheimnis jenes Tages.* Droemer Knaur.

Enderlein, G. (1959). *Die Frau aus Siebenlehn. Aus Amalie Dietrichs Leben und Werk* (4. Aufl.). Altberliner Verlag Groszer (Erstveröffentlichung 1937).

Goedecke, R. (1951). *Als Forscherin nach Australien. Das abenteuerliche Leben der Amalie Dietrich.* Schneider.

Grabau, C. (2015). Vom ‚Ringen um Selbstachtung' und den ‚Kollateralschäden des sozialen Aufstiegs'. Überlegungen im Anschluss an Zadie Smiths London NW. *Vierteljahrsschrift Für Wissenschaftliche Pädagogik, 91,* 47–63.

Hermann, U. (1987). Biographische Konstruktionen und das gelebte Leben. Prolegomena zu einer Biographie- und Lebenslaufforschung in pädagogischer Absicht. *Zeitschrift für Pädagogik, 33,* 303–323.

Jacobi, J. (2011). (Sammelrezension zu) A. Baggermann & R. Dekker. Child of Enlightment. Revolutionary Europe Reflected in a Boyhood Diary, E. Badinter. Der Infant von Parma oder die Ohnmacht der Erziehung & T.C. Boyle. Das wilde Kind. *Zeitschrift für Pädagogik, 57,* 130–133.

Kleiner, B., & Wulftange, G. (Hrsg.). (2018). *Literatur im pädagogischen Blick. Zeitgenössische Romane und erziehungswissenschaftliche Theoriebildung.* transcript.

Koller, H.-C. (2006). Doppelter Abschied. Zur Verschränkung adoleszenz- und migrationsspezifischer Bildungsprozesse am Beispiel von Lena Goreliks Roman „Meine weißen Nächte". In: V. King & H.-C. Koller (Hrsg.), *Adoleszenz – Migration – Bildung. Bildungsprozesse Jugendlicher und junger Erwachsener mit Migrationshintergrund* (S. 177–193). VS Verlag.

Koller, H.-C. (2012). *Bildung anders denken. Einführung in die Theorie transformatorischer Bildungsprozesse.* Kohlhammer.

Koller, H.-C. (2014). Bildung unter den Bedingungen kultureller Pluralität. Zur Darstellung von Bildungsprozessen in Wolfgang Herrndorfs Roman „Tschick". In: F. von Rosenberg & A. Geimer (Hrsg.), *Bildung unter den Bedingungen kultureller Pluralität* (S. 41–57). Springer VS.

Koller, H.-C. (2015). Probleme und Perspektiven einer Theorie transformatorischer Bildungsprozesse. In: H.-J. Fischer, H. Giest & K. Michalik (Hrsg.), *Bildung im und durch Sachunterricht* (S. 25–37). Klinkhardt.

Koller, H.-C, & Rieger-Ladich, M. (Hrsg.). (2005). *Grenzgänge. Pädagogische Lektüren zeitgenössischer Romane.* transcript.

Koller, H.-C., & Rieger-Ladich, M. (Hrsg.). (2009). *Figurationen von Adoleszenz. Pädagogische Lektüren zeitgenössischer Romane II.* transcript.

Koller, H.-C., & Rieger-Ladich, M. (Hrsg.). (2013). *Vom Scheitern. Pädagogische Lektüren zeitgenössischer Romane III.* transcript.

Kristeva, J. (1996). Bachtin, das Wort, der Dialog und der Roman. In D. Kimmrich, R. G. Renner & B. Stiegler (Hrsg.), *Texte zur Literaturtheorie der Gegenwart* (S. 334–348). Reclam.

Künkler, T. (2011). *Lernen in Beziehung. Zum Verhältnis von Subjektivität und Relationalität in Lernprozessen.* transcript.

Lahn, S., & Meister, J. C. (2016). *Einführung in die Erzähltextanalyse* (3. Aufl.). Metzler.

Laros, A., Fuhr, T., & Taylor, E. W. (Hrsg.). (2017). *Transformative learning meets Bildung, an international exchange.* Sense.

Liessmann, K. P. (2017). *Bildung als Provokation.* Zsolnay.

Martínez, M., & Scheffel, M. (2012). *Einführung in die Erzähltheorie* (9. Aufl.). Beck.

Marx, A. (2003). Gefälschte Präsenz. Zur Dissimulation weiblicher und männlicher Wunschproduktion im Medium des Briefromans (Rousseau, La Roche, Laclos). In D. Bischoff & M. Wagner-Egelhaaf (Hrsg.), *Weibliche Rede – Rhetorik der Weiblichkeit. Studien zum Verhältnis von Rhetorik und Geschlechterdifferenz* (S. 365–388). Rombach.

Miller, A. (1916). *Grundlinien zu einer künftigen Literaturpädagogik.* A. Marcus & E. Weber's Verlag.

Nohl, A.-M. (2016). Bildung und transformative learning. Eine Parallelaktion mit Konvergenzpotentialen. In D. Verständig, J. Holze, & R. Biermann (Hrsg.), *Von der Bildung zur Medienbildung* (S. 163–175). Springer VS.

Oelkers, J. (1985). *Die Herausforderung der Wirklichkeit durch das Subjekt. Literarische Reflexionen in pädagogischer Absicht.* Juventa.

Poenitsch, A. (2009). „Wir werden erzeugt, aber nicht erzogen." Pädagogische Annäherungen an die Autobiographie Thomas Bernhards. In H.-C. Koller & M. Rieger-Ladich (Hrsg.), *Figurationen von Adoleszenz. Pädagogische Lektüren zeitgenössischer Romane II* (S. 47–63). transcript.

Rieger-Ladich, M. (2007). Erzwungene Komplizenschaft. Bruchstücke zu einer literarischen Ethnographie des Internats bei Tobias Wolff und Kazuo Ishiguro. *Zeitschrift Für Qualitative Forschung, 8,* 33–49.

Rieger-Ladich, M. (2014). Erkenntnisquellen eigener Art? Literarische Texte als Stimulanzien erziehungswissenschaftlicher Reflexion. *Zeitschrift Für Pädagogik, 60,* 350–367.

Rieger-Ladich, M. (2020). Bildung und Beschämung. Eine Lektüre von Annie Ernaux' „Der Platz". *Mitteilungen Des Deutschen Germanistenverbandes, 67,* 70–78.

Rösler, W. (1990). Die Grenze erzieherischer Möglichkeiten. Eine übersehene Erbschaft aus Goethes „Wilhelm Meisters Lehrjahre". *Vierteljahrsschrift Für Wissenschaftliche Pädagogik, 66,* 158–168.

Schaller, F. (2012). *Eine relationale Perspektive auf Lernen: Ontologische Hintergrundsanahmen in lerntheoretischen Konzeptualisierungen des Menschen und von Sozialität.* Budrich.

Schaufler, C. (2009). (Rezension zu) H.-C. Koller & M. Rieger-Ladich (Hrsg.): Figurationen von Adoleszenz. Pädagogische Lektüren zeitgenössischer Romane II. *Erziehungs-wissenschaftliche Revue, 5*. https://www.klinkhardt.de/ewr/978383761025. html. Zugegriffen: 25. Juli 2020.

Schulze, T. (1979). Autobiographie und Lebensgeschichte. In: D. Baacke & T. Schulze (Hrsg.), *Aus Geschichten lernen. Zur Einübung pädagogischen Verstehens* (S. 51–98). Juventa.

Schulze, T. (2003). Der Horizont der Erziehung. Vorschläge zur Entfaltung eines umfassenden Lernbegriffs. In W. Bauer, W. Lippitz, W. Marotzki, J. Ruhloff, J., A. Schäfer, & C. Wulf (Hrsg.), *Der Mensch des Menschen. Zur biotechnischen Formierung des Humanen* (S. 201–224). Schneider Verlag Hohengehren.

Schulze, T. (2005). Strukturen und Modalitäten biographischen Lernens. Eine Untersuchung am Beispiel der Autobiographie von Marc Chagall. *Zeitschrift Für Qualitative Bildungs-, Beratungs- und Sozialforschung, 1*, 43–64.

Schulze, T. (2010). Zur Interpretation autobiographischer Texte in der erziehungswissenschaftlichen Biographieforschung. In B. Friebertshäuser, A. Langer, & A. Prengel (Hrsg.), *Handbuch Qualitative Forschungsmethoden in der Erziehungswissenschaft* (überarbeitete und ergänzte Neuausgabe, S. 413–436). Juventa.

Schulze, T. (2020). Von Fall zu Fall. Über das Verhältnis von Allgemeinem, Besonderem und Individuellem. In J. Ecarius & B. Schäffer (Hrsg.), *Typenbildung und Theoriegenerierung. Methoden und Methodologien qualitativer Biographie- und Bildungsforschung* (2. Aufl., S. 127–144). Budrich.

Schuster, W. (Hrsg.). (1930). *Zeitgeist und Literaturpädagogik*. Verlag Bücherei und Bildungspflege.

Stiegler, B. (1996). Intertextualität. In D. Kimmrich, R. G. Renner, & B. Stiegler (Hrsg.), *Texte zur Literaturtheorie der Gegenwart* (S. 327–333). Reclam.

Stierle, K. (1996). Werk und Intertextualität. In D. Kimmrich, R. G. Renner & B. Stiegler (Hrsg.), *Texte zur Literaturtheorie der Gegenwart* (S. 349–359). Reclam.

Thompson, C. (2006). (Rezension zu) H.-C. Koller & M. Rieger-Ladich (Hrsg.). Grenzgänge, Pädagogische Lektüren zeitgenössischer Romane. *Erziehungswissenschaftliche Revue, 5*. http://www.klinkhardt.de/ewr/89942286.html. Zugegriffen: 25. Juli 2020.

Thompson, C. (2020). Zur Veränderungsunfähigkeit im Lehrberuf. Bildungspotenziale in Schalanskys Roman „Der Hals der Giraffe". *Mitteilungen des Deutschen Germanistenverbandes, 67*, 61–69.

Verlagsgruppe Droemer Knaur (Hrsg.). (2015). *Das Geheimnis jenes Tages*. https://www. droemer-knaur.de/buch/annette-dutton-das-geheimnis-jenes-tages-9783426517031. Zugegriffen: 3. Aug. 2020.

Walter-Jochum, R. (2016). *Autobiografietheorie in der Postmoderne. Subjektivität in Texten von Johann Wolfgang von Goethe, Thomas Bernhard, Josef Winkler, Thomas Glavinic und Paul Auster*. transcript.

Wirth, G. (1980). Von Siebenlehn nach Australien. In C. Bischoff (Hrsg.), *Amalie Dietrich. Ein Leben erzählt von Charitas Bischoff* (S. 305–336). Calwer.

Zirfas, J. (2009). Absolute Liminalität. ‚Das wilde Kind' von T. Coraghessan Boyle. In H.-C. Koller & M. Rieger-Ladich (Hrsg.), *Vom Scheitern. Pädagogische Lektüren zeitgenössischer Romane III* (S. 23–45). transcript.

Image editing und image building. Zur Rolle der Bearbeitung von Bildporträts bei der Vermittlung biografischen Wissens am Beispiel von Darstellungen zu Leben und Werk der Amalie Dietrich

Image Editing and Image Building. On the Role of Editing Image Portraits in Conveying Biographical Knowledge Using the Example of Depictions of the Life and Work of Amalie Dietrich

Sigrid Nolda

Zusammenfassung

Die Bebilderungen, die den zahlreichen Texten über Amalie Dietrich beigegeben werden, stehen in enger Verbindung mit den pädagogischen Absichten der Texte und den vielfältigen, auch gegenteiligen Vereinnahmungen. Die an authentischen Vorlagen ausgerichteten Gesichtsporträts bedienen sich zu diesem Zwecke klassischer Verfahren des *image editing,* wie dem Zuschnitt, der Retusche, der Vignettierung oder Kolorierung. Bei den frei gestalteten Handlungsporträts lassen sich durch die Rekonstruktion der Bildstruktur und durch den Vergleich mit dem umgebenden Text Entsprechungen,

S. Nolda (✉)
Frankfurt a. M., Deutschland
E-Mail: sigrid.nolda@uni-dortmund.de

© Der/die Autor(en), exklusiv lizenziert durch Springer Fachmedien Wiesbaden GmbH, ein Teil von Springer Nature 2021
N. Hoffmann und W. Waburg (Hrsg.), *Eine Naturforscherin zwischen Fake, Fakt und Fiktion,* Frauen in Philosophie und Wissenschaft. Women Philosophers and Scientists, https://doi.org/10.1007/978-3-658-34144-2_4

aber auch Spannungen zu den Textintentionen nachweisen. Die Nutzung der Biografie der Amalie Dietrich, als positives Vorbild wie auch als abschreckendes Beispiel fragwürdigen Verhaltens, baut ein Image der Person auf, das sich nicht auf den verbalen Diskurs beschränkt, sondern stärker als gewöhnlich wahrgenommen von Bildern und ihrer Bearbeitung bestimmt ist.

Abstract

Illustrations as part of numerous texts about Amalie Dietrich are closely linked with educational purposes and various appropriations. Face portraits based on authentic photographs are edited with the help of cuts, retouches, vignetting or colouring. By reconstructing content and structure of illustrations showing the naturalist in action and by comparing them with the surrounding text, it is possible to show whether the pictures are in accordance to the texts intentions or whether they contain alternative interpretations. The analysis of portraits of Amalie Dietrich indicates that the building of her image, whether idealizing or demonizing her life and work, is achieved not only by verbal discourse, but also with the help of images and their editing.

Schlüsselwörter

Bildanalyse · Biografieforschung · Pädagogik der Medien

Keywords

Image Analysis · Biography Research · Mass Media's Pedagogy

1   Einleitung

Auch wenn Amalie Dietrich nicht als forschende Wissenschaftlerin wie Marie Curie oder als naturkundige Künstlerin wie Maria Sibylla Merian hervorgetreten ist, ist ihr ein Interesse entgegengebracht worden, das bis heute anhält und sich in diversen Darstellungen ihres Lebens und ihrer Arbeit ausdrückt. Diese Darstellungen beruhen mehr oder wenig stark auf der 1909 erschienenen Biografie ihrer Tochter Charitas Bischoff, die sich bekanntlich speziell im zweiten, den Aufenthalt in Australien betreffenden Teil der zeitgenössischen Literatur bedient hat und wohl auch das Bild ihrer Mutter ihren eigenen Vorstellungen angepasst hat. In einigen Ausgaben der Biografie sowie in Bischoffs später erschienener

Autobiografie (1922) sind Bildporträts von Amalie Dietrich enthalten, die auch andere Autoren und Autorinnen zur Illustration ihrer Texte benutzt haben. Die Frage, in welcher Art und Weise diese Bildmaterialien und ihre Bearbeitungen den ausgesprochenen und unausgesprochenen pädagogischen, nämlich (vor allem) biografisches Wissen vermittelnden und vorbildhaftes bzw. richtiges vs. falsches Verhalten vorführenden Absichten der Texte zugutekommen, aber auch entgegenwirken können, soll im Folgenden an einigen Beispielen behandelt werden. Die hier interessierende Pädagogik der Medien (vgl. Kade, 2010; Nolda, 2002) kann als Erweiterung des klassischen Objektbereichs der Erziehungswissenschaft auf Bereiche der nicht an pädagogische Institutionen und nicht als explizit pädagogisch firmierende Interaktionen gebundenen Vermittlung von Wissen und Einstellungen an Kinder und Erwachsene gesehen werden.

Das Interesse der Erziehungswissenschaft an Bilddaten bezieht sich in der Regel auf die Darstellung pädagogischer Situationen oder biografischer Episoden, die auf die Entwicklung der involvierten Person schließen lassen. Unter dem Einfluss der Bildwissenschaft[1] sind Untersuchungs- und Interpretationsmethoden verfeinert worden, die Bilder nicht nur nach ihrem Inhalt, sondern auch nach ihrer Machart, der Bildoberfläche, untersuchen und die Spezifik visueller Daten (geringer Komplexitäts- und Abstraktionsgrad, Wegfall von Negationen, tendenzielle Uneindeutigkeit) berücksichtigen (vgl. Straßner, 2002, S. 19 f.).

Porträts (nach klassischer Definition: die als ähnlich beabsichtigten Darstellungen eines bestimmten Menschen) scheinen dabei wenig Aufschlüsse zu bieten. Auch die Bearbeitung solcher Porträts wird gewöhnlich nicht wahrgenommen oder nicht thematisiert. Das mag insofern verwundern, als dem Bildporträt wie der (Bildungs-) Biografie das gleiche Konzept von der Einmaligkeit des Individuums zugrunde liegt.

Im Folgenden sollen Bildporträts und ihre Bearbeitungen in Texten über Amalie Dietrich näher betrachtet werden und die These untermauert werden, dass *image editing* zum *image building* beitragen kann. Dabei wird zwischen Gesichts- und Handlungsporträts unterschieden. Erstere „stellen nur das Gesicht, mit Brust und Hals als Träger in einem bescheidenen Umraum dar, oft dazu noch die Hände", Letztere repräsentieren zwar auch die Individualität eines Menschen, stellen ihn aber „in einer inneren oder äußeren Handlung dar" (vgl. Deckert, 1929, S. 271, 282).

---

[1] Zur Relevanz der Bildwissenschaft für die Erziehungswissenschaft vgl. Schäffer (2005) und Nolda (2011).

2   Gesichtsporträts

2.1   Porträt I

Das bekannteste Bild von Amalie Dietrich, als Frontispiz in der Biografie ihrer
Tochter abgedruckt, zeigt sie als Frau im mittleren Erwachsenenalter (vgl.
Abb. 1). Es handelt sich um eine Atelier-Fotografie im Stil der Zeit (um 1872):
Aufgenommen wird die Person von vorn, ein Hintergrund ist nicht zu erkennen,
der Oberkörper ist nur bis zum Brustansatz sichtbar, die Arme ,abgeschnitten'.
Die dunklen, eng am Kopf anliegenden (wohl nach hinten gestrafften) Kopfhaare
sind in der Mitte gescheitelt, das Gesicht liegt vollständig frei. Ebenso wie die
Frisur und der dunkle, nach oben allmählich hell werdende Hintergrund bildet
auch die sichtbare Kleidung lediglich einen Rahmen für das Gesicht: Das dunkle
Kleid wird am Hals von einem schmalen weißen Kragen mit durchbrochenem
Muster begrenzt, der ebenso wie die Haare in der Mitte geteilt ist. Schmuck im

Abb. 1 Porträt I[2]

---

[2] Quelle: Bischoff (1909), Frontispiz und Titelblatt.

unondulierten Haar, an den Ohren oder auf dem Kleid ist nicht zu sehen. Die relativ großen Augen sind nach oben rechts (auf den Fotografen?) gerichtet, der Kopf leicht nach rechts geneigt. Der Nasensattel ist etwas breit, der langgezogene Mund wirkt markant. Neben dem linken Mundwinkel ist eine Hauterhöhung (Warze) zu sehen. Es ergibt sich der Gesamteindruck einer eher herben Frau in schlichter Aufmachung.

Dieses vignettierte Foto, gelegentlich auch im strenger wirkenden quadratischen Zuschnitt abgedruckt, hat einigen Bildern als Vorlage gedient, die – ohne inhaltlich groß oder gar erkennbar von dieser abzuweichen[3] – die Absicht unterstützen, in der Sammlerin eine ernsthafte Frau darzustellen, die auch optisch als Vorbild geeignet ist. In diesem Zusammenhang sind die Bearbeitungen des Bildes aufschlussreich, die in Texten über Amalie Dietrich aus der frühen DDR zu finden sind.

Die auf der Fotovorlage beruhende holzschnittartige Zeichnung in dem als Tatsachenbericht bezeichneten Artikel „Eine Frau erforscht Australien. Amalie Dietrichs Lebensweg" (Petzsch, 1948) (vgl. Abb. 2) weicht in kleinen, aber entscheidenden Details von der Vorlage ab: Das Bild ist unten verkürzt, der Kopf ist etwas schmaler als in der Fotografie, die Kopfhaltung gerade, die Augen blicken nicht nach oben, sondern geradeaus, die Wangenpartie ist etwas stärker konturiert (sodass der Eindruck einer asketischen Hohlwangigkeit entsteht), die Hauterhöhung ist weggelassen, und der Kragen ist nicht durchbrochen, sondern an den Rändern unregelmäßig gezackt. Es wird also eine Wiedererkennbarkeit der Vorlage gewährleistet und gleichzeitig eine Akzentuierung des Asketischen geleistet. Die kontrastreiche Schwarzweißzeichnung suggeriert eine gewisse Härte und die Veränderung von Kopfhaltung und Blickrichtung Nüchternheit und Geradlinigkeit.

Die dem Text vorangestellte Zeichnung wirkt wie die Visualisierung einer Charakterisierung, die der Autor resümierend am Ende gibt: „Zeitlebens blieb sie eine einfache, schlichte Frau, die allen äußeren Schein und äußerlichen Aufwand haßte" (Petzsch, 1948, S. 484). Ihr wird weiter ein Höchstmaß an „Originalität und Bedeutung" zugemessen – im Gegensatz zu „jene[r] in weitesten Kreisen ungleich bekannteren Maria Sybille [sic] Merian [...]. Stammte doch die Merian aus großstädtischen, wohlhabenden, verbindungsreichen Künstlerkreisen, das arme Handwerkerkind Amalie Dietrich dagegen aus der Welt unbekannten, kleinen Siebenlehn in Sachsen" (Petzsch, 1948, S. 484 f.). Was Amalie Dietrich

---

[3]Durch den Wechsel des Mediums von der Fotografie zur Zeichnung handelt es sich bei einigen der Bilder um die interpiktoriale Praktik der Transposition (vgl. Isekenmeier, 2013, S. 64).

demnach auszeichnet (und sie moralisch überlegen macht), ist ihre Herkunft. Während im Text (korrekt) vom Handwerkerkind die Rede ist, wirkt die Zeichnung wie die Darstellung einer hageren Proletarierfrau – eine Suggestion, die politisch gewollt gewesen sein dürfte.

In dem Beitrag „Dieser Frau gebührt ein Ehrenplatz!" (Uhlmann, 1956) wird dem Text eine Abbildung (vgl. Abb. 3) vorangestellt, wobei ebenfalls das Bild unten verkürzt, die Blickrichtung der Augen korrigiert und die Warze retuschiert, außerdem die Haltung des Kopfes (statt gerade: leicht nach links geneigt) verändert und der Hintergrund aufgehellt ist. Auf diese Weise wird dem Gesicht eine gewisse Ernsthaftigkeit genommen und der Dargestellten eine ‚Attraktivität' verliehen, die auf dem Ursprungsbild fehlt: Nach Erkenntnissen der *body language*-Forschung kann die leichte Neigung des Kopfes Verbindlichkeit, aber auch Unterwürfigkeit suggerieren[4]. Insgesamt wirkt das Bild weicher oder ‚weiblicher' – ein Eindruck, der durch das ovale Format, aber auch durch den Kragen, der hier als Spitzenkragen erkennbar ist, gefördert wird.

Im Text wird Amalie Dietrich vor allem als Frau geschildert, die in ihrer Tätigkeit als Sammlerin aufgeht und von der fremden Flora und Fauna begeistert ist. In den zitierten Briefen aus der Biografie werden auch (überwundene) Ängste angesprochen, die die nicht unproblematische Beziehung zur Tochter beschreiben. Die insgesamt etwas differenziertere und die Quelle der Biografie mit Zitaten offenlegende Darstellung wird gegen Ende fast apotheotisch: „Mit mehr als dem, was man gemeinhin harte Arbeit zu nennen pflegt, mit größter Selbstverleugnung, völliger Entsagung und einem geradezu übermenschlichen Willen ist sie aus der kleinbürgerlichen Enge des väterlichen Handwerkerhauses zur Forscherin und Wissenschaftlerin aufgestiegen" (Uhlmann, 1956, S. 334). So wird so zum Vorbild auch für die (damalige) Gegenwart, „für unsere Frauen und Mädchen, denen in unserer Republik alle Wege geebnet werden, damit sie lernen und sich weiterbilden" (ebd.). Amalie Dietrichs Glücksversprechen, durch ‚ordentliche Arbeit' eine befriedigende Tätigkeit zu erlangen, („Oh, die Seele weitet sich, am fühlt sich gehoben und getragen, es ist, als wären einem Schwingen gewachsen, man überwindet sein Leid und arbeitet" (ebd.) wird zur Aufforderung an das hier angesprochene weibliche Publikum, die mittlerweile angebotenen Bildungschancen zu ergreifen[5]. Die mit geringfügigen

---

[4] So auch populäre Darstellungen zur Körpersprache (vgl. etwa Wirth, 2008).

[5] Diese Empfehlung wird auch von Wirth (1980, S. 33) aufgegriffen, allerdings geschlechtsübergreifend formuliert.

Veränderungen bewirkte, etwas gefälligere Darstellung ihres Bildporträts passt sich dieser Textabsicht an.

Eine malerische Umsetzung des Bildes für die Kindertagesstätte in Siebenlehn geht in der Umgestaltung einen Schritt weiter (vgl. Hubricht, 2016). Wangen- und Kinnpartei wirken runder, das Haar liegt wie in einer Kurzhaarfrisur in gleichmäßigen Wellen um den Kopf, der Mund zeigt ein leichtes Lächeln[6]. Die Abgebildete wirkt freundlich-mütterlich. In einer weiteren (wahrscheinlich älteren) Bearbeitung, verwandt für die private Homepage „Willkommen in Siebenlehn" (vgl. Lucht & Lucht, o. J.) sind Augen und Brauen größer und dunkler als im Original gestaltet, der Körper breiter und nach unten verlängert, sodass der Eindruck von fast gemütlicher mütterlicher Attraktivität entsteht (vgl. Abb. 4). Die Augen sind wie im Original nach rechts oben gerichtet, was ihnen bei dieser Bearbeitung einen verschleierten oder träumerischen Ausdruck verleiht. Eine Zwischenform zwischen Mütterlichkeit und Entsagung stellt eine ebenfalls in der Kindertagesstätte Siebenlehn bewahrte Halbkörperskulptur dar (vgl. Unukorno, Wikimedia Commons, 2012), die an Ernst Barlachs „Sitzendes Mädchen" erinnert, aber andeutungsweise die Gesichtszüge der Amalie Dietrich trägt: Die Skulptur zeigt eine leicht nach vorn gebeugte schmale weibliche Gestalt mit Mittelscheitelfrisur, die mit einer Hand ein Schultertuch vorn zusammenhält.

Ebenfalls aus der DDR stammt eine malerische Umsetzung des Bildes für eine Gedenktafel (vgl. Abb. 5) (vgl. o. V., o. J.a), die in Dresden-Gorbitz aufgestellt wurde.[7] Gegenüber der Vorlage ist das Gesicht schmaler, der Oberkörper nach unten verlängert. Hinzu kommt, dass die Gesichtslinien und Augen stärker konturiert sind und in dem schmaleren Gesicht umso ausdrucksvoller wirken. Weitere Veränderungen zielen auf eine moderate Modernisierung ab: Das weniger straff am Kopf anliegende Haar der Abgebildeten könnte eine moderne Kurzhaarfrisur wiedergeben, die Kleidung ein Pullover über einer Bluse mit glattem Kragen[8] sein, die unter dem Haar sichtbaren Ohren wirken in dieser Variation wie Ohrringe. Am auffälligsten ist aber die Veränderung der Mundpartie: Aus dem streng geschlossenen ist ein leicht lächelnder Mund geworden, die Warze ist in

---

[6]Im Bericht einer australischen Studentin zitiert diese die ehemalige Leiterin der Kindertagesstätte: „Concerned that the children might find her appearance somewhat stern Frau Bärsch asked that the artist make her look a bit friendlier" (McPherson, 2009, S. 8).

[7]Vgl. auch den Beitrag von Jens Oliver Krüger in diesem Band.

[8]Die asymmetrische Anordnung des geraden Kragens suggeriert eine sportliche Lässigkeit, die der Originalvorlage fehlt.

einem Schatten verborgen. Insgesamt ergibt sich der Eindruck einer vital-sport-lichen Frau.

Der Text der Erinnerungstafel stellt sie in (vor der Wende) politisch genehmer Form vor als „Amalie Dietrich (1821–1891) Botanikern, aufgewachsen in einer Heimarbeiterfamilie in Siebenlehn (Sachsen)". Die Form des Porträts aber lässt keine Assoziation an das Herkunftsmilieu entstehen. Bemerkenswert ist der Ort dieses Denkmals, nämlich ein Trafohaus der Stadtwerke Dresden, das rundherum mit bunten Farben bemalt ist, und wo neben dem Porträt eine Landkarte, ein Überseeschiff, australische Tiere und Pflanzen zu sehen sind (vgl. o. V., o. J.b)[9]. Das vital-sportlich wirkende Gesichtsporträt passt sich diesen Fernweh und Abenteuerlust weckenden Bebilderungen im Graffitistil an.

Die in der DDR entstandenen Bearbeitungen entsprachen dem dort gepflegten Ideal einer wissenschaftsorientierten und sozialistischen Weltsicht, die auf der Idee des Fortschritts und der Überwindung traditioneller durch Klasse und Geschlecht gesetzten Schranken eintritt. Amalie Dietrich wird hier zum Vorbild, dessen Akzeptanz durch eine leichte ‚Verschönerung' und ‚Modernisierung' erleichtert werden sollte.

In der Bundesrepublik wurde eher der emanzipatorische und (etwas später) der ökologische Aspekt betont, den das Leben und Arbeiten der Amalie Dietrich als allein lebender und arbeitender Naturforscherin und -liebhaberin nahelegt. Für das 2016 bis 2018 durchgeführten Live-Hörspiel „Die Leidenschaft der Amalie D." wurde mit einem Text geworben, in dem es u. a. heißt: „Wie wenige Frauen ihrer Zeit entfernte sich Amalie Dietrich von der ihr zugeschriebenen Rolle und widmete ihr Leben der Erforschung der Natur. Als alleinerziehende Mutter verdiente sie so den Unterhalt für die Tochter. Die Triebfeder jedoch, sich unter schwierigsten Bedingungen auf ‚Pflanzenjagd' zu machen, Pflanzen zu sammeln und zu konservieren, war ihre Leidenschaft für die vielfältigen Erscheinungs-formen der Natur" (Studio 13 Sprechkontakt, o. J., o.S.).

Neben dem Text platziert ist eine Fotocollage (vgl. Abb. 6), die das Gesicht der Amalie Dietrich vor hellrotem Hintergrund versetzt über- und ineinander kopiert[10] viermal zeigt – auch hier mit auf den Zuschauer/die Zuschauerin

---

[9] Siehe zur Auseinandersetzung mit dem Graffiti auch den Beitrag von Jens Oliver Krüger in diesem Band.

[10] Es handelt sich dabei um die Technik des *photo blending*, wobei zwei oder mehrere Fotos als Ebenen mit reduzierter Opazität übereinandergelegt werden.

gerichtetem Blick. Das Porträt ist gegenüber dem Original leicht nach rechts gekippt und damit die Kopfhaltung geradegerückt und unterhalb des Kragens abgeschnitten. Blickrichtung und Kopfhaltung bewirken zusammen mit dem *cut* den Eindruck der Eindringlichkeit. Andererseits wird dieser Eindruck durch die Vervielfältigung und das *blending* in gewisser Weise wieder aufgehoben bzw. relativiert: Gleich vier Porträts in einem gegenüber dem Original deutlich engeren Rahmen blicken den Betrachter/die Betrachterin an. Durch diese Anordnung sind auf einer Linie drei Augen oder zwei Münder zu sehen. Das Porträt in der Mitte ist vollständig zu erkennen, die übrigen Porträt dagegen nur unvollständig: Das linke zeigt nur die (vom Betrachter aus) linke Gesichtshälfte, beim oberen ist der obere Teil des Kopfes und ein Teil der linken Gesichtshälfte und beim unteren das Gesicht in der Mitte des Kinns vom Rahmen abgeschnitten. Die Formation gewinnt dadurch und durch die Farbgebung den Charakter eines auf Weiterführung angelegten Musters, wie es mithilfe der Klon-Technik bei der digitalen Bildbearbeitung leicht herzustellen ist. Damit verliert das Bild tendenziell seine Gegenständlichkeit und könnte lediglich als Linienkomposition wahrgenommen werden – eine Möglichkeit, die durch die monochrome Einfärbung unterstützt wird. Die durch den Begleittext nahegelegte Interpretation würde allerdings hier wohl die Visualisierung des Ausbrechens aus einer Rolle naheliegen – quasi die fortgesetzte eigene Gestaltung des Selbst in immer neuen Facetten. Anders als bei der Vorlage, wo der Rahmen die mittig angeordnete Person begrenzt, ist hier der Rahmen als Ausschnitt einer potenziell unendlichen Vervielfachung angelegt und die Zuschnitte des Originals fokussieren die Gesichtszüge, lassen Körper und Kleidung als unwichtig und zeitgebunden weitgehend verschwinden. Damit wird das Foto aus seiner historischen Gebundenheit befreit und eine aktuelle Identifizierung erleichtert. Aus dem statischen ‚altertümlichen' Brustbild ist durch Zuschnitt, Verdoppelung und Überblendung die Suggestion von Dynamik und Vielfalt entstanden – allerdings mit der Gefahr, lediglich als Muster wahrgenommen zu werden. Eine zusätzlich ‚Korrektur' führt allerdings wieder zum Porträt zurück, nämlich eine leichte Veränderung der Lippenführung, die die Unterlippe mit einem Bogen versieht, der den Mund trotzig, vielleicht auch leicht ironisch wirken lässt.

Eine vergleichbare Modernisierung ist in der Begleitillustration (vgl. Abb. 7) zu einem Zeitungsartikel zu finden, der über den Verdacht berichtet, Amalie Dietrich habe einheimische Siedler zur Ermordung von Aborigines überredet, um für ihren Auftraggeber Skelette zu beschaffen. Der Artikel trägt den Titel „Das dunkle Geheimnis der Amalie Dietrich" (Glaubrecht, 2013) und zeigt nach dem letzten Satz der Einführung, nämlich „Hat sie diese [d.i. die Aborigines] ermorden lassen?" (ebd., o.S.), über den ganzen Satzspiegel das oben und unten zugeschnittene naturalistisch kolorierte Porträt. Der Zusatz „Foto: Privat" lässt darauf schließen, dass es sich um eine mit Fotobearbeitungssoftware durchgeführte Editierung der Vorlage des historischen Fotos handelt. Auch hier ist der Blick der Augen ‚gerichtet'. Außerdem wird durch fast unmerkliche Veränderungen der Linien von Nasenfalten und der Wangenmodellierung der Eindruck der Geradlinigkeit und der Askese vermieden: Die Augen sind etwas größer und heller gestaltet worden und der Hintergrund ist in einem einheitlichen Hellblau gehalten. Die entscheidende Veränderung ist aber hier die Wahl des Ausschnitts (oben und unten gegenüber dem Original verkürzt und links verbreitert) mit dem Fokus auf den grüngrau kolorierten gerade blickenden Augen: Aus der nüchternen Naturwissenschaftlerin ist durch die Nahsicht eine dämonische Frau geworden[11], der man auch einen Auftragsmord zutraut (und so die positive Beantwortung der Frage im Text suggeriert)[12].

Warum die ursprüngliche Blickrichtung der Augen geändert wurde, mag mit einer Assoziation zusammenhängen, die es offenkundig zu vermeiden galt: In der europäischen Kunst wurde traditionell der Blick nach oben als Blick in den Himmel, als religiöse Ekstase, Abwendung von der Diesseitigkeit gedeutet.

---

[11] Das Verfahren entspricht dem Trailer zur Krimi-Fernsehserie „Tatort", wo zunächst ein umherblickendes Augenpaar zu sehen ist, dass als vergrößerter Ausschnitt bedrohlich wirkt. Eine weiterreichende Interpretation des Vorspanns sieht in dem Bild im Anschluss an Levinas eine „tiefgreifende Verunsicherung und Herausforderung des eigenen Daseins" (Eilenberger, 2014, S. 46).

[12] Der gleiche Effekt einer Kriminalisierung kann auch sehr viel einfacher erreicht werden: In der Illustration eines Artikels zur Dämonisierung von Amalie Dietrich (vgl. Sumner, 2019) ist lediglich das Originalbild mit einem Zusatz versehen worden, der aus dem Portrait einen *mug shot* macht. Im unteren Bereich des Portraits ist nämlich in gut lesbarer altertümlicher Plakatschrift der Name *Amalie Dietrich* angebracht – so wie man es in Verbrecherkarteien zu tun pflegt(e).

Amalie Dietrich steht aber für eine besonders innige Beziehung zur Realität und zur nüchtern-diesseitigen Naturwissenschaft. Eine religiöse Einstellung hätte diese Idee vielleicht infrage gestellt: Nicht christliche Demut, sondern die Hintanstellung persönlicher Bedürfnisse vor den Aufgaben der Wissenschaft sollte aus den Porträts sprechen. Man könnte so von einer Säkularisierung sprechen, die aus einer in der Biografie der Tochter immer wieder durchklingenden jenseitigen[13] eine diesseitige Orientierung macht.

Die gleiche Vorlage ist demnach fototechnisch durch die Verfahren des Zuschnitts (vgl. Abb. 7), der Kolorierung (vgl. Abb. 6 und 7), der Multiplizierung und Überblendung (vgl. Abb. 6), der Retusche (vgl. Abb. 3) im Sinn einer Verschönerung und einer Veränderung von Kopfhaltung, Blickrichtung und Lippenlinie den jeweiligen Zwecken angepasst worden. Die nachgestalteten gezeichneten und die gemalten Varianten verändern die Vorlage, indem sie durch Veränderung der Proportionen die Abgebildete schmaler oder üppiger bzw. härter oder weicher (vgl. Abb. 2 und 4) erscheinen lassen, Details fast unmerklich modernisieren (vgl. Abb. 5) und so Amalie Dietrich nüchtern-streng, mütterlich-weich oder vital-sportlich wirken lassen.

Schon geringe Linienveränderungen legen Deutungen nahe, die die im Text verbalisierten oder im materiellen Kontext enthaltenen Interpretationen unterstützen, akzentuieren, aber auch davon ablenken können. Eine schematische Darstellung der differierenden Silhouetten mag diese Eingriffe besser erkennbar machen (vgl. Abb. 2a, 3a, 4a, 5a, 6a und 7a)[20].

---

[13] In der Biografie werden die ohne biblischen Kontext (Offenb. 2, 10) unverständlichen Worte der sterbenden Amalie Dietrich wiedergegeben („Mutter! – Mutter! – Wer überwindet – Krone – des Lebens. – Nun darf ich doch – zu dir kommen!" (Bischoff, 1980, S. 360), die darauf schließen lassen, dass Amalie Dietrich an Auferstehung glaubte. Auch in dem von ihr überlieferten Spruch „Besser ein schweres Leben als ein leeres Leben", der an der Stelle ihres Vaterhauses in Siebenlehn angebracht ist und mit dem von der Stadt Leer für eine touristische Veranstaltung unter Leitung einer als Amalie Dietrich verkleideten Führerin geworben wird (vgl. Stiftung Het Tuinpad Op/In Nachbars Garten o. J.), sind biblische Anklänge erkennbar (Psalm 90, 10) – Spuren einer religiösen Erziehung durch Schule und Kirche, wie sie für die Zeit typisch sind.

[20] Die Silhouette der Originalvorlage ist mit dünnen, die Silhouetten der Bearbeitungen sind mit dicken Strichen kenntlich gemacht.

Abb. 2 und 3 Porträt I[14]

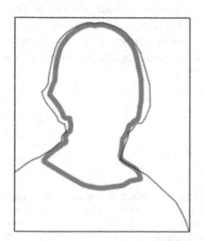
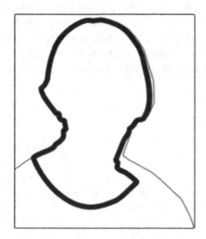

Abb. 2a und 3a Silhouetten der Abb. 2 und 3[15]

---

[14] Quellen: Abb. 2: Petzsch (1948, S. 478); Abb. 3: Uhlmann (1956, S. 323).
[15] Quelle: Sigrid Nolda (eigene Darstellung).

Abb. 4 und 5 Porträt I[16]

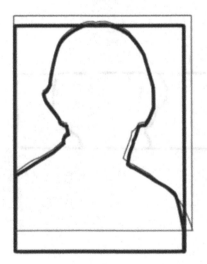 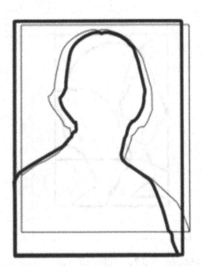

Abb. 4a und 5a Silhouetten der Abb. 4 und 5[17]

---

[16] Quellen: Abb. 4: Lucht & Lucht (o. J., o.S.); Abb. 5; o. V. (o. J.a, o.S).
[17] Quelle: Sigrid Nolda (eigene Darstellung).

Abb. 6 und 7 Porträt I[18]

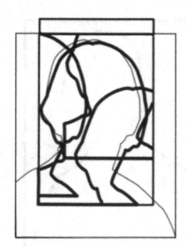 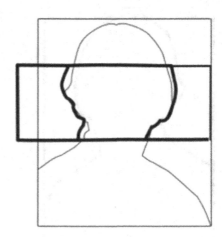

Abb. 6a und 7a Silhouetten der Abb. 6 und 7[19]

---

[18] Quellen: Abb. 6: Studio 13 Sprechkontakt (o. J., o.S.); Abb. 7: Glaubrecht (2013, o.S.).
[19] Quelle: Sigrid Nolda (eigene Darstellung).

2.2 Porträt II

Eine solche Säkularisierungsabsicht könnte auch der Bearbeitung eines weniger bekannten Fotos zugrunde liegen, das Amalie Dietrich nach ihrer Rückkehr nach Deutschland zeigt. Das Porträt zeigt Amalie Dietrich in steifer Pose an einem Tisch sitzen, die linke Hand ruht in ihrem Schoß, die rechte liegt über einem geschlossenen Buch auf dem Tisch (vgl. Abb. 8). Das Buch kann als Requisit des Fotoateliers Zeichen für Gelehrsamkeit oder Belesenheit sein, es kann aber auch, wenn es sich um eine Bibel handeln sollte, für christliche Frömmigkeit stehen. Das Bild ist als Oval überliefert, die Ränder nicht ganz gleichmäßig, sodass vermutet werden kann, dass das Bild nachträglich beschnitten wurde. Das würde erklären, warum die Hand der Abgebildeten und das Buch auf dem Tisch nur teilweise zu sehen sind.

Abb. 8 und 9 Porträt II[21]

---

[21] Quellen: Abb. 8: Bischoff (1922, Kap. 12; Abb. 9); Sumner (1993), Buchvorderseite (vgl.: https://www.amazon.de/Woman-Wilderness-Amalie-Dietrich-Australia/dp/0868401978. Zugegriffen: 14. November 2020).

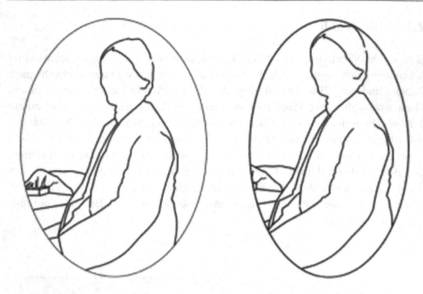

Abb. 8a und 9a Silhouetten der Abb. 8 und 9[22]

Das Bild steht am Anfang des Kapitels „Die Rückkehr der Mutter" in der Autobiografie der Tochter (Bischoff, 1922) (vgl. Abb. 8). Verwendet wurde es auch für das Titelbild des 1993 erschienenen Buchs „A Woman in the Wilderness" von Ray Sumner (vgl. Abb. 9). Dort ist aber der ovale Rahmen verkürzt und verengt, sodass das Buch auf dem Tisch und die Hand am Ende des Ärmels so gut wie überhaupt nicht sichtbar sind (vgl. Abb. 8a und 9a). Zudem ist das Bild rot und grün eingefärbt und mit einer Zeichnung unterlegt, die in den gleichen Farben Konturen von Pflanzen zeigen. Mögliche Anspielungen auf die Religiosität von Amalie Dietrich fallen somit weg, und es wird eine Verbindung zwischen der bürgerlich gekleideten (europäischen) Frau und einer wilden Vegetation hergestellt, die aber durch den ovalen Rahmen auch den Gegensatz zwischen den Bereichen Zivilisation und Natur markiert.

Die Pastorenwitwe Bischoff konnte so die religiöse Konnotation ermöglichen, die Wissenschaftlerin Sumner diese durch ein geringes Zuschneiden des Bildes verhindern.

---

[22] Quelle: Sigrid Nolda (eigene Darstellung).

2.3 Porträt III

Die bekanntere Zeichnung von Amalie Dietrich in ihrer letzten Lebensphase (vgl. Abb. 10) stammt von Christian Wilhelm Allers, der durch seine naturalistischen Porträts berühmter Persönlichkeiten (z. B. Bismarck) bekannt war. Das Bild, das im Archiv des Hamburger Herbariums aufbewahrt wird, zeugt von der Anerkennung, die Amalie Dietrich in ihren letzten Lebensjahren entgegengebracht wurde. Es ist frei von jeglicher Spur des Alters und körperlicher Arbeit verwischender Idealisierung. Es zeigt die 60jährige Frau bis zur Taille, in einem Kleid ähnlich dem, das sie in der früheren Fotografie trägt, aber mit einem zusätzlichen Umhangtuch. Die rechte, kräftige, wie von harter Arbeit geprägte Hand hält sie waagerecht vor ihren Leib. Der Blick ist auf die Betrachtenden gerichtet, die Augen liegen über Tränensäcken, die Falten im unteren Teil des Gesichts und am Hals sind deutlich zu sehen. Das noch dunkle Haar ist von weißen Strähnen durchzogen. Auch auf diesem Bildnis fehlt jeder Schmuck, und es sind keine Hinweise auf ihre aktuellen oder vergangenen Beschäftigungen zu sehen[23]. Der neutrale Hintergrund ist hell gehalten. Das Bild könnte eine Bäuerin, Marktfrau[24] oder eine Arbeiterfrau darstellen.

Mit dem Bild werden u. a. der Wikipedia-Eintrag über Amalie Dietrich sowie ein Artikel illustriert, in dem von der Berliner Gesellschaft für Anthropologie, Ethnologie und Urgeschichte der 100. Wiederkehr des Todestages der Naturaliensammlerin gedacht wird und der ihr Leben „im Dienste wissenschaftlicher Sammlertätigkeit" darstellt (Schott, 1991, S. 43). Es entspricht dem Anlass und Kontext, dass hier das Bild der älteren Amalie Dietrich verwendet wurde, dessen Original zudem in einem wissenschaftlichen Institut aufbewahrt ist. Dass das Bild in vollständiger Größe und mit genauem Quellennachweis präsentiert wird, belegt die Sorgfalt des Autors, der versucht, ein „komplexes Bild zu zeichnen, so gut und so weit es möglich ist" (Schott, 1991, S. 43), der die vorhandene Literatur

---

[23] Dies unterscheidet das Foto von den Bildnissen bekannter Wissenschaftler der damaligen Zeit, die mit ihren Arbeitsgeräten dargestellt wurden – z. B. Hermann von Helmholtz mit dem von ihm entwickelten Augenspiegel oder Rudolph von Virchow mit einem Kraniometer (vgl. Werner, 2001).

[24] Das Bild erinnert an das Portrait der Märchen erzählenden Marktfrau Dorothea Viehmann, das in vielen Ausgaben von Grimms Märchen als Frontispizbildnis abgedruckt ist. Zur Bedeutung dieses Portraits für die Stilisierung der Viehmann zur idealen Märchenerzählerin vgl. Murayama (2019).

Abb. 10 und 11 Porträt III[25]

ausgewertet hat und auf Defizite und die Notwendigkeit weiterer Forschungen
aufmerksam macht (vgl. Schott, 1991, S. 47).

Die Zeichnung der älteren Amalie Dietrich, mit ihrem Ernst an das Bildnis Dürers' von seiner Mutter erinnernd, wird vorzugsweise von Texten mit dem
Anspruch auf Seriosität zur Illustration herangezogen (vgl. z. B. auch Lüttge,
1988). Sie wird nicht als solche verändert, wohl aber gelegentlich zugeschnitten.
Das mag aus Platzgründen oder in Anpassung an ein Gesamtlayout, kann aber
auch aufgrund einer bewussten Entscheidung geschehen. Wenn nämlich der Fokus
auf das Gesicht gerichtet, Körper, Kleidung und Hand nicht mehr zu sehen sind
(vgl. Abb. 11), entfallen die Hinweise, die den Eindruck der Darstellung einer
‚einfachen Frau aus dem Volke' bewirken oder die auf ihre rein ‚handwerkliche'

---

[25] Quellen: Abb. 10: Wikipedia (2020, o.S.); Abb. 11: peoplepill.com (o. J., o.S).

Abb. 10a und 11a Silhouetten der Abb. 10 und 11[26]

Tätigkeit für die Wissenschaft[27] anspielen könnten. Das Porträt gewinnt dadurch an ‚Geistigkeit'. Wenn es dann noch zu einer spiegelverkehrten Darstellung kommt (vgl. peoplepill.com, o. J.; Abb. 11a), gewinnt das Gesicht fast unmerklich einen anderen Ausdruck, hier: den einer leicht spöttischen Überlegenheit.

Tatsächlich enthält die Beschreibung von Amalie Dietrich auf dieser Internetseite keinen Hinweis auf ihre ärmliche Herkunft, die Not des Geldverdienens oder ihr bescheidenes Auftreten. Unter der Rubrik „Early Life" heißt es dort: „Amalie Dietrich was born in Siebenlehn, Saxony, German Confederation. In 1846, Amalie married Wilhelm August Salomo Dietrich, a doctor. Wilhelm taught Amalie about collecting and they planned careers working as naturalists,

---

[26] Quelle: Sigrid Nolda (eigene Darstellung).

[27] Es ist nicht ausgeschlossen, dass der Zeichner genau dies im Blick hatte, als er Amalie Dietrich portraitierte.

and, for a number of years, created collections in Europe" (peoplepill.com, o. J., o.S.), und in Würdigung ihrer Arbeit für die Wissenschaft: „Naturalists in Europe were excited by her collections and named many species in her honour, including the wasp *Nortonia amaliae,* the plant *Drosera dietrichiana* and the tree *Acacia dietrichiana.* Her collections formed the basis of *Zur Flora von Queensland* by C. Luerssen. She never published anything in her name; however, her collections remain in museums in Europe to this day" (ebd.)[28]. Dass Wilhelm Dietrich, ein gelernter Apotheker, als „freischaffender Naturforscher" lebte und den Unterhalt für sich und seine Familie mit dem Verkauf von präparierten Pflanzen und Insekten verdiente (vgl. Schott, 1991, S. 44), bleibt unerwähnt, das Buch des Botanikprofessors Christian Luerssen dagegen wird mit einer genauen Titelangabe gewürdigt.

Wenn man der Deutung folgt, dass das Porträt durch das Verfahren des Zuschneidens zum Eindruck professioneller Wissenschaftlichkeit von Amalie Dietrich beiträgt, dann würde damit auf ein Problem reagiert werden, das sich durch die Literatur über Amalie Dietrich zieht, nämlich ihre exakte Tätigkeits- bzw. Berufsbeschreibung: Es ist einmal von der (akademische) Wissenschaftlichkeit suggerierenden Naturforscherin oder Botanikern, einmal von der praktisch tätigen Auftragssammlerin oder Pflanzenjägerin die Rede. Der englische Begriff *naturalist,* der Naturforscher und Naturkundler umfasst, verdeckt diesen Gegensatz etwas.

Die Beispiele zeigen, dass die Verwendung von Originalbildern deutlich über die Funktion des Dokumentierens hinausgeht, sozialistische und feministische, wissenschafts- und abenteuerorientierte, religiöse bzw. areligiöse Deutungen nahelegt und sorgfältiges Betrachten und Vergleichen nicht nur in Bezug auf Texte angebracht sein kann. Die zuletzt angeführten Bildvergleiche machen zudem deutlich, dass allein das Zuschneiden von Fotografien ein interpretationslenkender Eingriff sein kann[29], der ursprünglich plausible Deutungsabsichten zu verhindern vermag.

---

[28] Siehe zur Bedeutung Amalie Dietrichs für die Erforschung der Flora von Australien den Beitrag von Eberhard Fischer in diesem Band.

[29] Welch weitreichende Konsequenzen das Zuschneiden von Fotografien haben kann, zeigt nicht zuletzt Didi-Hubermans Studie über Auschwitz-Fotos und die daran anschließende Diskussion (vgl. Lawless, 2014).

3   Handlungsporträts

Bilder, die die Tätigkeit von Amalie Dietrich illustrieren, mussten und müssen –
angesichts fehlender authentischer Originalbilder – frei entwickelt werden.
Anregungen beziehen sie aus der Biografie von Charitas Bischoff und den Texten,
die auf dieser Grundlage entstanden sind. So wie die Biografie eine Auswahl aus
mündlichen Berichten, Briefen, Büchern getroffen hat und nachfolgende Darstellungen davon wiederum einiges übernehmen, auslassen und hinzuerfinden,
so treffen auch diese Bebilderungen wiederum eine Auswahl und erlauben sich
eigene Zusätze, geleitet von den Maßgaben des gewählten Mediums und von der
zu vermittelnden Botschaft. Ein gutes Beispiel dafür bietet die Darstellung bei
Petzsch (1948).

Nach dem Porträt (vgl. Abb. 2) folgt die Bebilderung (gezeichnet W. Hovener)
folgender Szenen des „Tatsachenberichts" (ebd.):

1. Amalie Dietrich in Kopftuch und ärmlicher Kleidung begehrt Einlass beim
   Anthropologenkongress in Berlin, der Saaldiener weist sie ab, bis sich der Vor-
   sitzende der Tagung nähert, sie dann (was nicht mehr zu sehen ist) in den Saal
   hereinführt und sie den Versammelten mit den Worten „Dieser Frau gebührt
   ein Ehrenplatz" vorstellt.
2. Amalie Dietrich lernt den Privatgelehrten Wilhelm Dietrich kennen, der sie
   für die Wissenschaft der Botanik begeistert und dem sie dann zuarbeitet. Die
   Illustration zeigt die beiden im Wald, sie mit einem Korb, er einen Pilz hoch-
   haltend und dozierend.
3. Durch Dietrich, den sie heiratet, kommt sie in Kontakt mit wissenschaftlicher
   Literatur. Die entsprechende Illustration zeigt die beiden mit aufgeschlagenen
   Büchern an einem von einer Lampe erleuchteten Tisch sitzen.
4. Amalie Dietrich, inzwischen vom Ehemann, der sie betrogen hat, getrennt,
   wandert allein mit einem von einem Hund gezogenen Karren über Land, um
   Naturalien zu sammeln und Präparate zu verkaufen. Auf dem Bild ist eine
   gebückte Frau mit Tragkorb und Stock zu sehen, die zusammen mit einem
   großen Hund einen hoch bepackten Wagen zieht.
5. In Australien versinkt sie fast in einem Sumpf, wird aber von ‚Eingeborenen'
   gerettet. Das Bild zeigt, wie halbnackte Männer die Frau mit einer Art Seil aus
   dem Wasser ziehen.

Die mit der Auswahl verbundenen Absichten scheinen offenkundig: Mithilfe der schwarzweißen Federzeichnungen sollen in dem Band der populärwissenschaftlichen Reihe[30] folgende pädagogisch nutzbare Elemente der Biografie von Amalie Dietrich dargestellt werden: der eigentlich unwahrscheinliche Eintritt einer Frau aus kleinen Verhältnissen in die Welt der etablierten Wissenschaft und die späte Anerkennung (1), das mit Hilfe eines Mentors gefestigte Interesse an Natur und Wissenschaft (2), das (gemeinsame) Studium wissenschaftlicher Literatur (3), der Durchhaltewillen der sich allein durchschlagenden hart arbeitenden Frau (4), die Gefahren, denen sie sich in einer exotischen Umgebung im Dienst der Wissenschaft aussetzt (5). Die Abfolge kehrt die Reihenfolge der heroisch stilisierten Lebens- und Bildungsgeschichte[31] um: Am Anfang steht die Ehrung für die geistigen und körperlichen Mühen, die die Heldin auf sich genommen hat. Ihre Anstrengungen erscheinen so von vornherein als sinnvoll und können als Vorbild und Ansporn dienen.

So wie der Text durch Ausrufezeichen und Gedankenstriche, durch rhetorische Fragen, historisches Präsens, Hyperbeln und die Verwendung klischeeartiger plakativer Wendungen gekennzeichnet ist, so sind auch die Illustrationen auf Eindeutigkeit und Dramatik ausgerichtet. Von den fünf expressiven Szenen bei Petzsch soll hier die vierte, die sich immer wieder in Texten über Amalie Dietrich[32] und in Visualisierungen[33] findet, exemplarisch im Hinblick auf ihre Abhängigkeit bzw. Unabhängigkeit vom umgebenden Text und dessen sozialkritische Intentionen analysiert werden.

---

[30] Die Reihe „Natur und Technik" trägt den Untertitel „Halbmonatsschrift für alle Freunde der Wissenschaft, Forschung und Praxis".

[31] Hier ist nicht gemeint, dass das Leben von Amalie Dietrich als Deutungsweisen transformierender Bildungsprozess im Sinne neuerer und klassischer Bildungstheorien (vgl. Meyer-Ladich, 2019) bezeichnet werden kann. Es geht vielmehr um den Wissenserwerb der allzeit lernwilligen Autodidaktikerin.

[32] Nicht zu unterschätzen ist in diesem Zusammenhang der Einfluss durch die in der DDR hochangesehene Anna Seghers, die berichtet, wie stark sie das Bild der Frau mit dem hochbeladenen Hundekarren beeindruckt hat, die von Stadt zu Stadt zog (vgl. Wirth, 1980, S. 321). Die Faszination, die das Bild auch später noch ausgeübt hat, könnte auch auf einer Ähnlichkeit mit dem Bild der Mutter Courage beruhen. Das Szenenbild aus der Brecht-Inszenierung mit der herben Helene Weigel auf dem Holzwagen war weit verbreitet und fand sich sogar auf einer Briefmarke der DDR.

[33] In Siebenlehn ist ein Straßenschild angebracht, auf dem eine entsprechende Abbildung (wahrscheinlich aus Holz gefertigt) montiert ist, in der dortigen Gedenkstätte ist eine (ganz und gar nicht Amalie Dietrich ähnelnde) Schaufensterpuppe aufgestellt, die einen einfachen Holzkarren zieht.

Abb. 12 Handlungsporträt[34]

Abb. 12a Silhouette der Abb. 12[35]

---

[34] Quelle: Petzsch (1948, S. 482).
[35] Quelle: Sigrid Nolda (eigene Darstellung).

Dass Amalie Dietrich sich eines von einem Hund gezogenen Wagens bediente, um ihre Sammelstücke zu transportieren, wird in der Biografie der Tochter wie folgt dargestellt:

> „Als endlich wieder Reisepläne entworfen wurden, dachte Amalie mit Angst an den wunden Rücken, und sie kam mit dem Vorschlag, Hund und Wagen anzuschaffen. Das Ziehen sei vielleicht noch eher auszuhalten, als das schwere Tragen. Dietrich hatte hiergegen nichts einzuwenden" (Bischoff, 1909, S. 152).
> „Am nächsten Morgen spannte Amalie sich und den Hund vor den Wagen. Beide hatten guten Willen und Ehrgefühl. Wo es bergan ging, schob Dietrich. Die Länge trug aber auch hier die Last, statt des Rückens wurden Brust und Schulter wund, aber vorwärts ging's durch die Lausitz nach Böhmen, von da durch Schlesien bis ganz hin nach Krakau." (ebd., S. 155)

In der Darstellung von Petzsch heißt es:

> „Dietrich ist zehn Jahre älter als sie. Seine Gesundheit ist schwach. Außerdem kennt er nur sich! Amalie muß mit Tragkorb und Hundewagen zu Fuß durch ganz Deutschland, ja bis in die Salzburger Alpen und nach Krakau wandern und die präparierten Naturalien an Universitäten, Naturalienkabinette und Gelehrte verkaufen. Muß neue Raritäten der Natur entreißen und nach Hause bringen." (Petzsch, 1948, S. 481)

Der Autor unterschlägt demnach, dass der Hundewagen auf Vorschlag von Amalie Dietrich angeschafft wurde und eine Erleichterung darstellen sollte. Er erwähnt auch nicht die (anfängliche) Beteiligung des Ehemanns an den Wanderungen und stellt ihn als Despoten dar, der seiner Ehefrau die Wanderungen aufzwingt. Dass Amalie Dietrich außerdem auf ihren Reisen zahlreiche Kontakte knüpfte und damit auch die Grundlage für ihre spätere Tätigkeit für die Firma Godeffroy schuf, wird ausgeblendet zugunsten des Bildes der sich allein durchschlagenden körperlich hart arbeitenden Frau.

Die mit gewissem Geschick und Sorgfalt ausgeführte konventionelle Federzeichnung (vgl. Abb. 12) scheint durch die Schattenschraffuren einen plastischen Eindruck der von Petzsch geschilderten Szene wiederzugeben. Zu sehen ist die unter einem schweren Korb gebeugte Amalie Dietrich, neben ihr ein großer Hund und hinter ihr der von diesem gezogene hochbeladene Holzwagen. Die Richtung, die Frau und Gefährt nehmen, verläuft von den Betrachtenden aus gesehen von rechts nach links. Der Meilenstein im linken Bilddrittel verweist auf den Weg, der zu nehmen ist. Im Hintergrund ist links von fern die Silhouette einer Ortschaft mit spitz aufragendem Kirchturm und rechts ein alleinstehender Baum zu sehen. Die kaum konturierte Landschaft erscheint kahl. Dies könnte darauf hindeuten, dass hier eine Herbststimmung eingefangen ist. Das Gesicht der Frau unter dem Kopftuch ist leicht der Ortschaft zugewandt und damit auf den Weg, der dorthin führt. Sie befindet sich somit an einer Gabelung, die Richtung ihres Körpers und die von Hund und Wagen machen aber deutlich, dass sie den eingeschlagenen Weg nicht verlassen wird.

Der Zeichner hat die Vorgabe von Petzsch durch die Figur der Wanderin mit Tragkorb und Hundewagen korrekt aufgegriffen, durch ihre Einbettung in eine menschenleere karge Landschaft mit der fernen Silhouette des Kirchturms und dem sich kaum merklich darauf richtenden Blick der Wanderin aber romantische Zusätze geschaffen, die vor allem den Eindruck von Einsamkeit und Sehnsucht[36] vermitteln.

Wenn man in Anlehnung an die dokumentarische Bildinterpretation (vgl. Bohnsack et al., 2015) textliches Vor-Wissen suspendiert und die Linienkomposition bestimmt, wird Folgendes erkennbar (vgl. Abb. 12a): Im Mittelpunkt steht die nach links gebeugte Frau – eine Schräglinie nachzeichnend, die sich in ihrem Stock, in der Halslinie und im Hinterlauf des Begleithundes wiederholt. Die (gedachte) Mittellinie, die durch den Korb und den Körper der Frau geht, teilt den Horizont (links die ferne Ortschaft und rechts der alleinstehende schrägstehende Baum). Blickt man auf das Bild als Ganzes, dann wird deutlich, dass es einen Halbkreis bildet. Die von Vorder- und Hinterlauf des Hundes gebildete Linie trifft sich in der Mitte des Körpers der Frau und in der Mitte des Halbkreises. Diese Linien wiederholen sich im Vorderkörper des Hundes und im Baum. Eine Harmonie entsteht, die das Bild zusammen mit den romantischen Zusätzen zu einer melancholischen Idylle macht.

Das Bild steht somit in einer gewissen Spannung zum sozialkritischen Text und zur Bildunterschrift „Mit Tragkorb und Hundewagen mußte sie zu Fuß durch ganz Deutschland wandern" (Petzsch, 1948, S. 482), die sich nicht zwingend aus der Darstellung ergibt[37]. Das in dieser Formulierung verwendete Hilfsverb ‚musste' kann in einer realistischen Visualisierung kaum eine Entsprechung finden. Sie kann auch schwerlich die vom eigenen Text abweichende Ortsangabe von Petzsch („durch ganz Deutschland" (ebd.) adäquat wiedergeben. Der Zeichner hat sich dementsprechend entschlossen, eine bestimmte (für Mitteldeutschland typische) Landschaft abzubilden und so die Vermutung nahegelegt,

---

[36] Der Blick der Frau zu der Ortschaft am Horizont könnte so gedeutet werden – zumal dann, wenn man die Ähnlichkeit der Silhouette mit der von Siebenlehn bedenkt.

[37] Denkbar wäre als Bildunterschrift (im Stil des Textes) etwa „Begleitet von ihrem treuen Hund, wandert Amalie Dietrich über Land".

dass es sich bei dem Städtchen, dem sich der Blick der Frau zuzuwenden scheint, um den Heimatort von Amalie Dietrich handeln könnte. Damit entsteht eine weitere, im Text nicht enthaltene Suggestion, nämlich die des Gefühls von Heimweh oder zumindest Heimatverbundenheit.

Es geht nicht darum, dem Zeichner eine Verfälschung nachzuweisen. Vielmehr ist eine solche alternative oder zumindest weitere Deutungen ermöglichende Abweichung von den Textintentionen angesichts einer prinzipiellen Text-Bild-Asymmetrie so gut wie unumgänglich. Diese Asymmetrie macht aber gerade den Reiz von Illustrationen aus, die den Text nicht einfach in einem anderen Medium reproduzieren (können), sondern ihn als Ausgangspunkt für eigene Produktionen nutzen, die vom verwendeten Material, der Technik und nicht zuletzt von Bildmustern abhängig sind, an denen sich die Produzierenden bewusst oder unbewusst orientieren. Auch Interpretationslenkungen durch Bildunterschriften können diese Diskrepanz nicht aufheben.

4   Schluss

Sowohl die bildabhängigen Gesichtsporträts als auch die textabhängigen Handlungsporträts von Amalie Dietrich bestimmen die unterschiedlichen Bilder (im übertragenen Sinn), die sich die Nachwelt von ihr gemacht hat und macht. Sie stellen mehr als rein dokumentarische oder dekorativ-illustrierende Zusätze da und stehen zu den Texten in vielfältiger und nicht immer eindeutiger Beziehung: Sie können die erkennbaren Textintentionen stützen, ergänzen oder auch irritieren.

Dass zwischen Text und Bild Spannungen und Unvereinbarkeiten stehen, dürfte nicht sonderlich erstaunen. Von Vertretern der dokumentarischen Bildanalyse ist dies wiederholt belegt worden – im erziehungswissenschaftlichen Kontext in den Publikationen von Dörner und Schäffer (2010) und zuletzt von Endress (2019). Weniger bewusst ist, dass auch originale und nur geringfügig bearbeitete Gesichtsporträts deutungsbeeinflussend wirken können. Leichte Korrekturen an Gesichtszügen und Kleidung stellen Sympathie oder Ablehnung her, vermitteln Charakterzüge wie Geradlinigkeit oder Mütterlichkeit, *cuts* der ursprünglichen Formate befördern neue und verhindern ungewollte Konnotationen.

Die Modernisierung von Kleidung und Frisur erleichtern es potenziellen Betrachtenden, Amalie Dietrich als Vorbild und Identifikationsobjekt zu sehen, auch dann, wenn dies in den Texten nicht als Ziel genannt wird. Die Penetranz verbalisierter Empfehlungen wird durch Visualisierungen umgangen. Deren Wirkung wird durch ihre Abhängigkeit von vorgängigen, im Bildgedächtnis der

Rezipientinnen und Rezipienten mehr oder weniger bewusst verankerten Bildmustern verstärkt. Eine solche Vertrautheit wird auch durch das gewählte (Bild-)
Medium hergestellt. Es ist nicht unwesentlich, ob ein Bild in einem wissenschaftlichen Buch als *grafitto* oder als *comic*[38] präsentiert wird.

Die hier besprochenen Bildbeispiele gehören dem Bereich der eher kon-
ventionellen Gebrauchskunst an. Dass auch künstlerisch anspruchsvolle Bilder
bzw. visuelle Performances das Thema Amalie Dietrich behandeln (können),
zeigen Werke der australischen Künstlerin Michelle Vine. Sie verzichtet auf jede
Form der von Bischoff geprägten Personendarstellung und äußert Meinungen, die
in dieser expliziten Form in den besprochenen Illustrationen nicht zu finden sind:
Auf einem der Bilder ist zu sehen, wie Seiten aus der Biografie Bischoffs ver-
brannt werden (vgl. Vine, 2017), in einem anderen werden die Reproduktionen
handschriftlicher Pflanzentypisierungen als „colonial nomenclature" durch-
gestrichen und als „gentle violence" bezeichnet (vgl. Vine, 2016). Anders als
entsprechende wissenschafts- und kolonialismuskritische Texte wird die eigentliche Arbeit Dietrichs durch diese und weitere Bilder und Videos der Künstlerin
sicht und erfahrbar, in welchen sie ihre eigene Sammlertätigkeit dokumentiert.
Sinnlicher Erfahrung und künstlerischer Eigentätigkeit dienen auch die von ihr
geleiteten *workshops,* in denen Teilnehmer die Technik der Cyanotypie kennenlernen können, die im 19.Jahrhundert eingesetzt wurde, um die Struktur von
Pflanzen zu reproduzieren. Die direkte und indirekte pädagogische Nutzung der
Biografie von Amalie Dietrich im Medium des Visuellen scheint somit noch nicht
abgeschlossen zu sein.

Der Vielfalt dieser wissensvermittelnden, moraldidaktischen und politisch-
weltanschaulich-ideologischen Nutzung stehen aber auch Einschränkungen
gegenüber: Was (bisher) nicht visuell vermittelt wurde, ist das Eingebunden-Sein
von Amalie Dietrich in familiäre, berufliche und politische Zusammenhänge.
Stattdessen werden biografische Episoden in den Mittelpunkt gerückt – mit dem
Risiko, die beabsichtigte Wirkung zugunsten einer individuell bestimmten Identi-
fikation zu verfehlen[39] bzw. mit der Chance einer individuellen Aneignung.

---

[38]Vgl. die DDR-*comics* „Amalie Dietrich – eine Frau in Australien", erschienen in dem
Magazin für ältere Schüler bzw. Thälmannpioniere „Trommel" (Altenburger & Kluge,
1965) und „Amalie setzt sich durch", erschienen in der Frauenzeitschrift „Für Dich"
(Günther, 1978).

[39]Ein Beispiel dafür ist auch die sozialistisch gefärbte Interpretation der Hundewagen-
episode durch Anna Seghers, die vermutlich in dieser Weise nicht von Bischoff beabsichtigt
war.

Risiko und Chance individueller Aneignung sind bei Bildern höher als bei diskursiv organisierten Texten. Der rational nicht einholbare Rest visueller Darstellungen kann als Kennzeichen des Visuellen überhaupt gelten – nicht nur bei Kunstwerken (vgl. Imdahl, 1996), sondern auch bei der Gebrauchskunst. Das enthebt nicht der genauen Betrachtung und Analyse, mahnt aber an die letztliche Uneinholbarkeit von Bildern durch die Sprache und damit an deren immer nur bedingt kalkulierbare pädagogische Wirkung. *Image editing* trägt zum *image building* bei, seine Absichten können rekonstruiert, die von den Rezipienten jeweils vorgenommenen Deutungen aber nicht vorhergesagt werden.

Literatur

Altenburger, C., & Kluge, B (1965). Amalie Dietrich – Eine Frau in Australien. *Trommel. Zeitung für Thälmannpioniere und Schüler*. http://www.ddr-comics.de/trommel/dietrich. htm. Zugegriffen: 14. Nov. 2020.

Bischoff, C. (Hrsg.) (1980). *Amalie Dietrich. Ein Leben erzählt von Charitas Bischoff*. Calwer (Erstveröffentlichung 1909).

Bischoff, C. (1909). *Amalie Dietrich. Ein Leben erzählt von Charitas Bischoff*. G. Grote'sche Verlagsbuchhandlung.

Bischoff, C. (1922). *Bilder aus meinem Leben*. G. Grote'sche Verlagsbuchhandlung. https://www.projekt-gutenberg.org/bischoff/ausleben/ausleben.html. Zugegriffen: 14. Nov. 2020.

Bohnsack, R., Michel, B., & Przyborski, A. (2015). *Dokumentarische Bildinterpretation. Methodologie und Forschungspraxis*. Budrich.

Deckert, H. (1929). Zum Begriff des Portraits. *Marburger Jahrbuch Für Kunstwissenschaft, 5*, 261–282.

Dörner, O., & Schäffer, B. (2010). Weiterbildungsbeteiligung und Altersbilder der Babyboomer (‚WAB'). Zu Alters-, Alterns- und Altenbildern als Regulative der Weiterbildungsbeteiligung. Erste Ergebnisse aus einem Forschungsprojekt. In C. Hof, J. Ludwig & B. Schäffer (Hrsg.), *Erwachsenenbildung im sozialen und demographischen Wandel* (S. 155–170). Schneider.

Eilenberger, W. (2014). Du sollst nicht töten! Emmanuel Levinas und die Ethik des Tatort-Vorspanns. In W. Eilenberger (Hrsg.), *Der Tatort und die Philosophie. Schlauer werden mit der beliebtesten Fernsehserie* (S. 49–61). Cotta'sche.

Endress, F. (2019). *Bilder des Alterns und der Lebensalter im Bildraum Erwachsenenbildung. Eine vergleichende Analyse unter Berücksichtigung angrenzender Bildräume*. Springer VS.

Glaubrecht, M. (2013). Das dunkle Geheimnis der Amalie Dietrich. *Der Tagesspiegel*. https://www.tagesspiegel.de/gesellschaft/als-sammlerin-in-australien-das-dunkle-geheimnis-der-amalie-dietrich/8389440.html. Zugegriffen: 21. Juni 2020.

Günther, B. (1978). Amalie setzt sich durch. In *Für dich. Illustrierte Wochenzeitung für die Frau*. (Comic, erschienen in 30 Folgen in den Heften 20–52).

Hubricht, H. (2016). *Unsre Amalie: Siebenlehner bereiten Jubiläum vor.* https://www. freiepresse.de/mittelsachsen/freiberg/unsere-amalie-siebenlehner-bereiten-jubilaeum-vor-artikel9514322. Zugegriffen: 22. Sept. 2020.

Imdahl, M. (1996). *Reflexion, Theorie, Methode. Gesammelte Schriften* (Bd. 3). Suhrkamp.

Isekenmeier, G. (2013). *Interpiktorialität. Theorie und Geschichte der Bild-Bild-Bezüge.* transcript.

Kade, J. (2010). Pädagogik der Medien. In R. Arnold, S. Nolda & E. Nuissl (Hrsg.), *Wörterbuch Erwachsenenpädagogik* (2. Aufl., S. 235f.). Klinkhardt.

Lawless, K. (2014). Memory trauma, and the matter of historical violence. The controversal case of four photographs from Auschwitz. *American Imago, 71*(4), S. 391–415.

Lucht J., & Lucht A. (o. J.). *Willkommen in Siebenlehn. Persönlichkeiten. Amalie Dietrich.* https://www.wikiwand.com/de/Amalie_Dietrich. Zugegriffen: 22. Sept. 2020.

Lüttge, U. (Hrsg.). (1988). *Amalie Dietrich (1821–1891). A German biologist in Australia.* Institut für Auslandsbeziehungen.

McPherson, H. (2009). *The Australian botanical collections of 19th Century German naturalist Amalie Dietrich.* http://aga.org.au/wp-content/uploads/2011/10/AGA-Report-Hannah-McPherson-20-August-2009LR.pdf. Zugegriffen: 7. Okt. 2020.

Murayama, I. (2019). Intermediale Wechselwirkung von Text und Bild. Zur Stilisierung einer idealen Märchenerzählerin. Die Entwicklung des Dorothea Viehmann-Porträts von Ludwig Emil Grimm. *Fabula, 60*, 3–4.

Nolda, S. (2002). *Pädagogik und Medien. Eine Einführung.* Kohlhammer.

Nolda, S. (2011). Ansätze bildwissenschaftlicher Erwachsenenbildungsforschung. Anwendungsgebiete und Methoden. *REPORT. Zeitschrift Für Weiterbildungsforschung, 1,* 13–22.

o. V. (o. J.a). *Amalie Dietrich.* https://www.wikiwand.com/de/Amalie_Dietrich. Zugegriffen: 22. Sept. 2020.

o. V. (o. J.b). *Pivox. @dredengraffitiart.* https://www.piwox.com/media/143655639882061 2562_1553780295. Zugegriffen: 14. Nov. 2020.

peoplepill.com. (o. J.). *Amalie Dietrich.* https://peoplepill.com/people/amalie-dietrich. Zugegriffen: 21. Juni 2020.

Petzsch, H. (1948). Eine Frau erforscht Australien. *Natur Und Technik: Halbmonatsschrift Für Alle Freunde Der Wissenschaft, Forschung Und Praxis, 2,* 478–485.

Rieger-Ladich, M. (2019). *Bildungstheorien. Zur Einführung.* Junius.

Schäffer, B. (2005). Erziehungswissenschaft. In K. Sachs-Hombach (Hrsg.), *Bildwissenschaft. Disziplinen, Themen, Methoden* (S. 213–225). Suhrkamp.

Schott, L. (1991). Amalie Dietrich (1821–1891) – Ein Leben im Dienste wissenschaftlicher Sammeltätigkeiten. *Mitteilungen Der Berliner Gesellschaft Für Anthropologie, Ethnologie Und Urgeschichte, 12,* 43–48.

Stiftung Het Tuinpad Op/In Nachbars Garten (o. J.). *Leer: Zeitreise auf Schloss Evenburg.* https://www.innachbarsgarten.de/leer-zeitreise-auf-schloss-evenburg-agd363-de. Zugegriffen: 22. Sept. 2020.

Straßner, E. (2002). *Text-Bild-Kommunikation – Bild-Text-Kommunikation.* De Gruyter.

Studio 13 Sprechkontakt. (o. J.). *Live-Hörspiel-Projekte. Live-Hörspiel 2016.* Die Leidenschaft der Amalie D. https://www.sprechkontakt.com/sprecherziehung/live-h%C3%B6rspiel/. Zugegriffen: 22. Sept. 2020.

Sumner, R. (1993). *A woman in the wilderness: The story of Amalie Dietrich in Australia.* University Press.

Sumner, R. (2019). The demonisation of Amalie Dietrich. *Federkiel, LXVIII*, S. 1–6.

Uhlmann, I. (1956). „Dieser Frau gebührt ein Ehrenplatz!". Aus dem Leben und Werk der Naturforscherin Amalie Dietrich. In Lektorenkollegium des Urania-Verlages (Hrsg.), *Urania-Universum. Wissenschaft-Technik-Kultur-Sport-Unterhaltung* (S. 323–334). Urania-Verlag.

Unukorno, Wikimedia Commons. (2012). *File: Siebenlehn Amalie Dietrich Monument.jpg.* https://commons.wikimedia.org/wiki/File:Siebenlehn_Amalie_Dietrich_Monument.jpg. Zugegriffen: 22. Sept. 2020.

Vine, M. (2016). *The unrecorded 2016.* http://michellevine.com/recollection-dietrich/the-unrecorded. Zugegriffen: 21. Juni 2020.

Vine, M. (2017). *Contested Biography II (in memory of the lost) 2017.* http://michellevine.com/contested-biography-ii-in-memory-of-the-lost-2017. Zugegriffen: 21. Juni 2020.

Werner, G. (2001). Das Bild vom Wissenschaftler – Wissenschaft im Bild. Zur Repräsentation von Wissen und Autorität im Portrait am Ende des 19. Jahrhunderts. *Kunsttexte.de Zeitschrift Für Kunst- Und Kulturgeschichte Im Netz, 1*, 1–11.

Wikipedia. (2020). *Amalie Dietrich.* https://de.wikipedia.org/wiki/Amalie_Dietrich. Zugegriffen: 14. Nov. 2020.

Wirth, G. (1980). Von Siebenlehn nach Australien. In C. Bischoff (Hrsg.), *Amalie Dietrich. Ein Leben erzählt von Charitas Bischoff* (S. 305–336). Calwer.

Wirth, B. P. (2008). *Die Kopfhaltungen und -bewegungen deuten.* http://www.top-experten.com/2008/11/07/die-kopfhaltungen-und-bewegungen-deuten. Zugegriffen: 21. Juni 2020.

Perspektiven der Wissenschaftsgeschichte

Amalie Dietrich und ihre Bedeutung für die Erforschung der Flora von Australien

Amalie Dietrich and Her Importance for the Exploration of the Flora of Australia

Eberhard Fischer

Zusammenfassung

Amalie Dietrich sammelte zwischen 1863 und 1873 tausende von Pflanzen (Braunalgen, Moose, Farne und Blütenpflanzen) in Australien für das Museum Godeffroy in Hamburg. Die Auswertung der verfügbaren Publikationen ermöglicht es nicht nur, ihren Reiseweg genau zu rekonstruieren, sondern auch ihre Bedeutung für die Erforschung der Flora von Australien zu bewerten. Unter den Blütenpflanzen wurden 37 Arten und eine Gattung neu für die Wissenschaft beschrieben, von denen 19 Arten noch heute akzeptiert werden, darunter *Acacia dietrichiana*. Zwei Farnarten, 23 Laubmoosarten, eine Lebermoosart und drei Braunalgenarten wurden auf der Basis des von ihr gesammelten Materials neu beschrieben, davon sind eine Farnart, 15 Laubmoosarten und alle drei Braunalgenarten heute noch akzeptiert. Amalie Dietrich selbst hat niemals über ihre Aufsammlungen publiziert.

E. Fischer (✉)
Institut für Integrierte Naturwissenschaften, Abteilung Biologie,
Universität Koblenz-Landau, Koblenz, Deutschland
E-Mail: efischer@uni-koblenz.de

© Der/die Autor(en), exklusiv lizenziert durch Springer Fachmedien Wiesbaden GmbH, ein Teil von Springer Nature 2021
N. Hoffmann und W. Waburg (Hrsg.), *Eine Naturforscherin zwischen Fake, Fakt und Fiktion,* Frauen in Philosophie und Wissenschaft. Women Philosophers and Scientists, https://doi.org/10.1007/978-3-658-34144-2_5

Abstract

Amalie Dietrich collected thousands of plants (brown algae, mosses, ferns and flowering plants) in Australia for the Museum Godeffroy in Hamburg. The evaluation of all available publications enables not only to reconstruct her itinerary but also to highlight her importance for the study of the flora of Australia. Among flowering plants 37 species and one genus were described as new to science. Out of these 19 species are still accepted, among them *Acacia dietrichiana*. Two fern species, 23 species of mosses, one liverwort species and three species of brown algae were described as new based on her collections. Today, one fern species, 15 moss species, all three species of brown algae are still accepted. Amalie Dietrich never published on her collections.

Schlüsselwörter

Flora von Australien · Blütenpflanzen · Farne · Moose · Braunalgen · *Acacia dietrichiana* · *Fissidens dietrichiae*

Keywords

Flora of Australia · Flowering Plants · Ferns · Mosses · Brown Algae · *Acacia dietrichiana* · *Fissidens dietrichiae*

1   Einleitung

Australien wird zusammen mit Tasmanien als eigenes Florenreich, die „Australis" angesehen (vgl. Frey & Lösch, 2010). Mit einer bekannten Flora von 18.640 Gefäßpflanzenarten, davon 470 Farne gehört der Kontinent Australien zu den Hot-Spots der Biodiversität (vgl. ABRS, 1999). Etwa 80–85 % der Arten sind endemisch in Australien und ca. 2000 Arten wurden vom Menschen eingeführt. Artenreichste Familien sind die Fabaceae mit ca. 2400 Arten, darunter alleine 950 Arten aus der Gattung *Acacia* und die Myrtaceae mit 1858 Arten, darunter ca. 600 *Eucalyptus*-Arten (vgl. ebd.). Die Gesamtzahl aller Gefäßpflanzen wird auf 20.000 bis 22.000 Arten geschätzt. Neben zahlreichen endemischen Gattungen gelten die folgenden Familien als endemisch für Australien: Akaniaceae, Anarthriaceae, Atherospermataceae, Blandfordiaceae, Boryaceae, Cephalotaceae, Dasypogonacae, Doryanthaceae, Ecdeiocoleaceae, Emblingiaceae,

Gyrostemonaceae, Tetracarpaceae und Xanthorrhoeaceae (vgl. ebd.). Die früher eigenständigen Brunoniaceae werden heute zu den Goodeniaceae gestellt und die Epacridaceae als Unterfamilie Styphelioideae zu den Ericaceae. Die Familie der Xanthorrhoeaceae wird heute teilweise zu den Asphodelaceae gestellt, aber Fischer (2015) fasst sie als eigenständige monophyletische Familie endemisch für Australien auf.

Die ersten aus Australien beschriebenen Pflanzen wurden von Burmann (1768) publiziert. Sie wurden zuerst fälschlicherweise als Farne aus „Java" beschrieben, aber es handelt sich tatsächlich um *Acacia truncata* und *Synaphea spinulosa* aus Südwest-Australien, die vermutlich von Willem Vlamingh 1697 am Swan River gesammelt wurden (vgl. ABRS, 1999). Die ersten systematischen Aufsammlungen erfolgten durch Joseph Banks (1743–1820), den späteren Direktor der Royal Botanic Gardens Kew und Daniel Carl Solander (1733–1782), einen Schüler von Carl von Linné, im Jahre 1770 auf der ersten Weltumseglung durch James Cook. Weitere Sammler und Bearbeiter der Flora von Australien sind beispielsweise Robert Brown (vgl. Brown, 1810), George Bentham (vgl. Bentham, 1863–1878) oder Ferdinand von Mueller (s. u.; Mueller, 1882a). Unter allen Sammlern fällt Amalie Dietrich (1821–1891) als Frau und damit als große Ausnahme auf. Orchard (1999) nennt in den Kurzbiografien von Sammlern und Botanikern in Australien neben 206 Männern gerade einmal 10 Frauen, von denen Amalie Dietrich die bei weitem produktivste war und für ihre Zeit als Pionierin gelten kann. Ihre Bedeutung für die Erforschung der Flora von Australien soll hier kurz dargestellt werden.

2   Pflanzensammlerin in Australien

Amalie Dietrich hatte sich erfolgreich bei dem Hamburger Kaufmann Johann Cesar Godeffroy (* 1. Juli 1813 in Kiel, † 9. Februar 1885 in Dockenhuden) beworben und wurde von ihm als professionelle Sammlerin nach Australien geschickt, um Material für sein Museum zusammenzutragen. Das Museum Godeffroy war ein naturkundliches, wissenschaftliches Museum in Hamburg, das von 1861 bis 1885 bestand. Eine detaillierte Geschichte des Museums zusammen mit Kurzbiografien der Sammler sowie einer Auswertung der Molluskensammlung findet sich bei Bieler und Petit (2012). Johann Cesar Godeffroy schickte neben Amalie Dietrich eine Reihe von Forschungsreisenden in die Südsee und nach Australien. Der erste war Eduard Graeffe aus Zürich, der 1861 nach Samoa reiste und 1872 zurückkehrte. Bis 1874 führte er die Redaktion des „Journal des Museum Godeffroy". Wie Amalie Dietrich war Graeffe auf

Vermittlung von Heinrich Adolph Meyer mit Cesar Godeffroy in Kontakt
gekommen. Weitere im Auftrag von Godeffroy tätige Forschungsreisende und
Sammler waren Johann S. Kubary (1869–1875, Marshall- und Carolinen-
Archipel), Andrew Garrett, Eduard Dämel (1871–1875, Australien), Franz
Hübner (1875 Tonga-Inseln, Neubritannia-Archipel, starb dort am 31.
Dezember 1877), Theodor Kleinschmidt (1875 Viti-Inseln, Neubritannia-Archipel, ermordet
am 10. April 1881 auf Utuan) und P.H. Krause (Samoa) (vgl. Bieler & Petit,
2012).

Amalie Dietrich war als bezahlte Sammlerin für Godeffroy in Australien
tätig. Sie kam am 7. August 1863 mit dem Auswandererschiff „La Rochelle"
in Brisbane an und blieb dort zehn Jahre. Am 4. März 1873 traf sie mit der
„Susanne Godeffroy" wieder in Hamburg ein. Leider gibt es keine authentischen
Dokumente über ihren Aufenthalt in Australien. Die zehn Briefe, die sich in der
von ihrer Tochter geschriebenen Biografie finden (vgl. Bischoff, 1977) gelten
in weiten Teilen als frei erfunden (vgl. Sumner, 1988, 1993). „Jeder, der das
australische Leben und die Flora kennt, wird feststellen, daß die Briefe, wie sie
publiziert worden sind, von einer Person stammen, die Australien nicht gesehen
hat" urteilt J.H. Maiden 1912 (Wirth, 1977, S. 316, zitiert nach Hielscher &
Hücking, 2003, S. 146). So finden sich zahlreiche botanische Fehlinformationen
wie das Vorkommen von *Eucalyptus amygdalinus* bei Rockhampton, der dort
nachweislich nicht vorkommt (vgl. Hücking, 2001). Über ihren Reiseweg sind
wir aufgrund ihrer sorgfältig dokumentierten Sammlung hingegen gut informiert.
Sie war einige Zeit in Brisbane, Mackay, Gladstone, Rockhampton und Bowen
und ist zumindest kurze Strecken ins Inland gewandert (z. B. nach Lake
Elphinston, der Typuslokalität von *Acacia dietrichiana* und *Persoonia amaliae).*
Amalie Dietrich starb 1891 und der frühere Museumskustos Schmeltz (1891)
publizierte einen kurzen Nachruf.

3   Botanische Aufsammlungen und ihre Bearbeitung

3.1   Beiträge zur Moosflora Australiens

Noch während ihres Australien-Aufenthaltes erschienen zwei Veröffentlichungen
über ihre gesammelten Moose. Gerade mit diesen unscheinbaren und oft ver-
nachlässigten Organismen hatte sie sich schon in Deutschland beschäftigt und
die Qualität ihrer Belege führte zur Empfehlung an Heinrich Adolf Meyer (1822–
1889), Fabrikant, Politiker, Meereskundler und Spezialist für Kryptogamen, der

sie letztlich dann an Godeffroy weiterempfahl (vgl. Hielscher & Hücking, 2003). Der damalige Weltspezialist für Moose war Karl (Carl) Johann August Müller „Müller Hallensis, abgekürzt als Autorname Müll.Hal." (* 16. Dezember 1818, † 9. Februar 1899) (vgl. Abb. 1):

> „Es liegen mir zwei kleine Moossammlungen vor, die, beide von Frauenhand zusammengebracht, den noch wenig erforschten Gegenden der australischen Ost-küste entstammen und sich gegenseitig kreuzen. […] Die andere Sammlung, welche mir ebenso gütig von Hrn. Professor G. Reichenbach in Hamburg mitgetheilt wurde, entstammt den Gegenden am Brisbane River und ist von Frau Amalie Dietrich aus Siebenlehn im Erzgebirge veranstaltet worden." (Müller, 1868, S. 613)

In diesem Artikel (Müller, 1868) werden sieben von Amalie Dietrich gesammelte Arten als neu beschrieben. Darunter sind drei Arten auch heute noch akzeptiert (*Aongstroemia dietrichiana*, *Barbula subcalycina* und *Ectropothecium umbilicatum*) (vgl. Ramsay, 1984). Insgesamt werden 24 Arten aus der Sammlung von A. Dietrich gelistet.

Abb. 1 Karl (Carl) Johann August Müller[1]

Karl Müller von Halle, † am 9. Februar.
Nach einer Photographie aus C.... Gebbert in Halle.

---

[1] Quelle: Wikipedia (2017, o. S).

Zwei Jahre später publizierte Müller (1871) bereits einen Nachtrag.

„Schon im 40. Bande der Linnaea veröffentlichte ich einen ‚Beitrag zur ostaustralischen Moosflor'. Derselbe gründete sich besonders auf eine Sammlung,
welche Frau Amalie Dietrich aus Siebenlehn im Erzgebirge an dem Brisbane River
in Queensland 1864 gemacht hatte. Ich erhielt diese Sammlung seiner Zeit durch
Vermittlung meines verehrten Freundes, Professor Gustav Reichenbach in Hamburg.
Neuerdings jedoch wollte es der Zufall, dass ich noch einmal auf diese Sammlung
zurückkommen sollte, indem ich durch Vermittlung des Herrn Dr. Luerssen in
Leipzig die Originalsammlung selbst in die Hände bekam, wie sie ihm Hr. Joh. Ces.
Godeffroy & Sohn, diese für naturwissenschaftliche Sammlungen unermüdliche
Firma in Hamburg, zur Uebermittlung an einen Bryologen überantwortet hatte. Bei
genauester Durchsicht fand ich noch manches Neue, das sich besonders als Unicum
unter die grösseren Rasen versteckt hatte. Zum Theil sind die neuen Arten von
ganz besonderem Interesse, weshalb ich mich beeile, sie als grossen Nachtrag zu
der ersten Arbeit zu veröffentlichen. Gelegentlich sind ein Paar andere australische
Arten darunter veröffentlicht, welche, zum Theil von meinem Freunde Dr. Hampe
herrührend, hier ihre passende Stelle fanden. Jedenfalls geht aus beiden Arbeiten
hervor, dass in Ostaustralien des Neuen noch viel zu holen ist." (Müller, 1871, S.
143–144)

3.2   Erste Neubeschreibungen von Blütenpflanzen

Schon in den ersten Jahren ihres Aufenthaltes in Australien erschienen Kataloge
ihrer gesammelten Pflanzen, in denen Herbarbelege zum Kauf angeboten wurden
(vgl. Schmeltz, 1866). In der Botanischen Zeitung veröffentlichte der damalige
Kustos des Museums Godeffroy, Johannes Dietrich Eduard Schmeltz (* 1839, †
1909) eine Werbeanzeige:

„Neuholländische Pflanzen, gesammelt von Frau Amalie Dietrich, am Brisbane
River, Col. Queensland, im Auftrage der Heren [sic] J.C. Godeffroy u. Sohn in
Hamburg. [...] Dies ist der Titel des Catalogs, der die erste Liste der Doubletten
aus den Collectionen genannter Sammlerin bringt. Er umfasst ‚sämmtliche Farne
und Polypetalen, die Monochlamydeen und Gamopetalen.' Ein zweiter Catalog
wird den Beschluss, vorzüglich die Monocotylen und Zellenkryptogamen, enthalten.
Fernere Sammlungen werden erwartet. – Die Bestimmungen wurden, mit wenigen
Ausnahmen, von Prof. H.G. Reichenbach gemacht. Aus dem (364 Nummern
umfassenden) Cataloge ‚können Sammlungen von bis zu 350 Arten geliefert
werden', zu 10 Thlr. Preuss. Cour. die Centurie. Aufträge besorgt Custos J.D.E.
Schmeltz jun. pr. Adr.: Herrn J.C. Godeffroy u. Sohn." (Schmeltz, 1867, S. 31)

Der Hamburger Professor Heinrich Gustav Reichenbach (* 3. Januar 1824 in Dresden, † 6. Mai 1889 in Hamburg) war vor allem als Spezialist für Orchideen bekannt. Er bestimmte einen großen Teil der von Amalie Dietrich gesammelten Pflanzen (Dilling, 1907). 1871 erschien sein Beitrag zur „Flora von Brisbane River":

„Herr Caesar Godeffroy hierselbst hat unter andern naturhistorischen Reisenden Frau A. Dietrich aus Sachsen nach Australien gesendet. Die in dem oben bezeichneten Gebiete fast durchgängig trefflich gesammelten Gefässpflanzen habe ich bestimmt. Soweit die Flora Australiensis erschienen, habe ich Herrn Bentham's Originale verglichen. Die Farne wurde [sic] mit denen der weltberühmten Sammlung Sir William Hooker's confrontirt. Die Monocotylen dagegen habe ich nach denen R. Brown's bestimmt. Herrn Dr. C. Müller wurden von mir die Laubmoose übergeben, welcher über sie und mehrere andere aus Australien geschrieben hat. Es ist leicht begreiflich, dass auf diese Art nicht viel Neues zu erwarten war, da die verglichenen Sammlungen einen beispiellosen Reichthum enthalten und überdies eine Richtigkeit der Bestimmung, wie sie nirgends weiter zu gewärtigen. Indessen sind, zum grossen Lobe für die fleissige Sammlerin doch folgende Arten mir als wirklich neu erschienen." (Reichenbach, 1871, S. 73)

Im Journal des Museums Godeffroy erschienen erste Bearbeitungen der Aufsammlungen von Amalie Dietrich durch Christian Luerssen (1874, 1875). Christian Luerssen (* 6. Mai 1843 in Bremen; † 28. Juni 1916 in Charlottenburg) wurde 1866 an der Universität Jena promoviert und 1881 zum Kustos des Universitätsherbariums Leipzig ernannt. 1884 wurde er als Professor an die Forstakademie Eberswalde berufen und erhielt 1888 den Lehrstuhl für Botanik an der Universität Königsberg (heute Kaliningrad). Er war vor allem auf Farne spezialisiert (vgl. Toepffer, 1916).

Einer der wichtigsten Botaniker in Australien war Ferdinand Jacob Heinrich Mueller, ab 1867 von Mueller, ab 1871 Freiherr von Mueller (* 30. Juni 1825 in Rostock; † 10. Oktober 1896 in Melbourne, Australien). Er war von 1857 bis 1873 Leiter der Royal Botanic Gardens, Melbourne. Entweder traf er Amalie Dietrich persönlich oder er erhielt über einen Mittelsmann Doubletten ihrer Herbarbelege für Melbourne. Das National Herbarium of Victoria (MEL) besitzt 2790 Belege von Amalie Dietrich (vgl. Orchard, 1999). Ferdinand Mueller beschrieb eine von ihr gesammelte Akazie als *Acacia dietrichiana* F.Muell. (vgl. Mueller, 1882b).

3.3   Beiträge zur Kenntnis der Sauergräser (Cyperaceae)

Johann Otto Böckeler (* 12. Juli 1803 in Hannover; † 5. März 1899 in Varel) war Apotheker, Botaniker und Mineraloge (Büsing, 1992). Er legte eine umfangreiche Sammlung von Sauergräsern (Cyperaceae) an und galt als der Experte für diese Pflanzenfamilie. Böckeler bearbeitete die von Amalie Dietrich gesammelten Cyperaceae.

„Von Herrn Dr. Chr. Luerssen erhielt ich zur Bestimmung des Inhaltes eine ansehnliche Sammlung von Cyperaceen, die hinsichtlich ihrer Herkunft aus zwei Theilen besteht, von denen ein überwiegender Theil von Frau Amalie Dietrich in Queensland ... zusammengebracht worden ist. Beide Theile der Sammlung zeichnen sich durch verhältnissmässig zahlreiche neue und interessante Formen aus, und befindet sich unter den Dietrich'schen Pflanzen selbst eine noch nicht beschriebene Gattung." (Böckeler, 1875, S. 81)

„Da ausser den Novitäten mehrere Arten der Dietrich'schen Sammlung in Neuholland bisher nicht beobachtet worden sind, so wird es sich empfehlen, hier ein vollständiges Inhaltsverzeichniss der letzteren folgen zu lassen." (ebd., S. 82)

3.4   Bearbeitung mariner Braunalgen

Der Algenspezialist Albert Grunow (* 1826, † 1914) bearbeitete die von Amalie Dietrich gesammelten marinen Braunalgen.

„Vom Museum Godeffroy erhielt ich seiner Zeit eine reiche Algen-Ausbeute zur Bearbeitung, welche Herr Dr. E. Graeffe während seines langjährigen Aufenthaltes auf den Fidschi-, Samoa- und Tonga-Inseln machte, und beginne nun mit der Veröffentlichung der gewonnenen Resultate, welche hoffentlich einen nicht unerwünschten Beitrag zur Flora jener schönen Inselwelt bieten werden. [...] Eine nicht unbedeutende Anzahl Algen, welche Frau Amalie Dietrich ebenfalls im Auftrage des Museum's Godeffroy an verschiedenen Punkten der Ostküste Australiens – Brisbane, Port Mackay und Bowen – sammelte, wird, so weit es neue Formen und Vorkommnisse betrifft, hier mitaufgeführt werden." (Grunow, 1874, S. 23)

Eine neu beschriebene *Sargassum*-Art wurde später (vgl. Grunow, 1916) zur Varietät umkombiniert.

3.5 Bearbeitung von Blütenpflanzen durch Karel Domin ab 1915

Karel Domin (* 4. Mai 1882 in Kutna Hora, Böhmen, heute Tschechische Republik, † 10. Juni 1953 in Prag) (vgl. Abb. 2) bereiste Queensland von Dezember 1909 bis April 1910. Er erhielt eine Serie von Doubletten aus der Aufsammlung von Amalie Dietrich, deren Bearbeitung er in der Zeitschrift *Bibliotheca Botanica* veröffentlichte (vgl. Domin, 1915a, b, 1921, 1925, 1926, 1927, 1928a, b, 1929; Henderson, 1984; ABRS, 1999). Eine Übersicht der von Domin beschrieben Taxa aus der Sammlung von Amalie Dietrich und ihre Zuordnung zu den Heften und Faszikeln der Zeitschrift gibt Tab. A2 siehe Anhang. Die korrekte Nummerierung und Zitierweise ist bei den einzelnen Heften 85 und 89 sowie den Faszikeln nicht einheitlich. Daher folgen wir hier Henderson (1984).

Abb. 2 Karel Domin[2]

---

[2] Wikipedia (2020, o. S).

4   Bewertung der von Amalie Dietrich gemachten Neuentdeckungen und die Auswertung ihrer Sammlungen

Von den von Amalie Dietrich gesammelten Blütenpflanzen wurden 37 Arten als neu für die Wissenschaft beschrieben. Davon wurden 19 Arten nach ihr benannt (vgl. Tab. A1 siehe Anhang): *Acacia amaliae* Domin, *Acacia dietrichiana* F. Muell., *Bonamia dietrichiana* Hallier f., *Carex dietrichiae* Boeckeler, *Cyperus dietrichiae* Boeckeler, *Drosera dietrichiana* Rchb.f., *Echinochloa dietrichiana* P.W.Michael, *Eleocharis dietrichiana* Boeckeler, *Hibiscus amaliae* Domin, *Indigofera amaliae* Domin, *Pagetia dietrichiae* Domin, *Persoonia amaliae* Domin, *Polygonum dietrichiae* Domin, *Psoralea dietrichiae* Domin, *Rorippa dietrichiana* Hewson, *Scirpus dietrichiae* Boeckeler, *Scleria dietrichiae* Boeckeler, *Solanum dietrichiae* Domin, *Stackhousia dietrichiae* Domin, *Tephrosia dietrichiae* Domin.

Von diesen beschriebenen Arten werden heute noch 19 Arten akzeptiert, zwei davon im Rang einer Varietät, darunter *Acacia dietrichiana* F. Muell., *Bonamia dietrichiana* Hallier f., *Cyperus dietrichiae* Boeckeler, *Drosera burmannii* Vahl var. *dietrichiana* (Rchb.f.) Diels (syn. *D. dietrichiana* Rchb.f.), *Echinochloa dietrichiana* P.W.Michael, *Eleocharis dietrichiana* Boeckeler, *Hibiscus amaliae* Domin, *Persoonia amaliae* Domin, *Polygonum dietrichiae* Domin, *Rorippa dietrichiana* Hewson, *Tephrosia dietrichiae* Domin (vgl. Tab. A1 siehe Anhang).

23 weitere Blütenpflanzen wurden als Varietäten bereits bekannter Arten beschrieben, darunter acht nach Amalie Dietrich benannt: *Cyperus haspan* L. var. *dietrichiae* Domin, *Cyperus rotundus* var. *amaliae* C.B.Clarke, *Euphorbia mitchelliana* Boiss. var. *dietrichiae* Domin, *Panicum brevifolium* var. *amaliae* Domin, *Rhynchosia minima* (L.) DC. var. *amaliae* Domin, *Sterculia australis* *(Schott & Endl.)* Druce var. *dietrichiae* Domin, *Swainsona luteola* F.Muell. var. *dietrichiae* Domin, *Tetrastigma nitens* (F.Muell.) *Planch.* var. *amaliae* Domin (vgl. Tab. A1 siehe Anhang).

Die Mehrzahl dieser Taxa wird heute als Synonyme aufgefasst, und nur vier Varietäten sind akzeptiert, davon heute zwei im Artrang: *Acacia penninervis* DC. var. *longiracemosa* Domin, *Cyperus nervulosus* (Kük.) S.T.Blake, *Hovea planifolia* (Domin) J.H.Ross, *Tephrosia brachyodon* Domin var. *retinervis* Domin (vgl. Tab. A1 siehe Anhang).

Zwei Farnarten wurden aufgrund des von Amalie Dietrich gesammelten Materials neu beschrieben (vgl. Tab. A1 siehe Anhang), von denen heute aber nur

Diplazium dietrichianum (Luerss.) C.Chr. (= *Asplenium dierichianum* Luerss.) akzeptiert wird.

Die Moossammlungen von Amalie Dietrich bildeten die Grundlage für die Erforschung der Moosflora Nordost-Australiens. Unter den gesammelten Arten wurden 23 Laubmoose und 1 Lebermoos als für die Wissenschaft neue Arten beschrieben, von denen fünf nach ihr benannt wurden (vgl. Tab. A3 siehe Anhang): *Aongstroemia dietrichiae* Müll.Hal., *Fissidens dietrichiae* Müll.Hal. (vgl. Abb. 3), *Holomitrium dietrichiae* Müll.Hal., *Endotrichella dietrichiae* Müll. Hal. und *Frullania dietrichiana* Steph. (Müller, 1868, 1871; Stephani, 1910).

Davon werden heute 15 Arten akzeptiert, darunter *Aongstroemia dietrichiae* Müll.Hal., *Fissidens dietrichiae* Müll.Hal. (vgl. Abb. 3), *Garovaglia elegans* ssp. *dietrichiae* (Müll.Hal.) During (= *Endotrichella dietrichiae* Müll.Hal.) und *Holomitrium dietrichiae* Müll.Hal. (ABRS 2006) (vgl. Tab. A3 siehe Anhang).

Vier Braunalgenarten wurden auf Amalie Dietrich's Aufsammlungen begründet (vgl. Grunow, 1874), die auch heute noch akzeptiert sind. Davon tragen *Amansia dietrichiana* Grunow und *Sargassum amaliae* Grunow ihren Namen (vgl. Tab. A1 siehe Anhang).

Die geringe Anzahl neuer Arten aus dem damals noch weitgehend unerforschten Nordost-Australien mag verwundern, ist aber der Tatsache zu schulden, dass die reichhaltige Sammlung von Amalie Dietrich nur sehr schleppend bearbeitet wurde (vgl. Hielscher & Hücking, 2003; Hücking, 2001). Nach den ersten Veröffentlichungen von Luerssen (1874, 1875), waren es vor allem Müller (1868, 1871), Reichenbach (1871), Grunow (1874), Boeckeler (1875) und Domin (1915a, b, 1925, 1926, 1927, 1928a, b, 1929), die ihre gesammelten Arten beschrieben. Zahlreiche Neuentdeckungen blieben unerkannt und wurden erst viel später auf der Basis anderen Materials wissenschaftlich beschrieben. Bemerkenswert ist, dass im Bereich der Blütenpflanzen nur 23 Taxa (Arten und Varietäten) zu ihren Lebzeiten beschrieben wurden, während 37 Taxa erst nach ihrem Tod wissenschaftlich erfasst wurden, drei davon sogar erst 1952 *(Helichrysum eriocephalum)*, 1982 *(Rorippa dietrichiana)* und 1999 *(Echinochloa dietrichiana,* Michael, 1999) (vgl. Tab. A1 siehe Anhang). Michael schreibt zu *Echinochloa dietrichiana:* „The epithet commemorates Amalie Dietrich (1821–1891), a remarkably skilful collector in the 1860s for the Hamburg merchants J.C. Godeffroy and Son. Two of her specimens of this species from Rockhampton and near Mackay are in MEL" (= Melbourne) (Michael, 1999, S. 404).

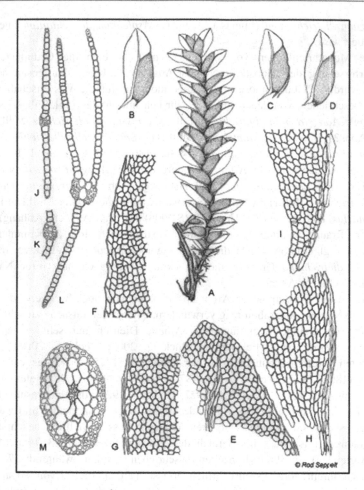

Abb. 3 Fissidens dietrichiae[3]

[3] **A** Ganze Pflanze; **B – D** Stammblättchen; **E** Zellen der Blättchenspitze; **F, G** Zellen aus der mittleren Region der scheidigen Lamina; **H** Zellen des proximalen Teils der scheidigen Lamina; **I** Zellen des proximalen Teils der dorsalen Lamina; **J, K** Blattquerschnitte durch die apikale Lamina; **L** Blattquerschnitt durch die dorsale und scheidige Lamina; **M** Stämmchenquerschnitt. Gezeichnet von Rod Seppelt nach einem Beleg aus den Northern Territories; George Gill Range, Reedy Rockhole, above falls, A.C.Beauglehole 20937 (MEL 1037897) (Seppelt, o. J., o.S.). Abdruck mit freundlicher Genehmigung von Rod Seppelt ©.

Eine komplette Aufarbeitung des Materials von Amalie Dietrich hat bis heute nicht stattgefunden. Der Großteil ihres Herbariums befindet sich in Hamburg (HBG) und Doubletten in Berlin (B), dem Natural History Museum in London (BM), Wroclaw (BRSL), Jena (JE), Kew (K), Leiden (L), Melbourne (MEL), Missouri (MO), Paris (P), Prag (PR), in der Smithsonian Institution Washington (US) und Wien (W) (vgl. Akronyme nach Thiers, 2020). Die Holotypen der von Domin beschriebenen Taxa befinden sich in PR und die Isotypen in HBG.

Fazit ist, dass Amalie Dietrich als sehr sorgfältige Pflanzensammlerin tätig war, aber niemals etwas selbst publizierte oder benannte. Damit ist der oft gezogene Vergleich mit anderen Forschungsreisenden wie Maria Sybilla Merian oder Georg Schweinfurth hinfällig. Dennoch stellen ihre Sammlungen auch heute noch eine Grundlage für die Erforschung der Flora Nordostaustraliens dar.

Anhang

Tab. A1 Arten und Varietäten von Blütenpflanzen, Farnen und Braunalgen[4]

	Beschriebener Name	Akzeptierter Name (heute noch akzeptierte Namen fett)	Familie
Jahr	Blütenpflanzen		
1871	*Tricoryne platyptera* Rchb.f	***Tricoryne platyptera* Rchb.f**	Asphodelaceae
1871	*Drosera dietrichiana* Rchb.f	***Drosera burmannii* Vahl var. *dietrichiana* (Rchb.f.) Diels**	Droseraceae
1871	*Laxmannia illecebrosa* Rchb.f	***Laxmannia gracilis* R.Br. var. *illecebrosa* (Rchb.f.) Benth**	Anthericaceae
1871	*Marsdenia hemiptera* Rchb.f	***Marsdenia hemiptera* Rchb. f**	Apocynaceae
1875	*Carex dietrichiae* Boeckeler	*Carex indica* L	Cyperaceae
1875	*Cyperus dietrichiae* Boeckeler	***Cyperus dietrichiae* Boeckeler**	Cyperaceae
1875	*Cyperus inornatus* Boeckeler	*Cyperus nutans* var. *eleusinoides* (Kunth) Haines	Cyperaceae
1875	*Cyperus luerssenii* Boeckeler	*Cyperus subulatus* R.Br	Cyperaceae

(Fortsetzung)

---

[4] Übersicht der neubeschriebenen Arten und Varietäten von Blütenpflanzen, Farnen und Braunalgen aus der Sammlung von Amalie Dietrich.

Tab. A1 (Fortsetzung)

	Beschriebener Name	Akzeptierter Name (heute noch akzeptierte Namen fett)	Familie
1875	*Cyperus tetracarpus* Boeckeler	***Cyperus tetracarpus* Boeckeler**	Cyperaceae
1875	*Eleocharis dietrichiana* Boeckeler	***Eleocharis dietrichiana* Boeckeler**	Cyperaceae
1875	*Fimbristylis nuda* Boeckeler	***Fimbristylis nuda* Boeckeler**	Cyperaceae
1875	*Fimbristylis polymorpha* Boeckeler var. *hirsuta* Boeckeler	*Fimbristylis dichotoma* (L.) Vahl ssp. *dichotoma*	Cyperaceae
1875	*Hexalepis* Boeckeler	*Gahnia* J.R.Forst. & G.Forst	Cyperaceae
1875	*Hexalepis scabriflora* Boeckeler	*Gahnia aspera* (R.Br.) Spreng	Cyperaceae
1875	*Schoenus elatus* Boeckeler	*Schoenus falcatus* R.Br	Cyperaceae
1875	*Scirpus dietrichiae* Boeckeler	*Lipocarpha microcephala* (R.Br.) Kunth	Cyperaceae
1875	*Scleria dietrichiae* Boeckeler	*Scleria levis* Retz	Cyperaceae
1875	*Scleria novae-hollandiae* Boeckeler	*Scleria laxa* R.Br	Cyperaceae
1875	*Scleria mackaviensis* Boeckeler	***Scleria mackaviensis* Boeckeler**	Cyperaceae
1875	*Scleria pallidiflora* Boeckeler	*Scleria brownii* Kunth	Cyperaceae
1875	*Scleria polycarpa* Boeckeler	***Scleria polycarpa* Boeckeler**	Cyperaceae
1875	*Scleria setoso-asperula* Boeckeler	*Scleria brownii* Kunth	Cyperaceae
1882	*Acacia dietrichiana* F. Muell	***Acacia dietrichiana* F. Muell**	Fabaceae
1884	*Cyperus rotundus var. amaliae* C.B.Clarke	*Cyperus rotundus* L	Cyperaceae
1897	*Bonamia dietrichiana* Hallier f	***Bonamia dietrichiana* Hallier f**	Convolvulaceae
1915	*Cyperus haspan L.* var. *dietrichiae* Domin	*Cyperus haspan* L	Cyperaceae
1915	*Fuirena umbellata* var. *pilosa* Domin	*Fuirena umbellata* Rottb	Cyperaceae
1915	*Panicum brevifolium var. amaliae* Domin	*Digitaria ciliaris* (Retz) Koeler	Poacaee

(Fortsetzung)

Tab. A1 (Fortsetzung)

	Beschriebener Name	Akzeptierter Name (heute noch akzeptierte Namen fett)	Familie
1921	*Persoonia amaliae* Domin	***Persoonia amaliae* Domin**	Proteaceae
1921	*Polygonum dietrichiae* Domin	***Polygonum dietrichiae* Domin**	Polygonaceae
1925	*Crotalaria medicaginea* Lam. var. *australiensis* Domin	*Crotalaria medicaginea* var. *neglecta* (Wight & Arn.) Baker	Fabaceae
1925	*Psoralea dietrichiae* Domin	*Cullen australasicum* (Schltdl.) J.W.Grimes	Fabaceae
1925	*Hovea longifolia* R.Br. subvar. *planifolia* Domin	***Hovea planifolia* (Domin) J.H.Ross**	Fabaceae
1926	*Acacia amaliae* Domin	*Acacia oswaldii* F.Muell	Fabaceae
1926	*Acacia penninervis* DC. var. *longiracemosa* Domin	***Acacia penninervis* DC. var. *longiracemosa* Domin**	Fabaceae
1926	*Indigofera amaliae* Domin	*Indigofera polygaloides* M.B.Scott	Fabaceae
1926	*Rhynchosia minima* (L.) DC. var. *amallae* Domin	*Rhynchosia minima* (L.) DC	Fabaceae
1926	*Swainsona luteola* F.Muell. var. *dietrichiae* Domin	*Swainsona luteola* F.Muell	Fabaceae
1926	*Tephrosia brachyodon* Domin var. *retinervis* Domin	***Tephrosia brachyodon* Domin var. *retinervis* Domin**	Fabaceae
1926	*Tephrosia dietrichiae* Domin	***Tephrosia dietrichiae* Domin**	Fabaceae
1926	*Cryptocarya multicostata* Domin	*Cryptocarya hypospodia* F.Muell	Lauraceae
1926	*Cryptocarya triplinervis* var. *euryphylla* Domin	*Cryptocarya triplinervis* R.Br	Lauraceae
1927	*Cassine australis* var. *pedunculosa* Domin	*Elaeodendron australe* Vent	Celastraceae
1927	*Pagetia dietrichiae* Domin	*Bosistoa medicinalis* (F.Muell.) T.G.Hartley	Rutaceae
1927	*Stackhousia dietrichiae* Domin	*Stackhousia monogyna* Labill	Celastraceae
1927	*Tetrastigma nitens* (F.Muell.) Planch. var. *amaliae* Domin	*Tetrastigma nitens* (F.Muell.) Planch	Vitaceae
1927	*Plectronia coprosmoides* var. *spathulata* O.Schwarz	*Cyclophyllum coprosmoides* var. *spathulatum* (O.Schwarz) S.T.Reynolds & R.J.F.Hend	Rubiaceae

(Fortsetzung)

Tab. A1   (Fortsetzung)

	Beschriebener Name	Akzeptierter Name (heute noch akzeptierte Namen fett)	Familie
1927	*Cissus antarctica* Vent. var. *integerrima* Domin	*Cissus antarctica* Vent	Vitaceae
1927	*Cissus antarctica* Vent. var. *pubescens* Domin	*Cissus antarctica* Vent	Vitaceae
1927	*Mallotus claoxyloides* fo. *grossidentatus* Domin	*Mallotus ficifolius* (Baill.) Pax & K.Hoffm	Euphorbiaceae
1927	*Mallotus claoxyloides* var. *glabratus* Domin	*Mallotus claoxyloides* (F.Muell.) Müll.Arg	Euphorbiaceae
1927	*Euphorbia mitchelliana* Boiss. var. *dietrichiae* Domin	*Euphorbia mitchelliana* Boiss. var. *mitchelliana*	Euphorbiaceae
1928	*Hibiscus amaliae* Domin	***Hibiscus amaliae* Domin**	Malvaceae
1928	*Premna benthamiana* Domin	*Premna serratifolia* L	Lamiaceae
1928	*Sterculia australis* (Schott & Endl.) Druce var. *dietrichiae* Domin	*Brachychiton australis* (Schott & Endl.) A.Terracc	Malvaceae
1929	*Pseuderanthemum grandiflorum* (Benth.) Domin var. *longiflorum* Domin	*Pseuderanthemum grandiflorum* (Benth.) Domin	Acanthaceae
1929	*Solanum dietrichiae* Domin	*Solanum laxum* Spreng	Solanaceae
1936	*Cyperus pumilus* var. *nervulosus* Kük	***Cyperus nervulosus* (Kük.) S.T.Blake**	Cyperaceae
1952	*Helichrysum eriocephalum* J.H.Willis	***Ozothamnus eriocephalus* (J.H.Willis) Anderb**	Asteraceae
1982	*Rorippa dietrichiana* Hewson	***Rorippa dietrichiana* Hewson**	Brassicaceae
1999	*Echinochloa dietrichiana* P.W.Michael	***Echinochloa dietrichiana* P.W.Michael**	Poaceae
	Farne		
1873	*Asplenium dietrichianum* Luerss	***Diplazium dietrichianum* (Luerss.) C.Chr**	Aspleniaceae
1883	*Ophioglossum dietrichiae* Prantl	*Ophioglossum gramineum* Willd	Ophioglossaceae
	Braunalgen		
1874	*Amansia dietrichiana* Grunow	***Amansia dietrichiana* Grunow**	Phaeophyceae
1874	*Sargassum amaliae* Grunow	***Sargassum amaliae* Grunow**	Phaeophyceae
1874	*Sargassum godeffroyi* Grunow	***Sargassum godeffroyi* Grunow**	Phaeophyceae
1874	*Sargassum aciculare* Grunow	***Sargassum filifolium* var. *aciculare* (Grunow) Grunow**	Phaeophyceae

Tab. A2 Von Karel Domin neubeschriebene Arten und Varietäten[5]

Jahr	Taxon	Bibliotheca Botanica Heft	Faszikel	Seite
1915	*Panicum brevifolium* var. *amaliae* Domin	85	III	312
1915	*Cyperus haspan* L. var. *dietrichiae* Domin	85	IV	426
1915	*Fuirena umbellata* var. *pilosa* Domin	85	IV	467
1921	*Persoonia amaliae* Domin	89	I	28
1921	*Polygonum dietrichiae* Domin	89	I	59
1925	*Cryptocarya multicostata* Domin	89	II	121
1925	*Cryptocarya triplinervis* var. *euryphylla* Domin	89	II	122
1925	*Hovea longifolia* R.Br. subvar. *planifolia* Domin	89	II	175
1925	*Crotalaria medicaginea* Lam. var. *australiensis* Domin	89	II	180
1925	*Psoralea dietrichiae* Domin	89	II	184
1926	*Indigofera amaliae* Domin	89	III	188
1926	*Tephrosia dietrichiae* Domin	89	III	196
1926	*Tephrosia brachyodon* Domin var. *retinervis* Domin	89	III	198
1926	*Swainsona luteola* F.Muell. var. *dietrichiae* Domin	89	III	207
1926	*Rhynchosia minima* (L.) DC. var. *amaliae* Domin	89	III	229
1926	*Acacia amaliae* Domin	89	III	249
1926	*Acacia penninervis* DC. var. *longiracemosa* Domin	89	III	254

(Fortsetzung)

---

[5] Übersicht der von Karel Domin neubeschriebenen Arten und Varietäten aus der Sammlung von Amalie Dietrich in der Zeitschrift *Bibliotheca Botanica*.

Tab. A2   (Fortsetzung)

Jahr	Taxon	Bibliotheca Botanica Heft	Faszikel	Seite
1927	*Pagetia dietrichiae* Domin	89	IV	291
1927	*Euphorbia mitchelliana* Boiss. var. *dietrichiae* Domin	89	IV	307
1927	*Mallotus claoxyloides* fo. *grossidentatus* Domin	89	IV	334
1927	*Mallotus claoxyloides* var. *glabratus* Domin	89	IV	334
1927	*Cassine australis* var. *pedunculosa* Domin	89	IV	341
1927	*Stackhousia dietrichiae* Domin	89	IV	342
1927	*Cissus antarctica* Vent. var. *integerrima* Domin	89	IV	366
1927	*Cissus antarctica* Vent. var. *pubescens* Domin	89	IV	366
1927	*Tetrastigma nitens* (F.Muell.) Planch. var. *amaliae* Domin	89	IV	372
1928	*Hibiscus amaliae* Domin	89	V	404
1928	*Sterculia australis* (Schott & Endl.) Druce var. *dietrichiae* Domin	89	V	414
1928	*Premna benthamiana* Domin	89	VI	556
1929	*Solanum dietrichiae* Domin	89	VII	576
1929	*Pseuderanthemum grandiflorum* (Benth.) Domin var. *longiflorum* Domin	89	VII	608

Tab. A3 Neubeschriebene Laub- und Lebermoose[6]

Beschriebenes Taxon	Akzeptierter Name	Publikation
Laubmoose		
Aongstroemia dietrichiae Müll.Hal	***Dicranella dietrichiae* (Müll. Hal.) A.Jaeger**	Müller (1868)
Aongstroemia tricuris Müll.Hal	***Dicranella dietrichiae* (Müll. Hal.) A.Jaeger**	Müller (1868)
Barbula subcalycina Müll.Hal	***Barbula subcalycina* Müll.Hal**	Müller (1868)
Neckera scottiae Müll.Hal	*Papillaria flexicaulis* (Wilson) A.Jaeger	Müller (1868)
Hypnum chlorocladum Müll.Hal	*Camptochaete ramulosa* (Mitt.) A.Jaeger	Müller (1868)
Hypnum umbilicatum Müll.Hal	***Ectropothecium umbilicatum* (Müll.Hal.) Paris**	Müller (1868)
Hypnum candidum Müll.Hal	*Isopterygium albescens* (Hook.) A.Jaeger	Müller (1868)
Acaulon brisbanicum Müll.Hal	***Astomum brisbanicum* (Müll. Hal.) Broth**	Müller (1871)
Phascum perpusillum Müll.Hal	***Weissia perpusilla* (Müll.Hal.) I.G.Stone**	Müller (1871)
Ephemerum fimbriatum Müll.Hal	***Ephemerum fimbriatum* Müll. Hal**	Müller (1871)
Fissidens dietrichiae Müll.Hal	***Fissidens dietrichiae* Müll.Hal**	Müller (1871)
Physcomitrium brisbanicum Müll.Hal	***Physcomitrium brisbanicum* Müll.Hal**	Müller (1871)
Physcomitrium minutulum Müll.Hal	***Physcomitrium minutulum* Müll.Hal**	Müller (1871)
Bryum subatropurpureum Müll.Hal	*Gemmabryum coronatum* (Schwaegr.) J.R.Spence & H.P.Ramsay	Müller (1871)
Holomitrium dietrichiae Müll.Hal	***Holomitrium dietrichiae* Müll. Hal**	Müller (1871)

(Fortsetzung)

[6] Übersicht der neubeschriebenen Laub- und Lebermoose aus der Sammlung von Amalie Dietrich.

Tab. A3 (Fortsetzung)

Beschriebenes Taxon	Akzeptierter Name	Publikation
Bartramia pseudo-mollis Müll.Hal	*Philonotis tenuis* (Taylor) Reichardt	Müller (1871)
Macromitrium diaphanum Müll.Hal	*Macromitrium diaphanum* **Müll. Hal**	Müller (1871)
Macromitrium weisioides Müll.Hal	*Macromitrium weisioides* **Müll. Hal**	Müller (1871)
Macromitrium sordidevirens Müll. Hal	*Macromitrium aurescens* Hampe	Müller (1871)
Entodon mackaviensis Müll.Hal	*Entodon mackaviensis* **Müll.Hal**	Müller (1871)
Endotrichella dietrichiae Müll.Hal	*Garovaglia elegans* **ssp.** *dietrichiae* **(Müll.Hal.) During**	Müller (1871)
Hypnum austro-pusillum Müll.Hal	*Isopterygium austropusillum* **(Müll.Hal.) A.Jaeger**	Müller (1871)
Syrrhopodon fimbriatus Müll.Hal	*Syrrhopodon armatus* Mitt	Müller (1871)
Lebermoose		
Frullania dietrichiana Steph	*Frullania serrata* Gottsche ex Steph	Stephani (1910)

Literatur

ABRS = Australian Biological Resources Study. (Hrsg.). (1999). *Flora of Australia*. Bd. 1 Introduction (2. Aufl.). ABRS/CSIRO.

ABRS = Australian Biological Resources Study. (Hrsg.). (2006). *Flora of Australia*. Bd. 51 Mosses 1. ABRS/CSIRO.

Bentham, G. (1863–1878). *Flora Australiensis* (Bd. 1–7). Reeve.

Bieler, R., & Petit, R. E. (2012). Molluscan taxa in the publications of the Museum Godeffroy of Hamburg, with a discussion of the Godeffroy Sales Catalogs (1864–1884), the Journal des Museum Godeffroy (1873–1910), and a history of the museum. *Zootaxa, 3511*, 1–80.

Bischoff, C. (1977). *Amalie Dietrich. Ein Leben*. Evangelische Verlagsanstalt (Erstveröffentlichung 1909).

Böckeler, O. (1875). Ein Beitrag zur Kenntnis der Cyperaceen-Flora Neuholland's und einiger polynesischer Inseln. *Flora, 58*(6), 81–89, 107–112, 116–123.

Brown, R. (1810). *Prodromus Florae Novae Hollandiae et Insulae Van-Diemen*. Taylor.

Burmann, N. L. (1768). *Flora indica: Cui accedit series zoophytorum Indicorum nec non prodromus Florae Capensis*. Lugduni Batavorum (S. 241). Cornelium Haek.

Büsing, W. (1992). Johann Otto Böckeler. In H. Friedl, W. Günther, H. Günther-Arndt, & H. Schmidt (Hrsg.), *Biographisches Handbuch zur Geschichte des Landes Oldenburg* (S. 78–79). Oldenburg.

Dilling, G. (1907). Reichenbach, Heinrich Gustav. In Historische Commission bei der Königlichen Akademie der Wissenschaften (Hrsg.), *Allgemeine Deutsche Biographie* (S. 272–276). https://www.deutsche-biographie.de/pnd116398582.html#adbcontent. Zugegriffen: 4. Apr. 2020.

Domin, K. (1915a). Beiträge zur Flora und Pflanzengeographie Australiens. *Bibliotheca Botanica, 85*, Fasz (III), 241–400.

Domin, K. (1915b). Beiträge zur Flora und Pflanzengeographie Australiens. *Bibliotheca Botanica, 85*, Fasz. (IV), 401–554.

Domin, K. (1921). Beiträge zur Flora und Pflanzengeographie Australiens. *Bibliotheca Botanica, 89*, Fasz. (I), 1–90.

Domin, K. (1925). Beiträge zur Flora und Pflanzengeographie Australiens. *Bibliotheca Botanica, 89*, Fasz. (II), 91–187a.

Domin, K. (1926). Beiträge zur Flora und Pflanzengeographie Australiens. *Bibliotheca Botanica, 89*, Fasz. (III), 187b–286.

Domin, K. (1927). Beiträge zur Flora und Pflanzengeographie Australiens. *Bibliotheca Botanica, 89*, Fasz. (IV), 287–382 (Erstveröffentlichung 1926).

Domin, K. (1928a). Beiträge zur Flora und Pflanzengeographie Australiens. *Bibliotheca Botanica, 89*, Fasz. (V), 383–478.

Domin, K. (1928b). Beiträge zur Flora und Pflanzengeographie Australiens. *Bibliotheca Botanica, 89*, Fasz. (VI), 479–574.

Domin, K. (1929). Beiträge zur Flora und Pflanzengeographie Australiens. *Bibliotheca Botanica, 89*, Fasz. (VII), 575–646.

Fischer, E. (2015). Magnoliopsida (Angiosperms) p.p.: Subclass Magnoliidae [Amborellanae to Magnolianae, Lilianae p.p. (Acorales to Asparagales)]. In W. Frey (Hrsg.), *A. Engler's Syllabus of Plant Families – Syllabus der Pflanzenfamilien.* Bd. 4 Pinopsida (Gymnosperms), Magnoliopsida (Angiosperms) p.p. (13. Aufl., S. 111–495). Gebrüder Bornträger.

Frey, W., & Lösch, R. (2010). *Geobotanik – Pflanze und Vegetation in Raum und Zeit* (3. Aufl.). Spektrum Akademischer.

Grunow, A. (1874). Algen der Fidschi-, Tonga- und Samoa-Inseln, gesammelt von Dr. E. Graeffe. Erste Folge: Phaeosporeae, Fucoideae und Florideae. *Journal Des Museum Godeffroy, 3*, 23–50.

Grunow, A. (1916). Additamenta ad cognitionem Sargassorum. *Verhandlungen Der Kaiserlich-Königlichen Zoologisch-Botanischen Gesellschaft in Wien, 66*(1–48), 136–185.

Henderson, R. J. F. (1984). Bibliography of Karel Domin's Beiträge on Australian Plants. *Taxon, 33*(4), 673–679.

Hielscher, K., & Hücking, R. (2003). Die „Frau Naturforscherin" Amalie Dietrich (1821–1891). In K. Hielscher & R. Hücking (Hrsg.), *Pflanzenjäger in fernen Welten auf der Suche nach dem Paradies* (2. Aufl., S. 131–160). Piper.

Hücking, R. (2001). Amalie Dietrich, die „Frau Naturforscherin" (1821–1891). In J. Matthias (Hrsg.), *Grünes Gold. Abenteuer Pflanzenjagd. Sonderheft 35* (S. 77–90).

Luerssen, C. (1874). Zur Flora von Queensland: Verzeichniss der von Frau Amalie Dietrich in den Jahren 1863 bis 1873 an der Nordostküste von Neuholland gesammelten Pflanzen, nebst allgemeinen Notizen dazu. *Journal Des Museum Godeffroy, 6*, 1–22.

Luerssen, C. (1875). Zur Flora von Queensland: Verzeichniss der von Frau Amalie Dietrich in den Jahren 1863 bis 873 an der Nordostküste von Neuholland gesammelten Pflanzen, nebst allgemeinen Notizen dazu. *Journal Des Museum Godeffroy, 8*, 233–254.

Michael, P. W. (1999). *Echinochloa dietrichiana* (Poaceae: Panicoideae), a new species from Queensland and the Northern Territory. *Telopea, 8*(3), 403–404.

Müller, C. (1868). Beitrag zur ostaustralischen Moosflor. *Linnaea, 35*, 613–626.

Müller, C. (1871). Musci Australici praesertim Brisbanici novi. *Linnaea, 37*, 143–162.

von Mueller, F. (1882a). *Systematic Census of Australian Plants, with Chronologic, Literary and Geographic Annotations. Part 1 – Vasculares.* M'Carron.

von Mueller, F. (1882b). *Acacia dietrichiana. Southern Science Record, 2*, 149.

Orchard, A. E. (1999). A history of systematic botany in Australia. In Australian Biological Resources Study (Hrsg.), *Flora of Australia. Volume 1 Introduction* (2. Aufl., S. 11–103). ABRS/CSIRO.

Ramsay, H. (1984). Census of New South Wales mosses. *Telopea, 2*(5), 455–533.

Reichenbach, H. G. (1871). IV. Bemerkungen zu der Flora von Brisbane river. In *Beiträge zur Systematischen Pflanzenkunde* (S. 72–73). Meissner.

Schmeltz, J. D. E. (1866). *Neuholländische Pflanzen, gesammelt von Frau Amalie Dietrich am Brisbane River, Col. Queensland, im Auftrage der Herren Joh. Ces. Godeffroy & Sohn in Hamburg.* Museum Godeffroy Hamburg.

Schmeltz, J. D. E. (1867). Neuholländische Pflanzen, gesammelt von Frau Amalie Dietrich, am Brisbane River, Col. Queensland, im Auftrage der Heren J.C. Godeffroy u. Sohn in Hamburg. *Botanische Zeitung, 25*(4), 31.

Schmeltz, J. D. E. (1891). Explorations et explorateurs, nominations, necrologie. – Reisen und Reisende, Ernennungen, Necrologe. XVI. Amalie Dietrich. *Internationales Archiv für Ethnographie, 4*, 176.

Seppelt, R. (o. J.). Fissidens dietrichiae. *Australian Mosses Online.* http://www.anbg.gov.au/abrs/Mosses_online/images/000_Fissidens%20dietrichiae.jpg. Zugegriffen: 4. Juni 2020.

Stephani, F. (1910). *Species Hepaticarum 4. Acrogynae (Pars tertia).* Bâle Georg & Cie.

Sumner, R. (1988). Amalie Dietrich's Australian botanical collections. In U. Lüttge (Hrsg.), *Amalie Dietrich (1821–1881): German biologist in Australia; homage to Australia's bicentenary* (S. 1–50). Institut für Auslandbeziehungen.

Sumner, R. (1993). *A woman in the wilderness. The story of Amalie Dietrich in Australia.* New South Wales University Press.

Thiers, B. (2020). *Index Herbariorum.* http://sweetgum.nybg.org/science/ih/. Zugegriffen: 4. Mai 2020.

Toepffer, A. (1916). Christian Luerssen (Nachruf). *Berichte Der Bayerischen Botanischen Gesellschaft, 16*, 12–13.

Wikipedia. (2017). *Karl Johann August Müller.* https://de.wikipedia.org/wiki/Datei:Karl_Johann_August_M%C3%BCller.jpg. Zugegriffen: 22. Nov. 2020.

Wikipedia. (2020). *Karel Domin.* https://de.wikipedia.org/wiki/Karel_Domin. Zugegriffen: 22. Nov. 2020.

Amalie Dietrich und die Konstruktion von Wissenschaft in der Portraitliteratur

Amalie Dietrich and the Construction of Science in Portrait Literature

Ursula Engelfried-Rave

Zusammenfassung

Trotz der dürftigen Quellenlage wird Amalie Dietrich (1821–1891) in der Portraitliteratur als Naturforscherin, Entdeckerin, Botanikerin und Zoologin gewürdigt. So greifen auch populärwissenschaftliche Sammelwerke die Vita von Amalie Dietrich auf und stellen sie mit berühmten Persönlichkeiten der Wissenschaftsgeschichte vor. Dieser Beitrag geht den Fragen nach, welches Verständnis von Wissenschaft die Autorinnen der Portraits haben und welche Kriterien sie anlegen, um Amalie Dietrich als Wissenschaftlerin zu konstruieren. Zur Beantwortung der Fragen werden Portraits der Biologin und Museologin Ilse Jahn (1993), der Schriftstellerin Renate Feyl (2004), den Expeditionsspezialistinnen Milbry Polk und Mary Tiegreen (2001) und den Gartenkulturexpertinnen Kej Hielscher und Renate Hücking (2002) untersucht.

U. Engelfried-Rave (✉)
Koblenz, Deutschland
E-Mail: engelfried.rave@gmx.de

N. Hoffmann und W. Waburg (Hrsg.), *Eine Naturforscherin zwischen Fake, Fakt und Fiktion,* Frauen in Philosophie und Wissenschaft. Women Philosophers and Scientists, https://doi.org/10.1007/978-3-658-34144-2_6

Abstract

Despite a sparse body of sources, the portrait literature honors Amalie Dietrich (1821–1891) as a student of nature, discoverer, botanist, and zoologist. Popular science compilations embrace Dietrich's vita accordingly and present her alongside famous figures in the history of science. This contribution pursues the question of what understanding of science the authors of these portraits have and what criteria they apply to cast Dietrich as a scientist. To answer these questions, the article will examine the portraits of the biologist and museologist Ilse Jahn (1993), the novelist Renate Feyl (2004), the expedition specialists Milbry Polk and Mary Tiegreen (2001), and the horticulture experts Kej Hielscher and Renate Hücking (2002).

Schlüsselwörter

Biografieforschung · Bildungswissenschaft · Biologie · Botanik · Geografie · Soziologie · Wissenschaftsgeschichte · Genderforschung

Keywords

Life-Course Research · Educational Research · Biology · Botany · Geography · Sociology · History of Science · Gender Research

1   Einleitung

Das folgende Zitat findet sich in einem Brief, den der Reeder und Kaufmann Johann Cesar Godeffroy, mit Beinamen „König der Südsee", an seine Angestellte Amalie Dietrich richtet.

> „[…] Sie scheinen dort recht fleißig zu sein und viel zu sammeln, was uns große Freude macht und sehen wir verlangend Ihren Sendungen entgegen […]."

Der Brief ist auf den 31. Dezember 1868 datiert und befindet sich als einer der wenigen Originale, die den Briefwechsel von Godeffroy mit Amalie Dietrich (1821–1891) dokumentieren, im Heimatmuseum der Gemeinde Siebenlehn in Sachsen. Amalie Dietrich war zu dieser Zeit als Feldforscherin in Australien tätig und schickte regelmäßig Pflanzen- und Tierpräparate sowie aufgefundene Artefakte für das Museum Godeffroy nach Hamburg. Das Zitat belegt den Fleiß und die rege Sammeltätigkeit von Amalie Dietrich, die Anerkennung ihres Arbeitgebers und die Begierde, mit der er neues Material erwartete.

Tatsächlich hat Amalie Dietrich eine beachtliche Sammlung an Exponaten nach Hamburg verschifft, die dort bei Godeffroy und der botanischen und zoologischen Fachwelt Aufmerksamkeit erregten. Leider gingen große Teile ihrer Sammlung durch den Bankrott des Handelshauses Godeffroy und in den Wirren der beiden Weltkriege verloren. Auch gibt es von Amalie Dietrich keine Aufzeichnungen ihrer Feldforschungen oder eine wissenschaftliche Abhandlung über die Entdeckungen. Als Quellenmaterial stehen die Publikationen der Tochter Charitas *Amalie Dietrich. Ein Leben* (Bischoff, 1979 [1909]) und *Bilder aus meinem Leben* (Bischoff, 2014 [1912]) zur Verfügung. Diese Biografie über Amalie Dietrich enthält auch einen Briefwechsel mit der Tochter, welcher während ihrer zehnjährigen Forschungszeit in Australien stattgefunden haben soll. Wie Recherchen der australischen Historikerin Ray Sumner (2019) ergeben haben, ist der Briefwechsel aber weitgehend fiktional gehalten.

Trotz der dürftigen Quellenlage zu Amalie Dietrich wird sie in Lexika und in der Portraitliteratur als Naturforscherin, Entdeckerin, Botanikerin und Zoologin gewürdigt und ihre Tätigkeiten als wissenschaftlich gedeutet. Auch aktuelle populärwissenschaftliche Sammelwerke, die Naturforscher und Naturforscherinnen vorstellen, greifen die Vita von Amalie Dietrich auf und reihen sie in andere berühmte bzw. herausragende Persönlichkeiten der Wissenschaftsgeschichte ein. Amalie Dietrich besuchte lediglich die Volksschule und erhielt zwar durch ihren Ehemann, den Apothekergehilfen und Naturforscher Wilhelm August Salomo Dietrich, eine systematische Einführung in die Botanik, sie war aber weitgehend eine zielstrebige und wissbegierige Autodidaktin. Höhere Bildung und ein Studium ihres Interessengebiets waren ihr als Frau in der damaligen Zeit verwehrt.

Dieser Aufsatz geht nun der Frage nach, welches Verständnis von Wissenschaft die Autorinnen der Portraits von Amalie Dietrich haben und welche Kriterien sie anlegen, um Amalie Dietrich als Wissenschaftlerin zu konstruieren. Dazu gehört auch die Frage, was die Tätigkeit einer Wissenschaftlerin von der einer begnadeten „Handwerkerin" unterscheidet.

Zur Beantwortung dieser Fragen werden vier Portraits von Amalie Dietrich untersucht. Diese Portraits finden sich in Sammelbänden, welche von der Biologin und Museologin Ilse Jahn (1993), der Schriftstellerin Renate Feyl (2004), den Expeditionsspezialistinnen Milbry Polk und Mary Tiegreen (2001) sowie den Gartenkulturexpertinnen Kej Hielscher und Renate Hücking (2002) verfasst wurden.

Der Aufsatz baut sich wie folgt auf: In Kap. 1 wird die Portraitliteratur als Gattung und Textsorte vorgestellt und anschließend werden die Analysemethoden erläutert. Die Beschreibung und Analyse des Portraits erfolgt in Kap. 3. Die Konstruktion von Wissenschaft wird dann unter den Aspekten „Sammeln" mit dem Begriff des Sammlers nach Alois Hahn (2017) und „Forschen/Wissenschaft betreiben" nach dem Wissenschaftsbegriff von Max Weber (1995) analysiert. Abschließend wird die Standortgebundenheit von Wissenschaft in Beziehung zu den Portraits über Amalie Dietrich reflektiert.

2 Portraitliteratur als Gattung und Textsorte

Der vorliegende Beitrag untersucht Portraits von Amalie Dietrich, die für populärwissenschaftliche Sammelbände und Sachbücher erstellt wurden. In diesem Genre findet sich Amalie Dietrich vereint mit anderen herausragenden Persönlichkeiten der Geschichte und Gegenwart, deren Leistungen vorgestellt und gewürdigt werden.

Bei derartigen Portraits handelt es sich um eine Textsorte, die sich der literarischen Gattung der Biografien zuordnen lässt. Neben den Biografien, die in ausführlicher Form das Leben einer Person nacherzählen und interpretieren, gibt es auch Kleinformen wie den Essay oder die journalistische Form der Charakteristik, welche in komprimierter und fokussierter Form auf das Leben einer Person blicken (vgl. Lamping, 2009, S. 65). Gemeinsam ist diesen kurzen biografischen Darstellungen über Amalie Dietrich, dass sie eine gemeinsame Quelle haben, nämlich die Lebensbeschreibung aus der Feder ihrer Tochter Charitas. Hielscher und Hücking äußern sich zum Werk der Tochter und der Darstellung von Amalie Dietrich wie folgt:

> „Deren Heldin [Amalie Dietrich] erlebt nicht nur aufregende Abenteuer, sondern ist auch Vorbild, indem sie sich allen Hindernissen zum Trotz aus kleinsten Verhältnissen zur angesehenen Forscherin hocharbeitet, weil sie ehrgeizig, mutig und hart gegen sich selbst ist und schmerzhafte Opfer bringt, um ihr Ziel zu erreichen." (Hielscher und Hücking, 2002, S. 147)

Diese Kombination von Spannung und Vorbildfunktion findet dann auch Nachahmerinnen, so zum Beispiel im Jugendbuch „Die Frau aus Siebenlehn" von Gertraud Enderlein (1955), das erstmals 1937 erschienen ist. Das Leben von

Amalie Dietrich greift auch der Roman von Annette Dutton (2015) mit dem Titel „Das Geheimnis jenes Tages" auf[1].

Ob nun Charitas Bischoff eher einen historischen Roman über ihre Mutter verfasst hat oder ob ihr Werk noch eine Biografie oder eine Mischform aus Roman und Biografie darstellt, mag an anderer Stelle entschieden werden. Aber die sogenannten „australischen Briefe", welche zwischen Mutter und Tochter wechselten, wurden aufgrund ihrer botanischen Fehlinformationen und der großen Ähnlichkeit mit dem populärwissenschaftlichen Buch „Unter Menschenfressern" des norwegischen Zoologen und Ethnologen Carl Sophus Lumholz (1851–1922) von der australischen Historikerin Ray Sumner als Fiktion nachgewiesen (vgl. Hielscher und Hücking, 2002, S. 146). Fakt wiederum ist, dass die Lebensbeschreibung von Amalie Dietrich durch die Tochter Charitas Bischoff die Hauptquelle der untersuchten Portraits bildet.

Von weiterem Interesse für die Fragestellung nach der Konstruktion von Wissenschaft ist die Funktion von Biografien mit ihren zahlreichen Ausformungen. Nach dem „Handbuch der literarischen Gattungen" ist die Biografie „vorrangig eine operationale bzw. didaktische Literaturform, die z. B. ethischen, politischen, religiösen oder pädagogischen Interessen verpflichtet ist" (Lamping, 2009, S. 67). Die Autor*innen von Biografien sind also bestimmten Wertvorstellungen, Ideologien, Weltanschauungen, Normsystemen oder sonstigen Interessen verpflichtet. Auch bei den Kurzportraits in den Sammelbänden ist deshalb zu fragen, welche gesellschaftlichen Bedürfnisse bedient werden, aber auch, welche Problematik behandelt oder eben auch verdrängt wird (vgl. ebd., S. 67). Weiter ist zu beachten, welcher Anlass zum Abfassen einer Biografie geführt hat. Das können bestimmte Jubiläen, Gedenktage, aber auch gesellschaftliche Diskurse sein, welche die dargestellte Person betreffen. Das außergewöhnliche Leben von Amalie Dietrich eignet sich deshalb auch in besonderer Weise für die Darstellung in Sammelbänden, die sich um Themen wie ‚Frauen als Pionierinnen in der Wissenschaft' oder um das Spannungsfeld ‚Frausein in Wissenschaft, Beruf und Familie' drehen. Für die Lesenden werden in den vorgestellten Personen dann Identifikationsmuster angeboten, um sich an zeitgeschichtlichen Diskursen abzuarbeiten oder Legitimationen für spezifische Handlungsweisen und Interessen herzustellen.

---

[1] Siehe zur Auseinandersetzung mit dem Roman von Dutton den Betrag von Thorsten Fuchs in diesem Band.

3   Amalie Dietrich in der Portraitliteratur

Wie sind nun die vorliegenden Portraits als Quellen für eine wissenschaftliche Untersuchung einzuordnen? Für die wissenschaftliche Arbeit mit den vielfältigen Arten von Dokumenten schlägt Nicole Hoffmann (2018) in ihrer Monografie zur „Dokumentenanalyse in der Bildungs- und Sozialforschung" folgende Arbeitsdefinition vor:

> „Dokumente können als unabhängig von der jeweils eigenen Forschung bereits vorfindliche Objektivationen menschlicher Praxis verstanden werden, deren wissenschaftliche Stellung auf ihrer regelgeleiteten Erfassbarkeit wie Bearbeitbarkeit als Bedeutungsträger beruht, wobei sie in wechselseitiger Verbindung zwischen ihrer historisch-kulturellen Situiertheit und ihrer prozesshaften Eigendynamik sowie dem spezifischen Forschungsinteresse interpretiert werden." (ebd., S. 118)

Die Lebensbeschreibungen über Amalie Dietrich aus den vorliegenden Portraitsammlungen sind verschriftliche Deutungen des Lebens von Amalie Dietrich und insofern als Dokumente für eine wissenschaftliche Analyse geeignet. In dieser Untersuchung gilt es, dem mehr oder weniger impliziten Wissenschaftsbegriff und der Auffassung von Wissenschaftspraxis der Autorinnen auf die Spur zu kommen und ihre Konstruktion von Wissenschaft herauszuarbeiten.

Die Sichtung der deutschsprachigen Literatur, welche Amalie Dietrich portraitiert, ergibt fünf Sammelwerke, die sich allerdings hinsichtlich ihrer Schwerpunktsetzung unterscheiden. Gemeinsam ist ihnen die Darstellung von Amalie Dietrich als Forscherin und Wissenschaftlerin und die Verwendung der Biografie, welche von ihrer Tochter Charitas Bischoff erstellt wurde. Um die Vergleichbarkeit der Portraits zu gewährleisten, wurde ein Analyseraster entwickelt, das die Autoren und Herausgeberschaft, die Intention des jeweiligen Sammelbands, die Akzentsetzung der Portraits, die Sichtweise auf Wissenschaft sowie die Würdigung von Amalie Dietrich in den Blick nimmt. Die Betrachtung der Autoren und Herausgeberschaft gibt Hinweise auf das Wissenschaftsinteresse an Amalie Dietrich und die Intention der jeweiligen Publikation. Die Akzentsetzung der Portraits umfasst die Gewichtung der Daten, die über Amalie Dietrich bekannt sind, Attribuierungen, mit denen die Person Amalie Dietrich bedacht wird, die Sichtweise auf Wissenschaft, welche sich an bestimmten normativen Vorgaben für Wissenschaftlichkeit orientieren, und die Art und Weise, in der Amalie Dietrich gewürdigt wird.

Nachfolgend werden nun die Ergebnisse der Analysen der Portraitliteratur vorgestellt.

3.1   Wissenschaftliche Perspektive: Ilse Jahn

Der Aufsatz von Ilse Jahn befindet sich im Sammelband „Portraits schöpferischer Frauen aus Mitteldeutschland", welcher 1993 von der Stiftung Mitteldeutscher Kulturrat in der Reihe „Aus Deutschlands Mitte" herausgegeben wurde. Das Anliegen der Stiftung ist es, die mitteldeutsche Kultur in der Öffentlichkeit zu repräsentieren und das „Bewusstsein einer unteilbaren deutschen Kultur" (Haase und Kieser, 1993, S. 9) vor und nach der Wiedervereinigung zu fördern. In diesem Kontext ist auch der Sammelband „Portraits schöpferischer Frauen aus Mitteldeutschland" zu sehen, in dem Frauen versammelt sind, die sich durch „Mut, Können und Phantasie" auszeichnen und Außergewöhnliches geleistet haben (vgl. ebd., S. 11). Diese Frauen sollen in dem Band gewürdigt werden und ihr Vorbild „einen geistig-kulturellen Beitrag zum Zusammenwachsen unseres Volkes leisten" (ebd., S. 11). Amalie Dietrich findet sich unter 16 Frauen, welche als Mystikerinnen, Unternehmerinnen, Künstlerinnen, Schauspielerinnen, Musikerinnen, Ärztinnen, Wissenschaftlerinnen sowie Politikerinnen wirkten. Ihr sind zwölf Seiten innerhalb des Sammelbands gewidmet.

Jahn, die Autorin des Aufsatzes über Amalie Dietrich, lebte von 1922 bis 2010 und war deutsche Biologin und Museologin. Zu ihren Hauptarbeitsgebieten gehört die Geschichte der Biologie. Jahn stellt Amalie Dietrich als Botanikerin und Forschungsreisende vor. Als Quellen für ihr Portrait dienen ihr die Werke von Charitas Bischoff, der Tochter von Amalie Dietrich, eine weitere Biographie von Gertraud Enderlein, sowie ihre eigene Dissertation über die Geschichte der Botanik in Jena und die Dissertation von Hannelore Landsberg über die Bedeutung von Forschungsreisen nach Australien für die Zoologie des 19. Jahrhunderts.

Inhaltlich geht Jahn vor allem der Entwicklung von Amalie Dietrich zur „Naturforscherin" (Jahn, 1993, S. 113–123) nach. Die Entwicklung von der kräuterkundigen Laiin zur Naturforscherin gliedert sich in drei Phasen:

1. Phase: Entwicklung zur Botanikerin
2. Phase: Gehilfin des Mannes und Mutterschaft
3. Phase: Amalie Dietrichs Weg zur Naturforscherin

In der ersten Phase stellt Jahn den Kontrast zwischen der Kräuterkunde, welche die Mutter von Amalie an die Tochter tradiert hat, und der systematischen Unterweisung her, welche Amalie durch ihren Mann Wilhelm Dietrich erhielt. Dazu gehören das fachgerechte Sammeln und Präparieren von Pflanzen und das

Anlegen von Herbarien. Auch die Einführung in das Netzwerk von Botanikern und Kunden und das Führen von Fach- und Verkaufsgesprächen gehören in diese Phase. Kennzeichnend für diese Phase ist, dass Amalie Dietrich die „perfekte Gehilfin" (ebd., S. 114) ihres Mannes wird. Die zweite Phase in Amalie Dietrichs Forscherleben ist einerseits geprägt von der Vertiefung und Perfektionierung ihres botanischen Wissens, andererseits vom Konflikt zwischen ihrer Berufung als Botanikerin und ihren Aufgaben als Hausfrau und Mutter. Die daraus entstehende Entfremdung und Trennung der Ehepartner trägt dann zur weiteren Emanzipation von Amalie Dietrich bei. Dies zeigt sich nach Sichtweise der Autorin in eigenständig geplanten und durchgeführte Sammlungs- und Forschungsreisen. Die dritte Phase ihres Forscherlebens ist davon gekennzeichnet, dass Amalie Dietrich den Lebensunterhalt für sich und ihre Tochter allein bestreitet. Ihre gute Reputation als Botanikerin verhilft ihr schließlich zu einem Forschungsauftrag und einer Expedition nach Australien sowie einer Festanstellung im Hause Godeffroy. Amalie Dietrichs Leben ist – nach der Interpretation von Jahn – von einem „permanenten Konflikt" zwischen ihrer „engagierten Naturforschung" und „der Fürsorge für ihr einziges Kind Charitas" (ebd., S. 117) geprägt. Wie ein roter Faden durchzieht dieser Konflikt den Aufsatz von Jahn. Eine Lösung aus dieser Dilemma-Situation ergibt sich – nach Jahn – durch die Festanstellung im Handelshaus Godeffroy. Das gesicherte Einkommen ermöglicht es Amalie Dietrich, für die Tochter Charitas eine gute Schul und Ausbildung zu gewährleisten und zugleich ihrem „Erkenntnisdrang eines Naturforschers" (ebd., S. 120) nachzugehen.

Wie sieht nun die Konstruktion von Wissenschaft bei Jahn aus? Jahn bezeichnet Amalie Dietrich als Botanikerin und Naturforscherin und nimmt damit eine Einordung in eine bestimmte Wissenschaftsdisziplin vor. Diese Einordnung bedarf jedoch einer Begründung, da Amalie Dietrich weder eine höhere Schulbildung erhalten noch ein Universitätsstudium absolviert hat. Zunächst sind es die „Lernbegierde" und der „Wissensdrang", mit welchem Amalie Dietrich das in der Volksschule vermittelte Wissen erweitert. Auch in der Systematisierung ihrer botanischen Kenntnisse und der Optimierung ihrer Fertigkeiten beim Präparieren des gesammelten Pflanzenmaterials zeigt sich – nach Jahn – die wissenschaftliche Ausrichtung ihres Lernprozesses. Doch welche Eigenschaften unterscheiden Amalie nun von einer guten Handwerkerin, die sich auf das Anfertigen von pflanzlichen und tierischen Präparaten versteht? Jahn verweist in diesem Zusammenhang auf Godeffroys Äußerungen über „das bemerkenswerte Verständnis fürs Sammeln und Präparieren" von Amalie Dietrich. Sie argumentiert mit Rekurs auf die Äußerungen Godeffroys:

„Dass sich dahinter nicht nur Fleiß, Ausdauer und technische Fertigkeiten verbargen, wußte jeder Forschungsreisende. Die Sammelinstruktionen aus Hamburg enthielten nur knappe Angaben über gewünschte Objekte und ihre Präparationsform. Nur derjenige konnte es umsetzen, der mit Lebensweise, Organisationsformen und Entwicklungszyklen sowie der Anatomie der Tiere vertraut war und aus schon Bekanntem auf noch Unbekanntes zu schließen vermochte." (ebd., S. 121)

Amalie Dietrich ist nach Ansicht von Jahn eben nicht nur Ausführende der Arbeitsaufträge Godeffroys, sondern ihre Forschungs- und Expeditionstätigkeit erfordert ein vertieftes Wissen um naturwissenschaftliche Zusammenhänge aber auch logistische Erfahrung beim Planen und Durchführen der Feldarbeit. Dieses Schlüsselzitat verdeutlicht Jahns Auffassung von Wissenschaftlichkeit. Es ist die Fähigkeit zum Wissenstransfer, welche den Unterschied zwischen einer guten Handwerkerin und einer Wissenschaftlerin ausmacht. Die systematisch erworbenen Erkenntnisse aus der Botanik ermöglichen es Amalie Dietrich auch – so die Argumentation Jahns –, ein neues Wissensgebiet, nämlich nicht nur die australische Flora, sondern auch die australische Fauna zu erforschen.

3.2   Literarische Perspektive: Renate Feyl

Renate Feyl ist 1944 geboren und in Jena aufgewachsen. Nach ihrem Studium der Philosophie an der Humboldt Universität ist sie als freie Schriftstellerin tätig. Sie widmet sich in ihren Romanen und Biografien außergewöhnlichen historischen Frauengestalten und ihren Emanzipationsbestrebungen. Es geht ihr um die Darstellung von Frauen, die jenseits gesellschaftlicher Reglementierung und zugewiesener Rollen ein eigenständiges und selbstbestimmtes Leben führen. In ihrem Buch „Der lautlose Aufbruch", welches 1994 erschien, portraitiert sie elf Frauen, die den Weg in die Wissenschaft wagten. Sie widmet Amalie Dietrich 22 Seiten in ihrem Werk. Nach den Deutungen der Autorin verbinden die von ihr portraitierten Frauen folgende Eigenschaften und Verhaltensweisen:

„Ohne attackierende Forderungen, ohne fanatisches Eifern, ohne draufgängerischen Ehrgeiz, eher lautlos und aus der Stille heraus bahnen sich die Frauen weltweit den Weg in die Wissenschaft." (Feyl, 2004, S. 9)

Mit dieser Perspektive auf die dargestellten Wissenschaftlerinnen verweist Feyl auch auf ihren eigenen programmatischen Rahmen. Es sind ihrer Ansicht nach keine radikalen Feministinnen, die den Weg in die Wissenschaft gehen. Dieser erfolge eher schleichend und von der Öffentlichkeit unbemerkt, was Feyl dazu motiviert, die portraitierten Frauen aus ihrem Schattendasein ins Licht zu holen, um die Perspektive in einem von Männern dominierten Professionsbereich auf die wissenschaftlichen Leistungen von Frauen zu lenken.

Das Portrait von Feyl über Amalie Dietrich wird 2009 in den Sammelband von Gudrun Fischer mit dem Titel „Darwins Schwestern. Portraits von Naturforscherinnen und Biologinnen" aufgenommen. Fischer ist Biologin, arbeitet als Journalistin und stellt als Herausgeberin von „Darwins Schwestern" eine Auswahl an Naturforscherinnen und Biologinnen der Geschichte bis in die Jetztzeit vor. Maria Sibylla Merian und Amalie Dietrich erscheinen unter dem Kapitel „Pionierinnen". Die in diesem Buch portraitierten Biologinnen werden als „Darwins Schwestern im Geist" vorgestellt und als „abenteuerlustig, neugierig, ausdauernd, intelligent und innovativ" (Fischer, 2009, S. 9) charakterisiert. Trotz des unterschiedlichen Rahmens, den beide Autorinnen verwenden, zeigt sich auch bei Fischer die Intention, Wissenschaftlerinnen mit ihren Biografien und Leistungen ins Bewusstsein der Öffentlichkeit zu rücken.

Doch wie zeichnet Feyl das Portrait von Amalie Dietrich? Was ist ihr wichtig, wie deutet sie das sekundäre Datenmaterial über ihre Protagonistin? Die Entwicklung von Amalie Dietrich zur eigenständigen Forscherin ist auch bei Feyl ein wichtiger Erzählstrang. Jedoch ist es bei ihr ein Kampf gegen die Widrigkeiten des Alltags, wie die Organisation des Haushalts, die Kindererziehung und die desolaten ökonomischen Verhältnisse im Hause Dietrich. Auch der Konflikt zwischen ihrer beruflichen Tätigkeit und ihren Familienpflichten wird von Feyl mehrfach verdeutlicht:

> „Ihr beruflicher Ehrgeiz geht zusehends in einen Arbeitsegoismus über, der sie unweigerlich in einen inneren Konflikt stürzt: immer quält sie der Vorwurf, in ihrem Kind die Bürde, aber in ihrer Arbeit das Glück zu sehen. Dieses Schuldgefühl gegenüber ihrer Familie, die sich von ihr vernachlässigt und verlassen glaubt, liegt über ihrem beruflichen Weg wie ein lästiger dunkler Schatten, begleitet und verfolgt sie." (Feyl, 2004, S. 134)

Feyl richtet ihre Perspektive auf diesen Grundkonflikt, welcher das Leben von Amalie Dietrich durchzieht, nämlich ihre Tätigkeit als Botanikerin mit den Pflichten als Mutter in Einklang zu bringen. Die Entscheidung, ihr Leben der Botanik zu widmen, fällt dann in Bukarest. So bricht sie einen Aufenthalt in Bukarest bei ihrem Bruder ab, der ihr ein zumindest von Geldsorgen befreites Leben verheißt, und kehrt nach Siebenlehn zurück. Sie lebt dort zunächst mit ihrer Tochter in Armut, doch sie kann ihrer Berufung als Botanikerin nachgehen, wie Feyl diese radikale Entscheidung deutet (vgl. ebd., S. 136).

Auffällig ist die Kontrastierung, die Feyl zwischen Amalie Dietrich und ihrem Gatten vornimmt. Während sich Amalie immer tiefer in die Wissenschafts-systematik der Botanik einarbeitet, Präparationstechniken verbessert, ausgiebige Feldforschung betreibt und mit angesehenen Botanikern wissenschaftliche Fachgespräche führt, wird der Ehemann in Feyls Erzählung immer blasser und scheitert schließlich auch als Privatgelehrter. Auch hier erfolgt nach Feyl ein radikaler Schritt, sie trennt sich von ihrem Mann und betrachtet ihn „nur noch als Kollegen" (ebd., S. 136).

Breiten Raum nimmt in diesem Portrait die Charakterisierung von Amalie Dietrich als Wissenschaftlerin ein. Als Ausgangspunkt ihrer Charakteristik ver-wendet Feyl ein Zitat Carl von Linné:

> „Wenn irgendeine Wissenschaft, die ihren Vertreter auszeichnen soll, den Mut und den Enthusiasmus und das Ertragen von Mühe und Beschwerlichkeiten erfordert, so ist es die Botanik." (zit. n. Feyl, 2004, S. 134)

Mut und Enthusiasmus sowie das Ertragen von Mühe und Beschwerlichkeiten sind die Schlüsselbegriffe, die Amalie Dietrichs Leben als Wissenschaftlerin charakterisieren und in Feyls Würdigung betont werden:

> „So schwer der Tragekorb auch wiegt, so groß die Mühen dieser Fußwanderungen für Amalie Dietrich auch sind, so erwächst doch aus dem ständigen Aufenthalt in der Natur jener Fundus einer sinnlichen Anschauung, der für eine wissenschaftliche Betrachtung unabdingbar ist. Hier, fernab der aus Denkkategorien gedrechselten Elfenbeintürme, in denen so mancher Gelehrte seine behagliche Herberge gefunden hat, beschreitet sie den gleichen Weg in die Wissenschaft der Botanik, den Jahre vor ihr Wolfgang von Goethe, der von vielen verkannte Naturforscher, gegangen ist." (ebd., S. 136)

Die Hervorhebung von Amalie Dietrich als engagierte Feldforscherin wird mit der Abwertung von Gelehrten im „gedrechselten Elfenbeinturm" (ebd., S. 136) deut-lich. Es ist die „sinnliche Anschauung", welche die Zusammenhänge in der Natur verdeutlicht, aber diese kann eben nur in der Feldforschung praktiziert werden (vgl. ebd., S. 136). Damit steht Amalie Dietrich in einer Reihe mit zahlreichen männ-lichen Naturforschern – wie Feyl festhält –, um dann das Besondere der wissen-schaftlichen Wander- und Reisetätigkeit bei Amalie Dietrich herauszustellen:

> „Ungewöhnlich an diesen Fußmärschen der Amalie Dietrich ist nur, daß eine Frau diese kühnen Unternehmen, diese Strapaze und Tortur auf sich nimmt. Eine Frau – und noch dazu allein. Furchtlos, zäh, entschlossen. Eine pflanzensammelnde Ego-zentrikerin. Eine Wissenschaftsfanatikerin." (ebd., S. 139)

Feyl bestätigt an dieser Stelle nochmals das Zitat von Carl von Linné, dass ein Botaniker sowohl „leidensfähig" wie „enthusiastisch" sein sollte (ebd., S. 134). Sie greift aber auch das Stereotyp vom ‚schwachen Geschlecht' auf und hält diesem die Robustheit von Amalie Dietrich entgegen. Feyl geht in der Charakterisierung von Amalie Dietrich aber noch weiter und bezeichnet sie als „egozentrisch" und „fanatisch" (ebd., S. 139). Damit entspricht Amalie Dietrich in keiner Weise dem bürgerlichen Frauenideal des 19. Jahrhunderts mit seinen normativen Rollenzuschreibungen einer ‚züchtigen Hausfrau und Mutter'.

Die Sammeltätigkeit von Amalie Dietrich bewertet Feyl als wissenschaftliche Tätigkeit, die auch bei Fachgelehrten Bestätigung findet:

> „‚Frau Naturforscherin' wird sie genannt und damit die Leistung des Sammelns gewürdigt. Denn Sammeln, wie sie sie betreibt, ist ja nicht ein wahlloses Zusammentragen und keine der Mode verfallene ‚Artenjägerei', sondern ein zielgerichtetes methodisches Suchen; ist Voraussetzung für eine wissenschaftliche Pflanzenkunde, ist Wissenschaft selbst." (ebd., S. 139)

Feyl stellt heraus, dass das ‚Pflanzen sammeln' in der Mitte des 19. Jahrhunderts die „Hauptaufgabe" der Botanik und der „Ausgangspunkt für wissenschaftliche Einzelerkenntnisse" (ebd., S. 140) ist. Die botanische Sammeltätigkeit schafft die „empirische Basis" für weitere wissenschaftliche Forschung und ist für Feyl Teil der wissenschaftlichen Arbeitsteilung und eben nicht nur Zuarbeit (vgl. ebd., S. 140).

Auffällig sind allerdings auch die Attributierungen von Amalie Dietrich als „Wissenschaftsfanatikerin" und „Egozentrikerin" (ebd., S. 139). Feyl konstruiert hier einen Typus der ‚totalen Wissenschaftlerin', die ihrer wissenschaftlichen Betätigung alle Lebensbereiche und sozialen Beziehungen unterordnet und den einmal eingeschlagenen Weg konsequent geht.

3.3 Perspektive Entdeckung: Milbry Polk und Mary Tiegreen

Die Fotojournalistin Milbry Polk und die Schriftstellerin Mary Tiegreen (2001), beides US-Amerikanerinnen, präsentieren Kurzportraits von Frauen unter dem Titel „Frauen erkunden die Welt – entdecken, forschen, berichten". Für Mary Tiegreen, eine Sachbuch- und Ratgeberautorin, ist die Welt der Wissenschaft, des Forschens und Entdeckens Neuland. Milbry Polk verfügt über viel Expeditionserfahrung und ihre Intention ist es, weibliche Entdeckerinnen, deren Leistungen häufig vergessen oder abgewertet werden, aus dem Schattendasein zu holen. „Warum waren die Entdecker immer Männer" (Polk und Tiegreen, 2014, S. 16), ist eine Frage, die Polk schon seit ihrer Jugend beschäftigt. In der Schule – so Polk – wurden zum Thema „Zeitalter der Entdeckungen" Männer wie Kolumbus, Vasco da Gama, Magellan oder Captain Cook vorgestellt, deren Entdeckungen „auch oft ein Synonym für Eroberung, Ausbeutung, Raub und Vergewaltigung" (ebd., S. 19) gewesen sind. Diese Art von Entdeckung lehnt Polk ab und stellt an sich den Anspruch: „Doch bevor ich die Leistung anderer Entdecker würdigen konnte, musste ich in Sachen Entdeckung in die Lehre gehen" (ebd., S. 18). In ihren zahlreichen Expeditionen, die sie in Wüsten, an den Polarkreis oder auf Ozeane führen, kommt sie auch zu einer neuen Definition des Entdeckens:

> „Die erste Lehre am Ende dieser Reise war, dass Entdecken nicht einfach nur Reisen bedeutet. Es ist ein Prozess, der ein Leben lang währen kann und, so glaube ich, auch sollte. Die zweite Lehre: Eine Entdeckungsreise kann überall stattfinden – in der Wüste, im Dschungel, in der Bücherei oder dem Labor. Denn was auch immer das Ziel sein mag, der Prozess ist die Entdeckung des eigenen Selbst. Auf meinen Reisen stellte ich mich meinen Ängsten, erprobte Stärken, lotete meine Leistungsfähigkeit aus und entfaltete meine Träume." (ebd., S. 18)

Entdecken ist für Polk das Aufbrechen in ein unbekanntes Terrain, das nicht nur in der Natur, sondern genauso im Labor oder der Lektüre eines Buches stattfinden kann, und es ist ein Prozess, der beim entdeckenden Subjekt auch Selbsterkenntnis bewirkt. Mit dem Entdecken geht für sie aber auch das Erforschen einher. Erforschen ist für sie ein „innerer und äußerer Vorgang", der mit der „Mehrung des Wissens und Erfahrung" (ebd., S. 19) zu tun hat. Eine Person, die etwas entdeckt hat, wächst sozusagen an ihrer Entdeckung. Diese Sichtweise auf Entdeckung und Erforschung unterscheidet sich von der männlich konnotierten Auffassung der Entdeckung als Eroberung. Entdeckung ist für Polk mit Erkenntnisgewinn verbunden, und so werden in der Sammlung von 84 Kurzportraits nicht nur außergewöhnliche Reisen oder geografische Entdeckungen von Frauen vorgestellt, sondern auch Wissenschaftlerinnen, Künstlerinnen und Frauen, die an „die Grenze ihrer Leistungsfähigkeit gingen" (ebd., S. 11). Amalie Dietrich führt die Gruppe der Wissenschaftlerinnen an. Ihr werden in dem Buch vier Seiten gewidmet. Inwiefern ist nun Amalie Dietrich eine Entdeckerin im Sinne der Autorinnen? Ist es das außergewöhnliche Leben einer Frau des 19. Jahrhunderts, die aus ärmlichen Verhältnissen stammt und sich weitgehend autodidaktisch zur Botanikerin ausbildet? Ist es die Herausforderung der Feldforschung, die ihr immer neue Einblicke und Zusammenhänge in die Botanik bietet und für die sie jegliche Strapazen auf sich nimmt? Ist es die Chance, im noch weitgehend unbekannten Australien die Flora und Fauna zu erforschen und Belegexemplare für die Forschung und Museen aufzubereiten? Amalie Dietrich wird in der sehr komprimierten Darstellung als Sammlerin vorgestellt. Ihre große Leistung besteht nach den Autorinnen im Entdecken und Zusammentragen der umfangreichsten Sammlung der Flora und Fauna Australiens. Gewürdigt wird allerdings auch ihre Lebensleistung als das „Zeugnis ihrer Weigerung, sich nicht geschlagen zu geben" (ebd., S. 135). Die wissenschaftliche Leistung von Amalie Dietrich liegt nun nach der Sichtweise der Autorinnen im systematischen Sammeln von Beleg-exemplaren für die Botanik, Zoologie und Anthropologie. Verschwiegen wird, dass Amalie Dietrich dies im kolonialistischen Geist ihrer Auftraggeber vor-nimmt.

3.4   Perspektive Gartenkultur: Kej Hielscher und Renate Hücking

Aus der Perspektive der Gartenkultur stellen die Autorinnen Kej Hielscher und Renate Hücking Botaniker*innen vor, die unter abenteuerlichen Umständen und nicht nur aus wissenschaftlichem Interesse Kontinente durchforschten, um exotische Pflanzen für europäische Gärten zu liefern zu können. Hielscher ist von ihren beruflichen Tätigkeiten vielseitig aufgestellt, wirkte als Schauspielerin, Journalistin und Gartendesignerin. Hücking ist Literaturwissenschaftlerin und arbeitet als Fernseh- und freie Journalistin. Hielscher ist Mitbegründerin der Gesellschaft für Gartenkultur und Hücking verantwortet das Vereinsorgan der Gesellschaft. Die Begeisterung der beiden Autorinnen für Gärten und Pflanzen drückt sich auch in den Portraits der „Pflanzenjäger" aus. Jedoch versäumen sie auch nicht, den kritischen Blick auf die Ambivalenzen dieser Leidenschaft zu richten.

Unter dem Titel „Pflanzenjäger" portraitieren Hielscher und Hücking durch-weg Männer – die einzige Ausnahme bildet Amalie Dietrich –, die Pflanzen erbeuten, welche sich heute fast selbstverständlich in unseren Gärten oder auf unseren Balkonen befinden. Als sich die Botanik im 18. Jahrhundert von der Medizin löst und sich als eine eigenständige Wissenschaft etabliert, beginnt das Pflanzensammeln zu boomen. Handelsniederlassungen in Übersee ermöglichen es Forschern, auf dem Seeweg exotische Länder zu bereisen und ihre botanischen Studien zu betreiben. Das Hamburger Handelshaus Godeffroy unter der Leitung von Johann Cesar Godeffroy verdingt sich in der Südsee mit Kopra, welches dort auf eigenen Kokosplantagen gewonnen wird, und als Reederei für den Transport ausreisewilliger Europäer nach Australien. In Hamburg als „König der Südsee" betitelt, fördert Godeffroy die Naturwissenschaften und hat einen immensen Bedarf an exotischen Pflanze, Tieren, aber auch an anthropologischen Gegenständen und menschlichen Skeletten der Ureinwohner*innen, die er in seinem Museum Godeffroy präsentiert, Forschern zur Verfügung stellt oder verkauft – eben auch hier ganz Geschäftsmann. Der „König der Südsee" befriedigt seine Sammelleidenschaft durch „Sammeln-Lassen", während Amalie Dietrich die Aufträge Godeffroys fleißig und gewissenhaft erfüllt. Godeffroy bezahlt ihr zwar nur die Hälfte des Lohns, den die männlichen Sammler bekommen, ermöglicht aber ein Forscherleben nach ihren Wünschen (vgl. Hielscher und Hücking, 2002, S. 148).

Hücking charakterisiert die Pflanzensammler und Botaniker als „Pioniere" und „Besessene", die ihr Leben riskierten, die ihre „bürgerliche Existenz an den Nagel hängten" (ebd., S. 9), um Pflanzen zu sammeln. Die Bezeichnung „plant hunters" – also „Pflanzenjäger" – geht auf die „jagdbesessenen und gartenvernarrten Engländer" zurück, die mit ihrer Gartenkultur auch den europäischen Kontinent beeinflussten und Vorbilder für die deutschen Gartenarchitekten des 19. Jahrhunderts wie Peter Joseph Lenné, Friedrich Ludwig von Schell oder Hermann Fürst von Pückler-Muskau waren (vgl. ebd., S. 7). Doch Pflanzenjäger ist auch eine problematische Bezeichnung, wie Hücking in folgendem Zitat erläutert:

> „Pflanzenjäger – ein zwiespältiger Begriff: In dem Wunsch, ‚Beute zu machen' und ‚eine Pflanze zur Strecke zu bringen', beinhaltet er auch Gewalt und Zerstörung. Andererseits – welches Übermaß an Schönheit, welche Vielfalt an Pflanzen, Farben und Formen ist durch die Pflanzenjäger aus fremden Ländern und fernen Kontinenten zu uns gekommen." (ebd., S. 7)

Der Exotismus als Wunsch nach immer ausgefalleneren Pflanzen und der Kolonialismus der europäischen Staaten des 19. Jahrhundert gehen Hand in Hand und haben Anteil an der Versklavung der Ureinwohner*innen und dem Raubbau an der Natur.

Das Portrait von Amalie Dietrich hat Hücking verfasst. Es nimmt – wie die Portraits zu den ausgewählten Männern – 30 Seiten ein. Überschrieben ist es mit dem Titel „Frau Naturforscherin". Dieser Titel wird Amalie Dietrich schon zu Lebzeiten in Anerkennung ihres botanischen Fachwissens und der außergewöhnlichen Herbarien von Fachgelehrten verliehen. Aber Hücking sieht in ihr auch die Pflanzenjägerin. Zunächst wird jedoch auch in diesem Portrait die Entwicklung von Amalie Dietrich zur Botanikerin und Feldforscherin beschrieben, deren Hauptbetätigung das Sammeln, das Bestimmen und das

Präparieren von Pflanzen war. Letztendlich lässt sie erst ihr Australienaufenthalt zur (Pflanzen-)Jägerin werden, denn obwohl den Pflanzen noch immer ihr Hauptinteresse gilt, schreckt sie auch vor der Jagd exotischer Tiere nicht zurück (vgl. ebd., S. 151). Dem Mediziner und Pathologen Rudolf Virchow besorgt sie im Auftrag von Godeffroy Skelette von australischen Ureinwohner*innen. Wie Amalie Dietrich an diese Skelette gekommen ist, ist Gegenstand zahlreicher Spekulationen, wie die australische Historikerin Ray Sumner feststellt. Die Anschuldigung gegen Amalie Dietrich ein „angel of black death" zu sein, weil sie die Skelette durch Auftragsmorde beschafft haben soll, wird von Sumner entkräftet (vgl. Sumner, 2019, S. 4). Fakt ist allerdings, dass die Skelette im Geiste des Kolonialismus für wissenschaftliche Zwecke erworben wurden (vgl. ebd., S. 5).

4   Die Konstruktion von Wissenschaft in der Portraitliteratur über Amalie Dietrich

In diesem abschließenden Kapitel werden die vier Portraits von Amalie Dietrich hinsichtlich der Konstruktion von Wissenschaft miteinander verglichen und die Perspektiven verdichtet. Der Aspekt des Sammelns und der Beruf der Wissenschaftlerin nehmen in den Portraits über Amalie Dietrich breiten Raum ein. Dies wird nachfolgend mithilfe soziologischer Theorien reflektiert. Das Kapitel über die Standortgebundenheit von Wissenschaft schließt den Aufsatz ab.

Der untersuchten Portraitliteratur geht es zunächst eher um die Darstellung von Amalie Dietrich als Wissenschaftlerin. Die Autorinnen belegen ihre Auffassung von Wissenschaft mit Schilderungen, die die Wissenschaftstätigkeit von Amalie Dietrich belegen sollen. Neben der systematischen Sammeltätigkeit wird die präzise Arbeitsweise in der Bestimmung und dem Arrangement des Pflanzenmaterials beschrieben. Wissenschaftsgespräche mit renommierten Botanikern und deren Referenzen sollen Amalie Dietrich ebenfalls als kompetente Wissenschaftlerin ausweisen. Auch die Feldforschung und die damit verbundenen Entdeckungen nehmen eine zentrale Stellung innerhalb der Konstruktion von Wissenschaft ein. Die Fähigkeit, sich in immer neue Wissensgebiete einzuarbeiten, wird in den untersuchten Portraits herausgearbeitet, ebenso der Lerneifer, welcher Amalie Dietrich bis ins hohe Alter begleitet hat. Charakterisiert wird sie in ihrer beruflichen Tätigkeit als besessen, beharrlich, hartnäckig, herb, wortkarg, geduldig, sorgfältig, diszipliniert, beherrscht, fanatisch usw. Diese Zuschreibungen verdeutlichen das Bild, welches die Autorinnen mit der Person einer Wissenschaftlerin verbinden und prägen das Konstrukt ihres Wissenschaftsbegriffs mit.

4.1   Die Bedeutung des Sammelns in der Wissenschaft

Das gezielte Sammeln von Pflanzen ist für die Botanik ein zentrales Element dieser Wissenschaftsdisziplin. Alle untersuchten Portraits von Amalie Dietrich weisen sie als Feldforscherin aus, die mit dem Sammeln, Präparieren und Zusammenstellen der Pflanzen in Herbarien ihren Lebensunterhalt verdient. Wie Jahn in ihrer Lebensbeschreibung von Amalie Dietrich argumentiert, ist mit diesem Sammeln – soll es denn systematisch verlaufen – entsprechendes Fachwissen verbunden, das Amalie Dietrich ständig erweitert und welches ihr letztendlich dann auch für ihre australischen Forschungen Transferleistungen in die Zoologie erlaubt (vgl. Jahn, 1993, S. 122). Demgegenüber gehen vor allem Hielscher und Hücking in ihrer Version des Lebens von Amalie Dietrich auch auf die Sammeltätigkeit von Johann Cesar Godeffroy ein. Der „König der Südsee" lässt sammeln, um die Produkte der Sammeltätigkeit seiner Angestellten dann im Museum Godeffroy zu präsentieren oder gewinnbringend zu verkaufen. Er gilt als Förderer und Mäzen der Naturwissenschaften und hat dadurch auch ein gewisses Ansehen. Die Erweiterung seiner Sammlung erhöht sein Prestige und verschafft ihm Ansehen auch außerhalb der hanseatischen Kaufmannsgilde (vgl. Hielscher und Hücking, 2002, S. 142).

Sammeln ist eine „vielgestaltige Angelegenheit" wie Alois Hahn (2017) in seinem Essay über die „Soziologie des Sammlers" feststellt:

> „Immer wird etwas zusammengetragen oder aufbewahrt, dem Vergessen oder Vergehen entrissen, immer geht es darum, eine Mehrzahl von Gegenständen der gleichen Art, die sich auch in – allerdings wichtigen – Nuancen unterscheiden, in seinen Besitz bringen oder zu speichern. Dabei sind die Motive, die zum Sammeln führen, fast so disparat wie die Objekte." (Hahn, 2017, S. 440)

Hahn unterscheidet drei Arten von Sammeln: das Sammeln aus praktischen Motiven, dazu zählt er das Sammeln von Vorräten jeglicher Art, das Sammeln aus theoretischem Interesse, wobei das gesammelte Artefakt ein Symbol für das dahinterstehende Interesse ist, und das Sammeln, um „Genuss am Dasein der Dinge" (ebd., S. 442) zu haben. Wie lässt sich nun die Sammeltätigkeit einer Amalie Dietrich oder eines Godeffroy einordnen?

Bei Amalie Dietrich steht das Sammeln von Belegstücken und Exponaten im Zusammenhang mit ihrer Tätigkeit als Botanikerin und Zoologin, und zugleich sichert diese Arbeit auch ihre Existenz. Es geht ihr um die Systematisierung und Erweiterung von Wissen. Sie sammelt – um es mit Hahn auszudrücken – „Wissensvorräte", um diese im Zuge einer wissenschaftlichen Arbeitsteilung weiteren Forschungen zur Verfügung zu stellen. Es ist also bei Amalie Dietrich eher ein Sammeln aus theoretischem Interesse, wenn auch das praktische Motiv, nämlich der „Broterwerb" (ebd., S. 443), nicht ganz ausgeklammert werden darf. Auch bei Godeffroy ist das Sammeln naturwissenschaftlicher Exponate nicht nur Selbstzweck, zwar faszinieren ihn „Schönheit und Formenreichtum der Natur", aber seine Sammlungen, die er dann auch im Museum Godeffroy präsentiert, heben sein Prestige als Mäzen und Geschäftsmann. Die Kataloge, in denen Godeffroy diese überseeischen Exponate anbietet, zeigen somit auch sein kommerzielles Interesse an den gesammelten Präparaten (vgl. Hiclscher und Hücking, 2002, S. 140).

Festzuhalten ist, dass es den Autorinnen der besprochenen Portraits um wissenschaftliches Sammeln oder um – wie Alois Hahn es ausdrückt – „theoretisches Sammeln" (2017, S. 443) geht. Die Sammeltätigkeit von Amalie Dietrich wird von den Autorinnen als Bestreben zu einem tieferen Verständnis der Natur gedeutet.

Dabei ist das Sammeln der Belegexemplare eng mit dem systematischen Erforschen bestimmter geografischer Räume auf deren Flora und Fauna hin verbunden. Es ist also kein Kräutersammeln für medizinische Hausmittelchen, das Amalie Dietrich in der näheren Umgebung praktiziert, sondern sie geht gezielt in Regionen, um ihre botanischen Sammlungen zu ergänzen und zu erweitern. Jedoch klammern die Autorinnen auch nicht das praktische Sammeln aus, denn der Verkauf von Herbarien ist auch Broterwerb. Jedoch überwiegt bei Amalie Dietrich das Sammeln aus wissenschaftlichem Interesse.

4.2   Wissenschaft als Beruf(ung)

Den Autorinnen der vier Kurzportraits ist gemeinsam, dass es ihnen um die Präsentation von Amalie Dietrich als Wissenschaftlerin geht. Dargestellt wird die Person in ihren privaten und beruflichen Bezügen. Dabei wird nicht nur ihre wissenschaftliche Tätigkeit beschrieben, sondern auch – um es mit Max Weber auszudrücken – der „innere Beruf" (1995, S. 11) des Wissenschaftlers. Etikettierungen wie „Wissenschaftsfanatikerin", „Egozentrikerin" oder Beschreibungen, welche den hochkonzentrierten und sorgfältigen Umgang mit ihren Exponaten dokumentieren, und nicht zu vergessen, die häufig sehr strapaziösen Feldforschungen, lassen Assoziationen zu Webers Vortrag „Wissenschaft als Beruf" aufkommen. In diesem Vortrag, den Weber 1917 in München auf Einladung des Bundes freier Studenten hält, geht es auch um den „inneren

Beruf" des Wissenschaftlers. Weber spricht an dieser Stelle von der Leidenschaft, die das Erlebnis der Wissenschaft ausmacht:

> „Ohne diesen seltsamen, von jedem Draußenstehenden belächelten Rausch, diese Leidenschaft, dieses: ‚Jahrtausende mußten vergehen, ehe du ins Leben tratest, und andere Jahrtausende warten schweigend': darauf, ob dir diese Konjektur gelingt hat einer den Beruf zur Wissenschaft nicht und tue etwas anderes. Denn nichts ist für den Menschen als Menschen etwas wert, was er nicht mit Leidenschaft tun kann." (Weber, 1995, S. 12)

Wissenschaft zu treiben hat bei Weber etwas mit Berufung zu tun und ist mit Leidenschaft verbunden. Zugleich stellt er aber auch fest, dass diese Handlungsweise auf Unverständnis bei Außenstehenden stößt. Dass Amalie Dietrich ihre Forschungstätigkeit mit Leidenschaft betreibt und sie wenig Wert auf die Annehmlichkeiten des Alltags legt, wird in den vorgestellten Portraits immer wieder betont. Aber Amalie Dietrich eckt mit ihrem Lebensentwurf auch an, ihre kleinbürgerliche Umgebung reagiert mit Unverständnis auf ihr botanisches Interesse. Warum sie nicht den reichen Mehlhändler geheiratet hat, mit dem ausgesorgt hätte, darüber wundern sich die Siebenlehner. Dass sie ihren Lebenssinn in der Botanik sucht und dadurch Armut in Kauf nimmt, macht sie zur schrulligen Außenseiterin, aber eben auch zur „Wissenschaftsfanatikerin" (Feyl, 2004, S. 134).

Weber spricht in seinem Vortrag auch die Persönlichkeit des Wissenschaftlers an. „‚Persönlichkeit' auf wissenschaftlichem Gebiet hat nur der, der rein der Sache dient" (Weber, 1995, S. 15). Weber vertritt an dieser Stelle ein idealistisches Bild des Wissenschaftlers, das auch die Autorinnen bei Amalie Dietrich immer wieder herausstellen. Gerade in den Schilderungen der klassischen Rollenkonflikte zwischen Familie und Beruf ist Amalie Dietrich diejenige, welche sich für den Beruf entscheidet. Diesen Beruf erfüllt sie mit „Hingabe", wie sowohl ihr Arbeitgeber aber auch ihre Kunden bestätigen. Feyl verwendet statt des Begriffs „Hingabe" den Begriff „Arbeitsegoismus" (1994, S. 134), um den Eifer, mit dem Amalie Dietrich ihre Wissenschaft betreibt, zu charakterisieren. Der Begriff des „Arbeitsegoismus" verdeutlicht in seiner Schärfe den idealisierten Anspruch an die Berufung zur Wissenschaft.

4.3   Das standortgebundene Konstrukt Wissenschaft

Warum (ver)sammelt man die Lebensbeschreibungen zahlreicher Frauen, die irgendwie wissenschaftlich unterwegs waren, zwischen zwei Buchdeckeln und präsentiert sie unter Titeln wie „Frauen erobern die Welt", „Darwins Schwestern", „Der lautlose Aufbruch" oder „Können, Mut und Phantasie"?

In den Portraits über Amalie Dietrich geschieht dies dezent und auf sehr kultivierte Weise. Der Titel „Der lautlose Aufbruch", den Feyl ihrer Sammlung gegeben hat, scheint Programm zu sein. Doch stellt sich die Frage, wie Wissenschaftlerinnen wahrgenommen werden und welcher Maßstab für Wissenschaftlichkeit gilt?

So schreibt die US-amerikanische Philosophin und Feministin Sandra Harding in ihrem wissenschaftstheoretischen Werk Folgendes:

> „Die ‚Eingeborenen' der westlichen modernen Welt – diejenigen, die sich in den westlichen Kulturen am ehesten zu Hause fühlen – haben kulturell charakteristische Glaubensmuster, in denen Rationalität eine zentrale Rolle spielt. Diesen ‚Einheimischen', wie vielen anderen auch, fällt es schwer, überhaupt wahrzunehmen, daß sie ganz bestimmte kulturelle Glaubensmuster vertreten; es ist als sollten sie erkennen, daß sie nur einen ganz bestimmten Slang und nicht etwas Hochdeutsch sprechen. Aus anthropologischer Perspektive ist der Glaube an die wissenschaftliche Rationalität zumindest zum Teil dafür verantwortlich für viele westliche Anschauungen und Verhaltensweisen, die für jemanden, dessen Lebensmuster und -pläne nicht in das moderne westliche Muster passen, höchst irrational anmuten. Auch aus der Perspektive des Lebens von Frauen wirkt die wissenschaftliche Rationalität oft irrational" (Harding, 1994, S. 15).

Es ist die Frage des Standorts und der Perspektive auf Wissenschaft, die Harding hier aufwirft. Die Maßstäbe dafür, was Wissenschaft ist, sind kulturell geprägt und scheinen nicht hinterfragt zu werden. Harding nennt sie „Glaubensmuster". An dem „Glaubensmuster" von Wissenschaft orientieren sich auch die Autorinnen der untersuchten Portraits. Es sind letztendlich Legitimationsversuche, die am „Belegexemplar Amalie Dietrich" den Beitrag von Frauen in der Wissenschaft ins rechte Licht rücken. Zugleich dient Amalie Dietrich – dem Genre des Portraits entsprechend – als Vorbild für Frauen, sich und ihre wissenschaftliche Leistungsfähigkeit unter Beweis zu stellen. Amalie Dietrichs Lebens wird so ein Lehrstück emanzipatorischen Aufbruchsstrebens. Leider lässt es die dürftige Quellenlage über Amalie Dietrich nicht zu, sie selbst zu dieser Frage zu Wort kommen zu lassen.

Literatur

Bischoff, C. (1979). *Amalie Dietrich. Ein Leben.* Evangelische Verlagsanstalt (Erstveröffentlichung 1909).

Bischoff, C. (2014). *Bilder aus meinem Leben.* Holzinger (Erstveröffentlichung 1912).

Enderlein, G. (1955). *Die Frau aus Siebenlehn.* Altberliner Verlag Lucie Groszer.

Feyl, R. (2004). Amalie Dietrich (1821–1891). In R. Feyl (Hrsg.), *Der lautlose Aufbruch. Frauen in der Wissenschaft* (S. 127–147). Kiepenhauer & Witsch.

Fischer, G. (2009). Amalie Dietrich. In G. Fischer (Hrsg.), *Darwins Schwestern. Portraits von Naturforscherinnen und Biologinnen* (S. 31–51). Orlanda.

Hahn, A. (2017). Soziologie des Sammlers. In A. Hahn (Hrsg.), *Konstruktionen des Selbst, der Welt und der Geschichte* (S. 440–463). Suhrkamp.

Harding, S. (1994). *Das Geschlecht des Wissens.* Campus.

Hielscher, K., & Hücking, R. (2002). Die „Frau Naturforscherin". Amalie Dietrich (1821–1891). In K. Hielscher & R. Hücking, *Pflanzenjäger. In fernen Welten auf der Suche nach dem Paradies* (S. 131–161). Piper.

Hoffmann, N. (2018). *Dokumentenanalyse in der Bildungs- und Sozialforschung. Überblick und Einführung.* Beltz.

Jahn, I. (1993). Amalie Dietrich (1821–1891) Botanikerin und Forschungsreisende. In A. Haase & H. Kieser (Hrsg.), *Können, Mut und Phantasie: Portraits schöpferischer Frauen aus Mitteldeutschland* (S. 113–125). Böhlau.

Lamping, D. (2009). *Handbuch der literarischen Gattungen.* Kröner.

Polk, M., & Tiegreen, M. (2001). Die Sammlerin. Koncordie Amalie Nelle Dietrich. In M. Polk & M. Tiegreen (Hrsg.), *Frauen erkunden die Welt. Entdecken, forschen, berichten* (S. 135–139). Piper.

Sumner, R. (2019). The demonisation of Amalie Dietrich. *Federkiel,* (LXVIII), 1–6.

Weber, M. (1995). *Wissenschaft als Beruf.* Reclam.

Auf den Spuren des Falls Amalie Dietrich vor dem Hintergrund einer Heuristik im Anschluss an Ludwik Fleck

On the Tracks of the Case of Amalie Dietrich Against the Background of a Heuristic Following Ludwik Fleck

Hannah Rosenberg

Zusammenfassung

Im Rahmen des Beitrages wird der vielschichtige Fall der 1821 in Siebenlehn geborenen Naturforscherin Amalie Dietrich vor dem Hintergrund der wissenschaftstheoretischen Perspektive des polnischen Immunologen und Erkenntnistheoretikers Ludwik Fleck betrachtet. Ausgangspunkt ist die besondere Art und Weise der Bezugnahme auf Leben und Wirken Amalie Dietrichs in (Populär-) Veröffentlichungen unterschiedlichster Couleur. Flecks gedankliches bzw. begriffliches Inventar soll im Rahmen einer exemplarischen Aufarbeitung des Diskurses dazu dienen, das in Form von unterschiedlichen Dokumenten vorliegende ‚Wissen' über Amalie Dietrich zu strukturieren – materialisiert etwa in der von der Tochter vorgelegten Biografie Amalie Dietrich. Ein Leben erzählt von Charitas Bischoff (1980), romantischen Darstellungen, Zeitungsartikeln etc. Die Fleck'sche Heuristik verweist – und das macht sie im vorliegenden Fall besonders interessant – auf die soziale, kulturelle und auch historische Bedingtheit der

H. Rosenberg (✉)
Zentrum für Lehrerbildung, Universität Koblenz-Landau, Koblenz, Deutschland
E-Mail: rosenberg@uni-koblenz.de

© Der/die Autor(en), exklusiv lizenziert durch Springer Fachmedien Wiesbaden GmbH, ein Teil von Springer Nature 2021
N. Hoffmann und W. Waburg (Hrsg.), *Eine Naturforscherin zwischen Fake, Fakt und Fiktion,* Frauen in Philosophie und Wissenschaft. Women Philosophers and Scientists, https://doi.org/10.1007/978-3-658-34144-2_7

Produktion des (hier nicht nur wissenschaftlichen) Wissens und schärft den Blick für eine mehrperspektivische Betrachtungsweise des Falls der Amalie Dietrich.

Abstract

This article deals with the multi-faceted case of naturalist Amalie Dietrich, born in 1821 in Siebenlehn, specifically seen through the lens of Ludwik Fleck's scientific theory. The starting point for the consideration of this case is the particular way that diverse ranges of (popular) publications have referred to Dietrich's life and work. Fleck's intellectual and terminological inventory can serve to structure and further explore our knowledge about Amalie Dietrich, as it exists in the form of various historical documents. Fleck's heuristic refers to the social, cultural and historical contingency of the production of knowledge (scientific and otherwise), which is what makes it especially interesting here, as it can serve to sharpen our perception and help us achieve a more nuanced and multilayered approach to the case of Amalie Dietrich.

Schlüsselbegriffe

Ludwik Fleck · Wissenschaftstheorie · Rezeption(-skreise) · Popularisierung · Soziale Konstruktion und Produktion von Wissen · Kampf um Deutungshoheit · Multiperspektivität

Keywords

Ludwik Fleck · Science Theory · (Circles of) Reception · Popularization · Social Construction and Production of Knowledge · Battle for Sovereignity in Interpreting Events · Multiperspectivity

1 Einleitung

In Anlehnung an die wissenschaftstheoretische Perspektive Ludwik Flecks wird daran die besondere Rezeptionssituation des Falls der Amalie Dietrich zum Ausgangspunkt genommen. Am Beispiel exemplarisch ausgewählter Dokumente aus dem über Amalie Dietrich vorliegenden Material wird die Notwendigkeit einer mehrperspektivischen Betrachtungsweise des Falls verdeutlicht. Was aber macht den Fall Amalie Dietrich aus? Warum ist es interessant, sich mit ihr – auch aus dieser Perspektive – auseinanderzusetzen? Es ist vor allem die besondere Aufmerksamkeit, die ihr posthum bis in die Gegenwart zuteil wird, die als Diskursphänomen eine besondere Relevanz verspricht, in jedem Fall eine zu bestimmende Logik des Diskurses vermuten lässt. So liegt eine Vielzahl an (populären) Veröffentlichungen vor, die aus z. T. sehr unterschiedlichen Perspektiven das Leben und Wirken Amalie Dietrichs aufgreifen und sie damit bspw. als frühe Naturforscherin, (alleinerziehende) Mutter oder feministische Wegbereiterin etc. präsentieren.

Diese spezifische Situation zum Ausgangspunkt nehmend, soll im Folgenden ein exemplarischer Blick auf den Fall Amalie Dietrich bzw. die oben angedeutete Rezeptionslage gerichtet werden. Das Fleck'sche Begriffs- und Gedankeninstrumentarium soll dabei als Hintergrundfolie dienen. Die Intention dieses Unterfangens liegt weniger darin, das Inventar Flecks ‚eins zu eins' auf den Fall Amalie Dietrich anzulegen.[1] Es gilt hier vielmehr, den Fall in Anlehnung an einige seiner Ausführungen zu erschließen und aufzuzeigen, welche Kreise die Auseinandersetzung mit Leben und Wirken der Amalie Dietrich zieht, in welchem Verhältnis diese zueinanderstehen und vor allem, wie sehr biografische ‚Tatsachen' standpunktspezifisch gebunden, sozial konstruiert sind – und sich dementsprechend auch widersprechen können. Die Perspektive Flecks soll somit als Heuristik dienen, um „das vorfindliche Chaos, dieses unbekannte Land [des Falls Amalie Dietrich, HR], […] zu kartieren, zu strukturieren" (Meiler, 2015, S. 2). Denn obwohl – oder gerade auch weil – so viele (Populär-)Publikationen über sie vorliegen, fällt es nicht leicht, ein eindeutiges Bild dieser nach wie vor „bekannte[n] Unbekannte[n]" (Hoffmann, 2017, o. S.) zu zeichnen. Im Rahmen dieses Beitrages soll diese Mehrperspektivität selbst zum Gegenstand gemacht werden. Zu diesem Zweck wird im folgenden Schritt zunächst Flecks Begriffsinventar in seinen Grundzügen dargestellt (vgl. Abschn. 2). Es schließen sich die konkrete Anlage der Betrachtung des Falls (vgl. Abschn. 3) sowie Schlaglichter aus der Analyse (vgl. Abschn. 4) an. Der Beitrag endet mit einer Zusammenfassung der Ergebnisse (vgl. Abschn. 5).

---

[1] Das funktionierte schon deshalb nicht, weil Fleck sich mit seinen Ausführungen vornehmlich auf (disziplinär) organisierte Wissenschaftler*innengemeinden der Medizin und deren Aushandlungsprozesse konzentriert.

2   Zur Perspektive Ludwik Flecks

Um die Grundzüge des Fleck'schen Denkens darzustellen, wird im Folgenden in erster Linie auf das begriffliche und gedankliche Inventar der von Fleck entwickelten *Lehre vom Denkstil und Denkkollektiv* (1980)[2] zurückgegriffen. Der Autor entwirft darin ein Bild von den faktischen Vollzügen der (Natur-)Wissenschaft als im Kern sozialer Tätigkeit. Er arbeitet heraus, dass die Produktion – nicht nur, aber vornehmlich wissenschaftlichen – Wissens weniger als singuläre, denn als kollektive Leistung zu verstehen ist, wobei insbesondere auch wissenschafts*externen* Faktoren eine hohe Bedeutung zukommt. Am Beispiel des Syphilisbegriffs geht er der Entstehung und Entwicklung sog. 'wissenschaftlicher Tatsachen' nach und stellt den bis dato nicht hinterfragten 'objektiven' Tatsachenbegriff grundsätzlich infrage. Neben dem Tatsachenbegriff sind das 'Denkkollektiv' und der 'Denkstil' Schlüsselkonzepte in seinem Werk: „Ersterer bezeichnet die soziale Einheit der Gemeinschaft der Wissenschaftler eines Faches, letzterer die denkmäßigen Voraussetzungen, auf denen das Kollektiv sein Wissensgebäude aufbaut" (Schäfer & Schnelle, 1980, S. XXV). Erkenntnis ist für Fleck damit weniger das Produkt einzelner Wissenschaftler*innen, sondern vielmehr das Ergebnis vielgestaltiger Kommunikation bzw. Kooperation – und ist zudem nie an sich, „sondern immer nur unter der Bedingung inhaltlich bestimmter Vorannahmen über den Gegenstand möglich" (Schäfer & Schnelle, 1980, S. XXV). Fleck verdeutlicht eindrücklich, „daß es ein Erreichen einer 'absoluten Wirklichkeit', auch annäherungsweise, nicht geben kann" (Schäfer & Schnelle, 1980, S. XXII). Erkenntnis bzw. Wissen sind also nicht 'an sich' möglich, sondern immer an gewisse Vorannahmen gebunden.

Die Kollektive bzw. Denkgemeinschaften stellt Fleck wie folgt dar: Es gibt ein sog. „esoterisches Zentrum" (Fleck, 1980, S. 152), dem eine „exoterische Peripherie" (Fleck, 1980, S. 155) gegenübersteht. Diesen esoterischen bzw. exoterischen Kreisen gehören unterschiedliche Mitglieder des Kollektivs an: Im Mittelpunkt des esoterischen Kreises steht der „spezielle Fachmann" (Fleck, 1980, S. 147) sowie „die an verwandten Problemen arbeitenden 'allgemeine[n] Fachmänner'" (Fleck, 1980, S. 147). „Im exoterischen Kreis befinden sich die mehr oder weniger 'gebildeten

---

[2] Der vollständige Titel des im Jahr 1935 erschienenen und 1980 in Deutschland erneut aufgelegten Werkes lautet *Entstehung und Entwicklung einer wissenschaftlichen Tatsache. Einführung in die Lehre vom Denkstil und Denkkollektiv*. Dieses zunächst wenig beachtete Werk erfuhr nach seiner Erwähnung in Kuhns *Die Struktur wissenschaftlicher Revolutionen* (1976) eine breite Rezeption und gilt mittlerweile als Klassiker der modernen Wissenschaftsforschung (vgl. Egloff, 2005; Schnelle, 1982).

Dilettanten'" (Fleck, 1980, S. 147 f.). Anders formuliert: „Im esoterischen Kern des Kollektivs stehen die Spezialisten und Autoritäten eines Faches; im exoterischen Kreis z. B. interessierte Laien und Wissenschaftler anderer Disziplinen" (Lipphardt, 2005, S. 65). Damit wird deutlich, dass der exoterische Kreis sehr groß und heterogen (vgl. ebd.), während der esoterische Kreis sehr viel kleiner und – zumindest von der Ausrichtung der Mitglieder dieses Kreises – homogener ausgerichtet ist.

„Aufbauend auf der Unterscheidung ‚esoterisch' und ‚exoterisch' kommt Fleck zur Differenzierung zwischen den Bereichen ‚Zeitschriftwissenschaft', ‚Handbuchwissenschaft' und ‚populäre Wissenschaft'" (Möller, 2007, S. 403).[3]

---

[3] Fleck unterscheidet eigentlich vier „denksoziale Formen" (Fleck, 1980, S. 120), die Möller zu dreien zusammenfasst, nämlich die Zeitschriftwissenschaft 1), die Handbuchwissenschaft 2), die Lehrbuchwissenschaft 3) und schließlich die Populärwissenschaft bzw. exoterische Kreise 4).

Ad (1) „Bei der sog. ‚Zeitschriftwissenschaft', d. h. im Feld einzelner Studien und ihrer Publikation in Fachzeitschriften sind – Fleck zufolge – ‚die einzelnen Standpunkte und Arbeitsmethoden […] so persönlich, daß sich aus den widersprechenden und inkongruenten Fragmenten keine organische Ganzheit bilden läßt' (1980, S. 156). Sie ‚trägt also das Gepräge des Vorläufigen und Persönlichen' (ebd.), das Punktuelle, die Debatte bzw. die Kontroverse stehen im Vordergrund" (Rosenberg & Hoffmann, 2017, S. 49 f.); von einer Kanonisierung des Wissens lässt sich an dieser Stelle also noch nicht sprechen.

Ad (2) „‚Aus der vorläufigen und persönlich gefärbten, nicht additiven Zeitschriftwissenschaft, die mühsam ausgearbeitete, lose Avisos eines Denkwiderstandes zur Darstellung bringt, wird in der intrakollektiven Gedankenwanderung zunächst die Handbuchwissenschaft' (Fleck, 1980, S. 157 f.). Diese ‚wählt, vermengt, paßt an und verbindet exoterisches, fremdkollektives und streng fachmännisches Wissen zu einem System' (ebd.: 163)" (Rosenberg & Hoffmann, 2017, S. 50).

Ad (3) „‚Da die Einweihung in die Wissenschaft nach besonderen pädagogischen Methoden geschieht, haben wir noch die Lehrbuchwissenschaft […] zu nennen' (Fleck, 1980, S. 148). Fleck verbindet hier den sozialisatorischen Prozess mit der Form der Lehrbücher und Einführungen, in denen das disziplinäre Wissen den Noviz*innen zugänglich gemacht wird. Für ‚jedes Wissensgebiet besteht eine Lehrlingszeit […]'. Das bestmögliche System einer Wissenschaft, ihr letzter Prinzipienaufbau, dem Fachmann allein legitim maßgebend, ist dem Neuling vollkommen unverständlich […]. Jede didaktische Einführung ist also wörtlich eine Hinein-Führung, ein sanfter Zwang' (ebd., S. 136 f.)" (Rosenberg & Hoffmann, 2017, S. 51 f.).

Ad (4) „Was anfangs ein vages ‚Widerstandsaviso' im chaotischen Denken ist, formt sich zu einem bestimmten Denkzwang mit einer unmittelbar wahrzunehmenden ‚Gestalt', wie sie in Handbüchern, dann in Lehrbüchern und Einführungen kanonisiert wird (vgl. Fleck, 1980). Doch: ‚Gewißheit, Einfachheit, Anschaulichkeit entstehen erst im populären Wissen' (ebd., S. 152), also in der vierten denksozialen Form nach Fleck. Der sog. ‚feste Boden' der ‚Tatsachen' entsteht erst, wenn ihn viele Füße festtreten, nicht nur in internen Fachartikeln oder Handbüchern, sondern insbesondere im Kontext der weiteren Verbreitung, Debatte und der Popularisierung des Wissens" (Rosenberg & Hoffmann, 2017, S. 53).

Während die Zeitschriftwissenschaft und die Handbuchwissenschaft als „Wissenschaft im eigentlichen Sinne" (Möller, 2007, S. 403) bezeichnet werden können, ist die populäre Wissenschaft „Wissenschaft für Nichtfachleute, also für breitere Kreise erwachsener, allgemein gebildeter Dilettanten" (Fleck, 1980, S. 149, zit. nach Möller, 2007, S. 403) – kurz: Popularisierung von Wissenschaft (vgl. Möller, 2007). In der popularisierten Wissenschaft zeigt sich der ‚common sense' über einen Gegenstand, das allgemein Anerkannte (vgl. Schäfer & Schnelle, 1980, S. XL). Fleck beschreibt damit eine Art der Kanonisierung und Verfestigung von Erkenntnis: Neues Wissen bzw. Erkenntnis entsteht auf der Basis von bereits Erkanntem. Durch gegenseitige Bestärkung innerhalb eines Denkkollektivs verdichten sich Annahmen mit der Zeit zu relativ stabilen Meinungssystemen und damit zu Gemeingut mit einer gewissen Beharrungstendenz – häufig auch Widersprechendem gegenüber.

Fleck geht in seinen Überlegungen jedoch „nicht von einer konzentrischen Anordnung rund um ‚den einen Kern' der Forschung aus, sondern von einer Überlappung verschiedenster innerer und äußerer, ‚esoterischer' und ‚exoterischer Kreise', die miteinander in Wechselwirkung stehen" (Rosenberg & Hoffmann, 2017, S. 53). Die hängt u. a. mit der ‚Herkunft' der Mitglieder dieser Kreise zusammen: „Der moderne Mensch gehört – zumindest in Europa – nie ausschließlich und in Ganzheit einem einzigen Kollektiv an. Von Beruf z. B. Wissenschaftler, kann er außerdem religiös sein, einer politischen Partei angehören, am Sport teilnehmen usw. Darüber hinaus partizipiert jeder am Kollektiv des praktischen Gedankens des ‚täglichen Lebens'. Auf diese Weise ist das Individuum Träger der Einflüsse eines Kollektivs auf andere" (Fleck, 1983, S. 114) – und bringt dadurch auch (wissenschafts-)externe Faktoren in das jeweilige Kollektiv ein, das die Entwicklung des jeweiligen Wissensbestandes entsprechend beeinflusst.

3   Zum Stellenwert der Fleck'schen Heuristik für die Aufarbeitung des Diskurses um Amalie Dietrich

Flecks Ideen stellen „ein interessantes Modell zur Erklärung der kulturellen und soziologischen Bedingtheit moderner Wissensproduktion" (Chołuj, 2007, S. 17) dar, das für unterschiedliche Kontexte fruchtbar gemacht werden kann. Im vorliegenden Fall sollen diese als kategoriale Heuristik dienen, um den Fall Amalie Dietrich exemplarisch aufzuspannen. Im Fokus dieser Aufarbeitung steht ein – primär kontrastierend zusammengestellter, jedoch keineswegs vollständiger – Fundus an unterschiedlichen Dokumenten, die – unabhängig von Entstehungszeitpunkt und kontext – als gleichwertige Bestandteile des, Wissenskorpus über den Fall Amalie Dietrich betrachtet werden.[4] Es handelt sich dabei etwa um Biografien bzw. biografischen Darstellungen, Zeitungs- bzw. Zeitschriftenartikel sowie populärwissenschaftlichen Veröffentlichungen über Amalie Dietrich.

Wenngleich Flecks Ideen nicht vollständig auf die hier beschriebene Situation zu übertragen sind, erscheint Flecks Darstellung der Entstehung und Entwicklung von Erkenntnis bzw. von ,Tatsachen' für den vorliegenden Fall und seine Einordnung als anschlussfähig. Zwar lässt sich das ,Denkkollektiv' rund um den Fall Amalie Dietrich kaum mit den von Fleck beschriebenen, (zumeist) disziplinär organisierten Wissenschaftskollektiven vergleichen, die gemeinsam an einem Gegenstand arbeiten, dennoch gibt es auch hier diverse Bezugnahmen. Für instruktiv im Hinblick auf den Fall Amalie Dietrich halte ich insbesondere zwei Aspekte aus dem Ansatz Flecks: Zum einen kann mit Fleck aufgezeigt werden, inwiefern „Wissen und Wissenschaft [...] ganz wesentlich soziologisch und kulturell geprägte Phänomene" (Schnelle, 1982, S. 69) sind – und eben keine feststehenden Tatsachen. Zum anderen lässt sich die Systematik der „sozialen Denkformen" (Fleck, 1980, S. 120), die zwischen esoterischen und exoterischen Kreisen unterscheidet und dabei den Prozess der Popularisierung von Wissen in den Vordergrund rückt, im vorliegenden Fall trefflich nutzen. Dabei ließe sich anstelle von esoterischen bzw. exoterischen Kreisen vielleicht eher von Fachkreisen bzw. populären Kreisen sprechen, wobei hier weniger die (disziplinäre) Zuordnung der Mitglieder dieser Kreise von Interesse ist als vielmehr die Art und Weise des Sprechens über den Fall. Dies soll im Folgenden in Form von verschiedenen Schlaglichtern dargestellt werden.

4 Exemplarische Schlaglichter auf den Fall Amalie Dietrich

Im Rahmen der Schlaglichter möchte ich den Fokus auf die verschiedenen Gesichter und vor allem auf die z. T. recht widersprüchliche Darstellung von Amalie Dietrich richten und einige Kontroversen aufspannen, um so die Aushandlungsprozesse rund um den Fall zu verdeutlichen. Dazu werde ich zunächst auf Äußerungen eingehen, die dem in Anlehnung an Ludwik Fleck als Fachkreise bezeichneten Feld

---

[4] Die dem Materialfundus zugeordneten Quellen sind im Literaturverzeichnis gesondert gekennzeichnet.

zuzuordnen sind, und mich von dort aus über den durch die Biografie der Tochter in Gang gesetzten Popularisierungsprozess auf diejenigen Äußerungen beziehen, die sich den von mir als exoterisch bzw. populär bezeichneten Kreisen zuordnen lassen. In insgesamt vier Schlaglichtern werden so unterschiedliche Perspektiven auf den Fall Amalie Dietrich anhand von Zitaten aus dem Materialfundus vorgestellt.

4.1 Im Fokus des Fachs: Amalie Dietrich als ‚leidenschaftliche Sammlerin und genaue Beobachterin'

Im Sinne der Fachperspektive ist zu fragen, wie die Fachwelt, i.e. die Botanik, über Amalie Dietrich spricht. Welche Facetten von Leben und Wirken Amalie Dietrichs werden hier aufgegriffen?

In Texten dieses ‚inner circle' ist Amalie Dietrich in erster Linie für ihre botanisch-sammlerischen Verdienste bekannt: „Innerhalb eines kleinen Kreises von Wissenschaftlern wurde sie als leidenschaftliche Sammlerin und genaue Beobachterin in hohem Maße geachtet, und sie wurde dadurch geehrt, daß einige Arten von Pflanzen und Tieren nach ihr benannt wurden" (Australian Dictionary of Biography, o. J., übers. von Wirth, 1980, S. 327). Wie klein dieser Kreis an Expert*innen ist, wird deutlich, wenn man in Betracht zieht, „[…] daß die Bedeutung von Amalie Dietrichs Arbeit besonders für die ‚biogeografische und taxonomische Forschung' in Anschlag gebracht werden muß" (Jahn, 1976, zit. nach Wirth, 1980, S. 328), also einem spezifischen Teilgebiet der Botanik.

„Amalie Dietrich ist im Kreise der Fachwissenschaft immer noch gut bekannt und hat sich durch die wertvollen Ergebnisse ihrer Sammelreisen einen bleibenden Platz in der Wissenschaftsgeschichte gesichert" (Uschmann, o. J., zit. nach Wirth, 1980, S. 333). Außerhalb dieses Kreises scheint es dagegen um ihre Bekanntheit jedoch nicht allzu weit bestellt zu sein, scheint ihr Name Nicht-Ein-geweihten kein Begriff (mehr) zu sein: „In the years of the *Wirtschaftswunder* (economic miracle) in the Federal Republic of Germany, Dietrich was almost forgotten, except to a few highly specialised scientists who were familiar with important individual type specimens she had collected in Australia" (Sumner, 1993, S. 67). Oder an anderer Stelle: „Despite such work [gemeint ist ihre botanisch-sammlerische Tätigkeit, HR], Amalie Dietrich is virtually unknown today. […] Amalie Dietrich was a figure of periphery" (Sumner, 1993, S. 4).

4.2   Im Fokus populärer Kreise: Initialzündung durch die Biografie der Tochter

Dass Amalie Dietrich – auch heutzutage – vielen (wieder) ein Begriff ist, ist weniger ihrer botanischen Sammelarbeit an sich zu verdanken als vielmehr der Veröffentlichung der in weiten Teilen fiktiven Biografie durch Dietrichs Tochter Charitas Bischoff. Bischoff bringt mit dieser Biografie einen Stein ins Rollen, gewissermaßen eine Popularisierungswelle, die zu unzähligen weiteren Auseinandersetzungen mit dem Wirken und – anders als im esoterischen Kreis – auch und vor allem mit dem Leben Amalie Dietrichs führt: „Sicher wäre der Name Amalie Dietrich heute nur noch einem winzigen Kreis von Geschichts- und Botanikexperten bekannt, wenn ihn Charitas nicht populär gemacht hätte" (Stern, o. J., S. 12). Es lässt sich also sagen: „What is known of Amalie Dietrich is the story told by her daughter, Charitas Bischoff" (Sumner, 1993, S. 67). Diese bestimmt durch die Biografie ganz wesentlich die Art und Weise der Bezugnahme auf den Fall Amalie Dietrich und beschert ihrer Mutter damit eine gewisse Bekanntheit und Berühmtheit. Sie setzt ihr – nach ihrem Tod – ein Denkmal, das bis in die heutige Zeit Strahlkraft entfaltet, während Amalie Dietrich selbst vollkommen stumm bleibt. „Charitas Bischoff [ist] mit dieser biographischen Erzählung über ihre Mutter ein singuläres Werk gelungen, das seinen spezifischen Platz in der Literatur hat als menschliches Dokument, als Dokumentation des Befreiungskampfes der Frau und als Beitrag zur Wissenschaftsgeschichte" (Wirth, 1980, S. 332).

Die Idee für das Buch entsprang allerdings nicht nur der Bewunderung der Tochter für ihre Mutter, sondern der fieberhaften Suche nach einem guten ‚Stoff', der zur Geldquelle werden sollte (vgl. Sumner, 1993, S. 82, 95 f.). Dementsprechend ging es Charitas Bischoff weniger um eine wirklichkeitsgetreue Wiedergabe des Lebens ihrer Mutter, sondern um die erfolgversprechende Komposition des Buches. Diese Komposition bietet dann unterschiedliche Anknüpfungspunkte, die Geschichte der Mutter zu verwenden und sie (auch) für verschiedenste Zwecke zu funktionalisieren. „The reception of the Dietrich story is a fascinating one, it ranges from sentimental reading matters for girls, through scientific and geographic fact, to propaganda for the Nazi Party. More recently the heroine has been interpreted through the 'pink spectacles' of Communist Party functionaries and even in terms of radical feminism" (Sumner, 1993, S. 7).

Bereits die Darstellungsweise der Amalie Dietrich in der Biografie der Tochter lässt sich als ambivalent beschreiben: Sumner sieht Bischoff als „artistic creator" (1993, S. 97) der Figur Amalie Dietrich, die damit die eigentliche Berühmtheit wird, „while her mother is enshrined, but also imprisoned, within the pages of *Amalie Dietrich. Ein Leben*" (Sumner, 1993, S. 97). Die Tochter besitzt – posthum – die Deutungshoheit über das Leben ihrer Mutter. Sie legt darin aber bereits den Grundstein für die ambivalenten Bezugnahmen auf den Fall, denn die Darstellung schwankt zwischen Heroisierung und Kritik.

Im Sinne dieser widersprüchlichen Bezugnahmen werden im Folgenden insbesondere zwei Etikettierungen in den Vordergrund gerückt: zum einen das Etikett der „Wissenschaftsfanatikerin" (Feyl, 1994, S. 134) und zum anderen das der (‚schlechten') Mutter – zwei in engem Zusammenhang miteinander stehende Beschreibungen Amalie Dietrichs. Ihren Ausgangspunkt nehmen die Erzählungen über Amalie Dietrich i. d. R. in der Feststellung ihrer ‚Andersartigkeit', die selten wertungsfrei bleibt. Ihre ‚Andersartigkeit', die sich im Rollenkonflikt – Frau und Mutter vs. leidenschaftliche Sammlerin bzw. Wissenschaftlerin – manifestiert, bildet ein wesentliches Merkmal des Falls.

4.2.1 Das ambivalente Etikett der ‚Frau Naturforscherin'

In diesem Kontext ist die Rede über Amalie Dietrich als Wissenschaftlerin anders geartet als im botanischen Fachkreis. Hier changiert ihre Bedeutung zwischen „sächsische[r] Kräuterfrau" und einer der „größten Naturforscherinnen des 19. Jahrhunderts" (Gretzschel, 2013, o. S.), zwischen herablassender und überhöhender Bezugnahme. Dieser Kontrast kommt in widersprüchlichen Einschätzungen ihrer Rolle zu Tage: Amalie Dietrich ziehe aus ihrer Tätigkeit des Sammelns und Ordnens höchste Befriedigung und nehme dafür bereitwillig Beschwerlichkeiten unterschiedlicher Art in Kauf – für sie sei diese Passion eine durch und durch beglückende Erfahrung: „Die Unbequemlichkeiten, die mir die Hitze und die Moskitos bereiten, vergesse ich leicht über dem unendlichen Glücksgefühl, das mich beseelt, wenn ich auf Schritt und Tritt Schätze heben kann, die vor mir keiner geholt hat" (Lück, 1937, S. 123)[5]. Dieses Glück gehe – folgt man anderen Erzählungen – jedoch auf Kosten ihrer Familie, insbesondere auf Kosten der Tochter Charitas, die sie während ihrer Forschungsreisen bei Pflegefamilien unterbringt – und nicht zuletzt auch auf Kosten ihrer Ehe mit Wilhelm Dietrich, der sie das Sammeln, Bestimmen und Präparieren von Pflanzen gelehrt hatte: „Diese Besessenheit, dieser Egoismus, mit dem sie ihr botanisches Interesse verfolgt, ohne Rücksicht auf die Bedürfnisse anderer, schmal ausgerichtet auf ein Ziel, das nur sie und kein anderer sieht, das nur ihr

---

[5] Bei diesem Zitat handelt es sich um eine fiktive Selbstaussage Amalie Dietrichs.

und keinem anderen Erfüllung bringt" (Feyl, 1994, S. 130). Auch von einer „pflanzensammelnde[n] Egozentrikerin" (Feyl, 1994, S. 135) ist die Rede. In diesem Kontext zeigt sich eine deutliche Ambivalenz in den Darstellungen zwischen beseelter Vollblutwissenschaftlerin und rücksichtsloser „Wissenschaftsfanatikerin" (Feyl, 1994, S. 134). Mit ihrer Rolle als (Ehe-)Frau und Mutter geht diese Leidenschaft nicht bruchlos einher – im Gegenteil.

In diesem Zusammenhang stellt sich die Frage, ob Amalie Dietrich als Wissenschaftlerin oder doch eher als sammelnde „Frau Naturforscherin" (Feyl, 1994, S. 134) zu bezeichnen ist. Dieser Kontrast verweist – und das ist nicht untypisch für die Zeit, kann aber auch auf die aktuelle Situation weiblicher Wissenschaftlerinnen übertragen werden – auf eine fehlende Anerkennung spezifischer Leistungen: „Amalie Dietrich's impact on European Science was a rather different matter; here her career demonstrates the dual theme of success and marginality common to women scientists" (Sumner, 1993, S. 6). Während Amalie Dietrich zwar die Basisarbeit des Sammelns und Ordnens übernahm, strichen – i. d. R. männliche – Kollegen die weiteren Meriten der Arbeit ein (vgl. Sumner, 1993, S. 7), denn diese publizierten zu den von ihr gesammelten Objekten und konnten sich so einen Namen machen. In diesem Kontext bleibt Amalie Dietrich stumm; sie hat selbst nicht publiziert.

4.2.2 Das Etikett der (‚schlechten') Mutter

Die zweite Dimension bzw. Etikettierung, die unmittelbar mit der vorher angesprochenen zusammenhängt, ist die der (‚schlechten') Mutter. Das Thema Mutterschaft ist in den populären Erzählungen emotional hoch aufgeladen. Die Beschreibungen der Amalie Dietrich als Mutter changieren zwischen mitfühlend und abwertend, zum Teil wird ihre eigene Ambivalenz und ihr Hin- und Hergerissen sein zwischen Mutterschaft und Sammelleidenschaft betont. Amalie Dietrich wird mal als ‚Rabenmutter' in Strenge und Härte der Tochter gegenüber, mal als emanzipierte Frau gezeichnet, die selbstbewusst und allen Konventionen zum Trotz ihren eigenen Weg geht. Wie zu lesen bei Lück: „Jedesmal, wenn sie ihre Reisen antritt und ihr Kind dann in fremde Hände geben muß, wird ihr Herz hin und her gerissen vor Zweifeln: soll sie ihrem Mann Gehilfin oder ihrem Kinde Mutter sein? Was geht vor? Wo liegt ihre größte Pflicht?" (1937, S. 107 f.). Anders beschreiben etwa Stern und Feyl Amalie Dietrich als Mutter: „[...] denn Amalie gehörte wohl zu jenen Menschen, die man von Weitem zwar gern bewundert, mit denen man persönlich aber lieber nicht verwandt sein mag" (Stern, o. J., S. 13) – oder: „[...] doch so hart Amalie Dietrich gegen sich selbst ist, so hart ist sie gegen das Kind, liebt keine Sentimentalitäten, keine Gefühlsausbrüche, keine Tränen,

sondern verlangt Selbstbeherrschung, Disziplin, Einsicht" (Feyl, 1994, S. 133).
Der Konflikt bestehe darin, sich zwischen Kind und Arbeit entscheiden zu müssen:

> „Ihr beruflicher Ehrgeiz geht zunehmend in einen Arbeitsegoismus über, der sie
> unweigerlich in einen inneren Konflikt stürzt: immer quält sie der Vorwurf, in
> ihrem Kind die Bürde, aber in ihrer Arbeit das Glück zu sehen. Dieses Schuldgefühl
> gegenüber ihrer Familie, die sich von ihr vernachlässigt und verlassen glaubt, liegt
> über ihrem beruflichen Weg wie ein lästiger dunkler Schatten, begleitet und verfolgt
> sie." (Feyl, 1994, S. 129)

Dieses Motiv der schwierigen Beziehung zur Tochter durchzieht auch die Biografie der Charitas Bischoff, in welcher sie die Mutter zwar auf der einen Seite
heroisiert, auf der anderen Seite jedoch – zumindest implizit – immer wieder für
erlittenes Unrecht verantwortlich macht, sodass Sumner resümiert: „The story of
this mother-daughter relationship is disturbing" (Sumner, 1993, S. 75).

5 Fazit: Eine mehrdimensionale Perspektive auf den Fall Amalie Dietrich

Das Fazit dieser diskursiven Aufarbeitung des Falls Amalie Dietrich soll in zwei-
facher Weise erfolgen: zum einen bezogen auf die Hintergrundfolie des Begriffs-
und Gedankeninventars Ludwik Flecks und zum anderen bezogen auf den
konkret untersuchten Fall Amalie Dietrich.

5.1 Bezug auf Ludwik Flecks Begriffs- und Gedankeninventar

Das Fleck'sche Inventar stellt in zur Heuristik angepasster Form ein Gerüst zur
Verfügung, das der spezifischen Rezeptionssituation des Falls Amalie Dietrich
in besonderem Maße entspricht. Es wird deutlich, dass die Entstehung und Entwicklung biografischer ‚Tatsachen' der sozialen Produktion von ‚Wissen' unterliegt, die immer vor dem Hintergrund bestimmter Intentionen abläuft.

Weiterhin lässt sich aufzeigen, dass diese Produktion ein kollektiver Prozess
ist, wobei im vorliegenden Fall kaum von einem Denkkollektiv im von Fleck
beschriebenen Sinne die Rede sein kann. Dennoch kann das Feld des Sprechens
über Amalie Dietrich als eine Art Arena betrachtet werden, in der unterschiedliche
Stimmen um die jeweilige Deutungshoheit und damit auch um die ‚Wahrheit'

im Fall Amalie Dietrich kämpfen. Dabei gibt es in den Kreisen weniger homogene und zu bestimmten Zeiten vorherrschende Standpunkte über den Gegenstand
Amalie Dietrich, sondern v. a. im populären Diskurs vielmehr ein Neben-, In- und
z. T. auch Gegeneinander. Anders als Fleck dies beschreibt, lässt sich eine Homogenisierung bzw. Kanonisierung dieser Standpunkte in den populären Kreisen
kaum nachweisen. Eine Art ‚common sense‘ findet sich eher in den Aussagen
des Fachkreises. Das Fachmännische hat dabei einen kleinen Anteil, da Amalie
Dietrich selbst keine wissenschaftlichen Artikel publiziert hat und der Kreis der
Fachleute, die sich mit Amalie Dietrichs wissenschaftlichen ‚Hinterlassenschaften‘
beschäftigen, relativ spezialisiert ist. Als wesentlich interessanter, weil vielfältiger,
erweist sich im vorliegenden Fall die Populärwissenschaft bzw. die exoterischen
Kreise. Hier wird Amalie Dietrich u. a. als frühe Naturforscherin, botanische
Sammlerin, Forschungsreisende oder (alleinerziehende) Mutter dargestellt.[6]

Fleck verweist darüber hinaus auf die Relevanz wissenschaftsexterner
Faktoren, die wesentlich in die Produktion von Wissen hereinspielen: Dazu
zählen historische und gesellschaftliche Kontexte, die dazu führen, dass
bestimmte Dinge überhaupt sagbar werden. Zu nennen wäre hier in erster Linie
der zeitliche Horizont, in dem Amalie Dietrich lebte: Eine Frau im 19. Jahrhundert hatte gemeinhin einen anderen Lebenslauf als die Pflanzen sammelnde
Amalie Dietrich, die sich – getrennt von ihrer Familie – zehn Jahre ihres Lebens
auf Forschungsreise in Australien befand. In den zeitlichen Horizont ist zudem
der europäische Kolonialismus einzubeziehen: „Es war also dieses politisch-
soziale Spannungsfeld, auf das das singuläre Schicksal Amalie Dietrichs bezogen
war" (Wirth, 1980, S. 314). Die Pflanzenjagd war im 19. Jahrhundert „zu einem
organisierten Unternehmen geworden" (von Radziewsky, 2003, S. 112). Mit
Blick auf die unterschiedlichen Veröffentlichungszeiten ließe sich bei weiterer
Analyse außerdem aufzeigen, inwiefern der Fall Amalie Dietrich bspw. zu Zeiten
des Nationalsozialismus‘ oder im Kontext des Sozialismus‘ je unterschiedlich
ausgelegt wird.

5.2   Rückbezug auf den Fall Amalie Dietrich

Was lässt sich nun im Anschluss an die exemplarische Aufarbeitung des Diskurses in Bezug auf den Fall Amalie Dietrich festhalten? Zunächst zeigt sich ein

---

[6]Vgl. auch Nicole Hoffmann und Wiebke Waburg in diesem Band.

unscharfes, sich vielfach überlagerndes Bild der Amalie Dietrich. Im exoterischen Kreis erweist sich Amalie Dietrich dabei als wesentlich facettenreicher – aber auch widersprüchlicher – als im esoterischen Kreis. Dies macht die angestrebte Kartierung dieses Feldes zwar exakter, aber nicht unbedingt einfacher oder eindeutiger.

Festhalten lässt sich in erster Linie eine populäre Funktionalisierung des Falls Amalie Dietrich für z. T. sehr unterschiedliche Zwecke, wobei der Roman von Charitas Bischoff meist als Rohmaterial fungiert, das sehr unterschiedlich genutzt wird. So wird Amalie Dietrich z. B. als Vorbild bzw. moralische Instanz, als abschreckendes Beispiel einer Mutter, als tragische Gestalt, als Heldin, als ,Pflanzenjägerin', feministische Wegbereiterin etc. etikettiert. Ihre Biografie, ihr Frau- und Muttersein, spielt in alle Bereiche hinein; Beruf und Privatleben scheinen untrennbar miteinander verbunden.

Das besondere Merkmal, das diesen Fall so spannend macht, ist, dass bereits seine Grundlage – die Biografie der Tochter – zwischen Fakt und Fiktion schwankt und die Hauptperson, Amalie Dietrich, selbst dabei vollkommen stumm bleibt: „Amalie […] verharrt in vollständigem Schweigen. Kein Brief, kein Bericht, kein einziger Ausspruch ist von ihr erhalten geblieben" (Stern, o. J., S. 17). Eine eigene Positionierung innerhalb dieser Etikettierungen ist ihr nicht möglich, sie bleibt passiv. Es ist ein Bild *über* Amalie Dietrich, das stets über andere – und deren jeweilige Intention – vermittelt ist. Vergleichen könnte man diese Situation vielleicht mit einem Kaleidoskop, dessen Bilder sich verändern, je nachdem, in welche Richtung man es dreht bzw. in welchem Winkel man es hält: So erscheinen, je nachdem, aus welcher Brille man auf das ,Phänomen' Amalie Dietrich schaut, immer wieder neue und andere Muster.

Insgesamt, so lässt sich resümieren, zeigt sich die „Möglichkeit [oder vielmehr Notwendigkeit, HR] einer mehrschichtigen Betrachtungsweise" (Stern, o. J., S. 13) des Falls Amalie Dietrich. Je nach Perspektive ergibt sich kein scharfes Bild, sondern überlagert ein Bild das andere, verschwimmen die darunterliegenden oder ergeben sich gänzlich neue Bilder. Es zeigt sich mithin eine „Rezeptionsgeschichte mit unscharfen Rändern […], die durch ihr Unausgelegtsein eben auch den Diskurs über kontroverse Standpunkte ermöglicht" (Graf et al., 2002, S. 30).

Literatur[7]

* Bischoff, C. (1980). *Amalie Dietrich. Ein Leben erzählt von Charitas Bischoff*. Calwer. (Erstveröffentlichung 1909).

Chołuj, B. (2007). Einführung: Von der wissenschaftlichen Tatsache zur Wissensproduktion. Ludwik Fleck und seine Bedeutung für die Wissenschaft und Praxis. In B. Chołuj & J. C. Joerden (Hrsg.), *Von der wissenschaftlichen Tatsache zur Wissensproduktion. Ludwik Fleck und seine Bedeutung für die Wissenschaft und Praxis* (S. 11–18). Lang.

Egloff, R. (2005). *Tatsache – Denkstil – Kontroverse. Auseinandersetzungen mit Ludwik Fleck*. Collegium Helveticum.

* Feyl, R. (1994). Amalie Dietrich. 1821–1891. In R. Feyl (Hrsg.), *Der lautlose Aufbruch. Frauen in der Wissenschaft* (S. 127–147). Kiepenheuer & Witsch.

Fleck, L. (1980). *Entstehung und Entwicklung einer wissenschaftlichen Tatsache. Einführung in die Lehre vom Denkstil und Denkkollektiv*. Suhrkamp.

Fleck, L. (1983). *Erfahrung und Tatsache. Gesammelte Aufsätze*. Suhrkamp.

Graf, E., Mutter, K., Tammen, A., Hesper, S., & Schlünder, M. (2002). Fußnoten im Strom des Wissens. Über das Ausstellen von Texten mit Bildern in Büchern. In B. Griesecke (Hrsg.), *„...was überhaupt möglich ist." Zugänge zum Leben und Denken Ludwik Flecks im Labor der Moderne. Materialien zu einer Ausstellung* (S. 27–30). Max-Planck-Institut für Wissenschaftsgeschichte.

* Gretzschel, M. (2013). Forscherin Amalie Dietrich unter Verdacht. https://www.abendblatt.de/ratgeber/wissen/article118692825/Forscherin-Amalie-Dietrich-unter-Verdacht.html. Zugegriffen: 31. Juli 2019.

Hoffmann, N. (2017). *Sammeln als Passion. Von den Forschungsreisen der Amalie Dietrich*. Vortrag im Rahmen des Kulturwissenschaftlichen Kolloquiums. Koblenz (unveröffentlichter Foliensatz).

Kuhn, T. S. (1976). *Die Struktur wissenschaftlicher Revolutionen* (2., revidierte und um das Postskriptum von 1969 ergänzte Aufl.). Suhrkamp.

Lipphardt, V. (2005). Denkstil, Denkkollektiv und wissenschaftliche Tatsachen der deutschen Rassenforschung vor 1933. Zur Anwendbarkeit des wissenschaftshistorischen Ansatzes von Ludwik Fleck. In R. Egloff (Hrsg.), *Tatsache – Denkstil – Kontroverse: Auseinandersetzungen mit Ludwik Fleck* (S. 63–70). Collegium Helveticum.

Lück, C. (1937). *Frauen. Acht Lebensschicksale*. Enßlin & Laiblin.

Meiler, M. (2015). Zur Sprachpsychologie der Denkstile. https://metablock.hypotheses.org/1084. Zugegriffen: 5. Aug. 2019.

---

[7]Die mit einem * gekennzeichneten Quellen sind Bestandteile des Materialfundus zum Fall Amalie Dietrich, die für den vorliegenden Beitrag gesichtet und verwendet wurden.

Möller, T. (2007). Kritische Anmerkungen zu den Begriffen Denkkollektiv, Denkstil und Denkverkehr – Probleme der heutigen Anschlussfähigkeit an Ludwik Fleck. In B. Chołuj & J. C. Joerden (Hrsg.), *Von der wissenschaftlichen Tatsache zur Wissensproduktion. Ludwik Fleck und seine Bedeutung für die Wissenschaft und Praxis* (S. 397–413). Lang.

von Radziewsky, E. (2003). *Die Sache mit dem grünen Daumen. Eine Zeitreise durch die Geschichte der Botanik.* Rowohlt.

Rosenberg, H., & Hoffmann, N. (2017). Generationsbezüge im Kontext der ,Sektion Erwachsenenbildung'. Ein Gedankenexperiment im Anschluss an Ludwik Fleck. In O. Dörner, C. Illcr, H. Pätzold. J. Franz, & B. Schmidt-Hertha (Hrsg.), *Biografie – Lebenslauf – Generation. Perspektiven der Erwachsenenbildung* (S. 47–58). Budrich.

Schäfer, L., & Schnelle, T. (1980). Einleitung. Ludwik Flecks Begründung der soziologischen Betrachtungsweise in der Wissenschaftstheorie. In L. Fleck, *Entstehung und Entwicklung einer wissenschaftlichen Tatsache. Einführung in die Lehre vom Denkstil und Denkkollektiv* (S. VII–XLIX). Suhrkamp.

Schnelle, T. (1982). *Ludwik Fleck – Leben und Denken. Zur Entstehung und Entwicklung des soziologischen Denkstils in der Wissenschaftsphilosophie.* HochschulVerlag.

* Stern, T. (o. J.). „Familie Dietrich, Siebenlehn". Stoffbeschreibung zum Filmprojekt. https://tanja-stern.de/images/pdf/Essay-dietrich.pdf. Zugegriffen: 31. Juli 2019.

Sumner, R. (1993). *A woman in the wilderness: The story of Amalie Dietrich in Australia.* New South Wales University Press.

* Wirth, G. (1980). Von Siebenlehn nach Australien. In Ch. Bischoff (Hrsg.), *Amalie Dietrich. Ein Leben erzählt von Charitas Bischoff* (S. 305–333). Calwer.

Im PDF mit Trennungsstrich soz-iale

Populärwissenschaftliche Perspektiven

„The Body-Snatcher". Eine Filmanalyse zu Amalie Dietrich im Kontext der Human-Remains-Debatte

"The Body-Snatcher". A Film Analysis of Amalie Dietrich in the Context of the Debate About Human Remains

Wiebke Waburg

Zusammenfassung

Die 2011 das erste Mal ausgestrahlte Terra X-Dokumentation „Mordakte Museum" versucht zu ergründen, woher die in deutschen Museen aufbewahrten und ausgestellten menschlichen Überreste stammen, wie sie beschafft wurden und wie ein angemessener Umgang mit ihnen aussehen sollte. In der Sendung wird u. a. auf den Australienaufenthalt von Amalie Dietrich und die dort von ihr für ihren Auftraggeber Godeffroy beschafften menschlichen Skelette und Schädel eingegangen. Die im Artikel vorgestellten Ergebnisse der Analyse der Dokumentation werden von der Frage geleitet, wie die Rolle Amalie Dietrichs im Rahmen der Beschaffung, Entwendung und Übersendung von menschlichen Gebeinen dargestellt wird. Es zeigt sich, dass zwei Facetten von ihr präsentiert werden: 1) die der willfährigen Grab- und Leichenschänderin im Auftrag Godeffroys, deutscher Anthropologen und somit des europäischen Kolonialismus und 2) die der fachkundigen und geschätzten Sammlerin.

W. Waburg (✉)
Institut für Pädagogik, Universität Koblenz-Landau, Koblenz, Deutschland
E-Mail: waburg@uni-koblenz.de

© Der/die Autor(en), exklusiv lizenziert durch Springer Fachmedien Wiesbaden GmbH, ein Teil von Springer Nature 2021
N. Hoffmann und W. Waburg (Hrsg.), *Eine Naturforscherin zwischen Fake, Fakt und Fiktion,* Frauen in Philosophie und Wissenschaft. Women Philosophers and Scientists, https://doi.org/10.1007/978-3-658-34144-2_8

Abstract

The Terra X documentary "Mordakte Museum" (2011) tries to find out where the human remains stored and exhibited in German museums come from, how they were procured and if and how the should be returned for reburial. The TV-program deals, among other things, with Amalie Dietrichs' journey to and through Australia and the human skeletons and skulls she procured there in behalf of her client Godeffroy and the Museum Godeffroy in Hamburg. The article presents the results of the qualitative empirical analysis of the TV-documentary. The research was guided by the question of how Amalie Dietrich's role in the procurement, theft and transfer of human remains is presented. The film focuses on two facets of Amalie Dietrich: 1) the compliant grave and corpse desecrator commissioned by Godeffroy, German anthropologists and thus of European colonialism, and 2) the experienced naturalist-collector.

Schlüsselbegriffe

Human-Remains-Debatte · Postkoloniale Analyse · Filmanalyse ·
Terra X-Dokumentation

Keywords

Human Remains Debate · Postcolonial Studies · Film Analysis ·
Terra X Documentation

1   Zur Einführung: Die Human-Remains-Debatte

Renommierte Museen und Universitäten auf der ganzen Welt bewahren in ihren Sammlungen beachtliche Mengen an menschlichen Überresten auf. Der größte Teil dieser wurde während der Kolonialzeit ‚gesammelt' und gehört der jeweiligen indigenen Bevölkerung (vgl. Dickerson & Ceeney, 2015). In deutschen Institutionen befinden sich Schätzungen zufolge allein 6000 bis 10.000 menschliche Gebeine aus Australien (vgl. Reimann & Caris, 2020, S. 2). Während der letzten Jahre hat in Deutschland die ernsthafte Auseinandersetzung mit Fragen der Rückführung von menschlichen Gebeinen sowie von Kunst- und Kulturgegenständen begonnen. Dies stand im Zusammenhang mit der Bearbeitung der kolonialen Vergangenheit des Landes, ist aber auch verbunden mit dem

zunehmenden Druck ausländischer Regierungsvertretungen und zivilgesellschaft-
licher Initiativen der indigenen Bevölkerung ehemaliger Kolonialstaaten
(vgl. Howes, 2020). Beispielsweise forderte die australische Regierung 2009
mehrere deutsche Institutionen zur Repatriierung menschlicher Gebeine von
Aboriginal Australians[1] auf (vgl. Reimann & Caris, 2020, S. 3). 2018 wurde die
Beschäftigung mit der kolonialen Vergangenheit Deutschlands im Koalitionsvertrag zwischen CDU/CSU und SPD festgeschrieben:

> „Die Aufarbeitung der Provenienzen von Kulturgut aus kolonialem Erbe in Museen
> und Sammlungen wollen wir – insbesondere auch über das Deutsche Zentrum
> Kulturgutverluste und in Zusammenarbeit mit dem Deutschen Museumsbund – mit
> einem eigenen Schwerpunkt fördern." (Die Bundesregierung, 2018, S. 169)

Bislang gelang es in einigen Fällen, in Zusammenarbeit mit den Herkunfts-
gemeinden menschliche Überreste zurückzuführen: Im August 2018 übergab
Staatsministerin Michelle Müntefering menschlichen Gebeine an Regierungsver-
treter*innen aus Namibia (Auswertiges Amt, 2018). Der Freistaat Sachsen gab
im April 2019 „menschliche Gebeine aus der Kollektion der Staatlichen Kunst-
sammlung Dresden und der Universität Halle an Vertreter*innen der Yawuru und
Karajarri aus Bromme [zurück]" (Reimann & Caris, 2020, S. 1).

Mit der Rückführung geht die Anerkennung der Tatsache einher, dass die
Aneignung der Gebeine in einer Art und Weise erfolgte, die nach heutigen
ethischen oder rechtlichen Standards nicht statthaft gewesen ist (was nicht
bedeutet, dass dieselben Handlungen damals gebilligt wurden). Sie geschah teilweise im Auftrag von Sammlern, aber auch aufgrund des wissenschaftlichen
Interesses von Anthropologen. Belegt ist, dass es zur Schändung einheimischer
Begräbnis- und Grabstätten und Entfernung von Überresten von ihren kulturell
angemessenen Ruhestätten gekommen ist. In einigen Fällen sind Morde begangen
worden, um an Leichen und Körperteile zu gelangen (Dickerson & Ceeney, 2015,
S. 90 f.).

Die Repatriierung von Human Remains wird von indigenen Gemeinschaften
als ein wichtiger Teil der Rückgewinnung ihres kulturellen Erbes und ihrer Autonomie angesehen. Der Akt der Rückführung kann zudem als Wiedergutmachung
des Unrechts, das während der Kolonialzeit verübt wurde, angesehen werden

---

[1] Der Begriff Aborigines gilt im englischsprachigen Raum als abwertend, aufgrund dessen
finden im vorliegenden Beitrag die politisch korrekten Bezeichnungen Aboriginal People
und Aboriginal Australians Verwendung.

(Dickerson & Ceeney, 2015; Green & Gordan, 2010). Häufig ist es notwendig, im Rahmen einer Provienenzforschung die Herkunft der menschlichen Überreste zu klären (z. B. mittels forensischer DNA-Analysen). Der eigentlichen Repatriierung geht dann eine Rehumanisierung der Gebeine voraus: Mit der Aneignung, dem Handel und der Ausstellung der Human Remains „wurden die Verstorbenen zu Gegenständen transformiert und so entmenschlicht" (Reimann & Caris, 2020, S. 3), dieser Vorgang wird rückgängig gemacht. Viele indigene Gruppen sehen den Prozess der Repatriierung und (Wieder-)Bestattung als wichtigen Teil ihrer kulturellen Traditionen und/oder ihres religiösen Glaubens an, der es erforderlich macht, die Geister ihrer Vorfahren durch eine respektvolle Bestattung im Herkunftsland zur Ruhe zu betten (vgl. Blau, 2018, S. 2456).

2   Zur Einordnung: Die Thematisierung von Amalie Dietrich im Rahmen der Debatte

Die Leistungen der Amalie Dietrich als naturkundliche Sammlerin, die während ihres zehnjährigen Aufenthalts (1863–1873) allein dir Ostküste Australiens bereiste, waren lange Jahre unbestritten[2]. Dennoch wurde sie während der vergangenen Jahre u. a. in Presseberichten verurteilt und angeprangert für die Beschaffung und Überführung von sterblichen Überresten der indigenen australischen Bevölkerung (vgl. Turnbull, 2008; Vine, o. J.). Belegt ist, dass Amalie Dietrich acht Skelette, zwei Schädel und einen Unterkiefer an ihren Auftraggeber Godeffroy verschickte (vgl. Scheps, 2013, S. 139; Sumner, 2019, S. 6). In Deutschland erschienen in den 2010er Jahren mehrere Artikel, die die Geschichte aufgriffen. So etwa in der Lausitzer Rundschau: „Amalie Dietrich als umstrittene Naturforscherin" (Hoberg, 2011), im Tagesspiegel: „Das dunkle Geheimnis der Amalie Dietrich" (Glaubrecht, 2013) oder im Hamburger Abendblatt: „SÄCHSISCHE KRÄUTERFRAU. Forscherin Amalie Dietrich unter Verdacht" (Gretzschel, 2013). In diesen Artikeln wird vor allem diskutiert, wie Amalie Dietrich die Gebeine beschafft hat und ob sie dafür die Tötung von Aboriginal People in Auftrag gegeben hat. Die Diskussion führte u. a. dazu, dass eine Straße in Germaring, die ursprünglich Amalie-Dietrich-Straße hieß, umbenannt wurde.[3]

---

[2] Siehe dazu z. B. den Beitrag von Eberhard Fischer in diesem Band.

[3] Siehe dazu den Beitrag von Jens Oliver Krüger in diesem Band

Ray Sumner, die sich über Jahre intensiv mit Leben und Wirken der Amalie Dietrich in Australien auseinandergesetzt hat (vgl. Sumner, 1993), kritisiert die reißerische und verunglimpfende Berichterstattung über Amalie Dietrich im Zusammenhang mit der Beschaffung der Gebeine (vgl. Sumner, 2019). Die Bezeichnung „The Body-Snacher" (für Amalie Dietrich und andere Sammler) stammt aus dem gleichnamigen Artikel des Journalisten David Monaghan, der am 12. November 1991 im Bulletin erschien (vgl. Vine, o. J.). Amalie Dietrich wird auch mit dem Beinamen „angel of black death" bezeichnet (Glaubrecht, 2013, o. S.). Sumner (2019) zufolge fußt die Verunglimpfung auf einer falsch zitierten Passage aus ihrer Arbeit. Die Beschaffung der Gebeine ordnet Sumner wie folgt in den historischen Kontext ein:

> „Als Dietrich acht Skelette von Queensland-Aborigines, zwei Schädel und einen Unterkiefer fürs Godeffroy Museum erwarb, handelte sie als Angestellte, den Anweisungen ihres Arbeitgebers folgend. Zwar sind diese sterblichen Überreste unbestreitbar belegt, es gibt jedoch keine Angaben dazu, wie Dietrich sie erwarb. Die plausibelste Erklärung ist, dass sie sie kaufte. Sie besuchte Nordqueensland zu einem für indigene Australier tragischen Zeitpunkt. Wie ein früher Siedler Bowens schrieb, war ‚das Fundament unserer Stadt [...] mit Blut befestigt'. Sterbliche Überreste konnten leicht gekauft werden und es wurde auch getan, sowohl von Einheimischen als auch von Besuchern." (ebd., S. 5)

Wenngleich Sumner (2019) wie Scheps (2013) davon ausgeht, dass Amalie Dietrich die Überreste von professionellen Knochensammlern käuflich erworben hat (siehe auch o.V., 2019), wird die Frage danach, was genau sie sich im Auftrag der Wissenschaft zuschulden kommen lassen hat, weiterhin diskutiert. Und dies erfolgt nicht nur in Printmedien, sondern auch in Film- und Fernsehbeiträgen, so in einer Folge der ZDF-Reihe Terra X.[4] Die Ergebnisse der Analyse der entsprechenden TV-Bearbeitung werden im folgenden Kapitel präsentiert.

---

[4] Erwähnung finden die von Amalie Dietrich an Godeffroy gesandten menschlichen Überreste auch in der Produktion „Jedes Haus sein eigenes Geheimnis. Eine szenische Gender-Zeitreise zu den Frauen und Männern in Hamburgs Altstadt" (Jedes Haus sein eigenes Geheimnis, Deutschland, 2009).

3   Zur Analyse: Die Terra X-Dokumentation „Mordakte Museum"

3.1   Die Folge im Terra X-Kosmos

Dem ZDF-Jahrbuch zufolge handelt es sich bei Terra X um die „erfolgreichste Dokumentationsreihe im deutschen Fernsehen" (Arens, 2012, S. 81). Sie wurde erstmals 1982 ausgestrahlt. Der Marktanteil der im ZDF gezeigten Terra X-Sendungen betrug 2017 im Durchschnitt 13,4 %, das entspricht 3,96 Mio. Zuschauer*innen (vgl. Zubayr & Gerhard, 2018, S. 111). Das Format zielt darauf, einem breiten Publikum Themen aus „Geschichte, Naturwissenschaft, Archäologie, Wildlife und Kulturgeschichte" (Arens, 2012, S. 82) nahezubringen. Dem Anspruch nach geht es um (Weiter-)Bildung der Zuschauer*innen, wobei Erkenntnisse präsentiert werden, „die sich dramaturgisch gut aufbereiten lassen" (Lehmkuhl, 2008, S. 4 f., zitiert nach Walter, 2014, S. 59) und die die Zuschauenden fesseln. Gangloff beschreibt Terra X als Prototypen modernen Bildungsfernsehens: „Anspruchsvolle Themen werden mit vielen Spielszenen attraktiv verpackt; dank der aufwendigen Rekonstruktionen haben Produktionen […] mehr Ähnlichkeit mit einem Spielfilm als mit einer klassischen Dokumentation" (Gangloff, 2009, S. 81). Seit Mitte der 1990er Jahre wird insbesondere bei Episoden und Reihen mit Geschichtsbezug auf sog. Reenactments, d. h. die Inszenierungen geschichtlicher Ereignisse mit Darsteller*innen (häufig professionellen Schauspieler*innen), Ausstattung und Requisiten, gesetzt (Arens, 2012, S. 82).

Die Terra X-Dokumentation „Mordakte Museum" wurde am 6. März 2011 um 19.30 Uhr das erste Mal ausgestrahlt. Es handelt sich um einen 43 min und 35 s langen Film von Jens Monath und Heike Schmidt, die Kamera übernahm Thomas Piechowski, als Sprecher fungierte Jürg Löw (ZDF, o. J.). Die Analyse der Episode wird von der Frage geleitet, wie die Rolle Amalie Dietrichs im Rahmen der Beschaffung, Entwendung und Übersendung von menschlichen Gebeinen während ihres Aufenthalts in Australien dargestellt wird. Das methodische Vorgehen orientiert sich am von Werner Faulstich (2008) vorgeschlagenen filmanalytischen Auswertungsverfahren, bei dem vier Aspekte Berücksichtigung finden:

- Was: „Was geschieht im Film in welcher Reihenfolge?" (ebd., S. 26)
- Wer: „Welche *Figuren* oder Charaktere spielen im Film eine Rolle?" (ebd., Herv. i. O.)

- Wie: „Welche *Bauformen* des Erzählens werden im Film verwendet?" (ebd., Herv. i. O.)
- Wozu: „Frage nach den Normen und Werten, der *Ideologie*, der *Massage* des Films" (ebd., S. 27, Herv. i. O.).

3.2 Plot und Handlungstragende – Auf dem Weg zur Aufklärung von Morden im Namen der Wissenschaft

Die Episode operiert mit deutlichen Bezügen und Verweisen auf Kriminalsendungen bzw. -filme, darauf deutet bereits der Titel der Folge hin, Aufnahmen in Abend- und Nachtstunden sowie spannungsgeladene musikalische Untermalung sowie beunruhigend klingende Geräusche und Effekte unterstreichen diesen Eindruck. Die Sendung beginnt mit dem Verweis auf in deutschen Museen und Sammlungen zu findende menschliche Gebeine (es werden vor allem Schädel gezeigt), deren Herkunft und Beschaffung es aufzuklären gilt. Als Haupt-Ermittler fungiert der Wissenschaftler Prof. Dr. Matthias Glaubrecht[5], zum Zeitpunkt der Produktion der Sendung tätig am Naturkundemuseum Berlin. In der Rolle eines aufrechten und ethisch korrekten Wissenschaftlers geht er auf Tätersuche – zunächst in Museen und Archiven in Deutschland. In diesen findet er Dokumente, die die „Verladung der für deutsche Universitäten und Museen bestimmten Herero-Schädel" (Text auf einer Feldpostkarte, die Glaubrecht vorliest (Mordakte Museum, Deutschland, 2011, 9:01–06[6])) im damaligen Deutsch-Süd-West-Afrika dokumentieren. Historische Quellen darüber, wie in Deutschland befindliche Human Remains aus Australien beschafft wurden, findet er kaum. Deswegen begibt Glaubrecht sich auf eine Forschungsreise nach Australien. Dort recherchiert er ebenfalls in Museen und Sammlungen und findet Hinweise auf kriminelle Praktiken zur Beschaffung von menschlichen Überresten. Glaubrecht spricht zudem mit Vertretern unterschiedlicher Aboriginal-Gemeinschaften (Bob Muir und Major Sumners) und einem Nachfahren weißer Siedler (Bruce Archer Forster), die Amalie Dietrich darum gebeten haben soll,

---

[5] Als Hauptakteur ist Glaubrecht insgesamt 9 min und 45 s zu sehen.
[6] Alle mit Zeitangaben belegten Zitate und Aussagen beziehen sich auf die analysierte Terra X-Episode. Im Folgenden wird auf die Nennung der Namen des Regieduos und des Erscheinungsjahres verzichtet, es werden lediglich die Zeitangaben in Minuten und Sekunden eingefügt.

Aboriginal Australians zu töten. Die mündlichen Überlieferungen unterstreichen die bekannte Tatsache, dass im Rahmen der Beanspruchung von immer mehr Land durch weiße Siedler große Teile der indigenen Bevölkerung vertrieben, teilweise wie Wild gejagt und getötet wurde. Im Zuge der Recherchen wird die Befürchtung bestätigt, dass Morde in dem Namen der Wissenschaft begangen worden sind, wobei auch Namen von Täter*innen ermittelt werden.

3.3 Bauformen – Dramatik und Authentizitätsversprechen

Bei der Analyse der Bauformen wird der Frage nachgegangen, *wie* im Film dargestellt wird (vgl. Faulstich, 2008, S. 115 ff.), wobei die visuelle und die auditive Ebene einfließen[7]. In der analysierten Terra X-Folge greifen die Macher*innen auf unterschiedliche Formen zurück: zum einen auf die dokumentierende Begleitung der Investigation Glaubrechts und anderer Wissenschaftler*innen[8] sowie von Gesprächen mit und Ritualen von Aboriginal People. Dabei begleitet eine beobachtende Kamera die Akteur*innen in ihrem jeweiligen (Arbeits-) Umfeld. In den dokumentierenden Passagen werden zudem Artefakte, Dokumente und Abbildungen auf Computerbildschirmen in Groß- und Detailaufnahmen als Beweise präsentiert. Die Szenen in Museen und Sammlungen sind zumeist untermalt mit leiser, geheimnisvoller Musik, teilweise sind unverständlich flüsternde Stimmen zu hören, es handelt sich häufig um Abend- oder Nachtaufnahmen. Die Bildqualität ist sehr hoch. Die Aufnahmen beinhalten neben der Darstellung der Akteur*innen in amerikanischer Perspektive und Halbtotale, Großaufnahmen ihrer Gesichter, während sie sich in Interviewsettings äußern.

Gezeigt werden außerdem Landschaftsaufnahmen aus Australien und Namibia, in Panoramaperspektive aus der Luft aufgenommen, die eine hohe

---

[7] In der Auswertung berücksichtigte Bauformen sind: Kamera/Einstellung und Montage, Dialoge und Geräusch, Musik, Raum, Licht und Farbe (vgl. Faulstich, 2008, S. 114 ff.). Bei der hier erfolgenden zusammenfassenden Darstellung wird der Schwerpunkt auf die visuelle Darstellung und die Dialoge/Monologe gelegt. Geräusche und musikalische Gestaltung werden thematisiert, wenn sie in sehr prägnanter Form Verwendung finden.

[8] Prof. Ursula Wittwer-Backofen (Professur für Biologische Anthropologie, Universität Freiburg), Mike Pickering, (Director of the Repatriation Program National Museum of Australia), Prof. Dr. Constantin Goschler (Lehrstuhl für Zeitgeschichte, Ruhr-Universität Bochum).

Qualität aufweisen. Die die Landschaftsaufnahmen begleitende Musik ist durch Percussion-Instrumente gekennzeichnet. Die Dokumentation beinhaltet des Weiteren historische Filmaufnahmen in schlechter Qualität (Unschärfe und wenig Farbintensität) von Heroros und Aboriginal Australians. Diese Aufnahmen bedienen durchgängig Stereotype über (vor allem) Afrika und Australien und die indigene Bevölkerung: Musik und Rhythmus, schöne Landschaften, wilde Tierherden und (halb-)nackte Menschen, die auf der Jagd durch die Natur streifen.

Zentrales weiteres Element der Dokumentation ist das Reenactment. In entsprechenden Sequenzen werden historische Ereignisse im damaligen Deutsch-Süd-West-Afrika, Australien sowie in Deutschland nachgespielt. Hierbei wird zumeist auf eine subjektive Kamera zurückgegriffen, die die Rolle einer ermittelnden Person einnimmt. Die Kamera/Person kann das Geschehen oft nicht direkt einsehen, ihr Blick ist teilweise von Hindernissen, etwa Baumstämmen, verdeckt. Die Abläufe werden also wie aus einem Versteck heraus beobachtet – vor allem dann, wenn ethisch bedenkliche Aktionen nachgespielt werden. Die Aufnahmen sind von geringer Qualität, etwas unscharf und in Sepia-Tönen gehalten, wodurch suggeriert wird, dass es sich um historische Aufnahmen handelt[9]. Im Hintergrund sind Geräusche zu hören, die zu den Szenen gehören: etwa Schüsse, Tierlaute, Geklapper von Geschirr.

In der Folge wird häufig zwischen den unterschiedlichen Darstellungsformen gewechselt, um die Spannung und das Interesse der Zuschauenden aufrechtzuerhalten. Inhaltlich werden die Szenen durch Voice-Over-Kommentare ‚zusammengehalten', die insgesamt 32 min und 7 s des Filmes begleiten. Dabei überlagert der auktoriale Voice-Over-Kommentar – auch als „voice of God" bezeichnet (Keutzer et al., 2014, S. 289) – die visuelle Narration und richtet sich direkt an die Zuschauenden, für die das Gesehene kommentiert und teilweise auch bewertet wird (vgl. ebd.). Letzteres zeigt sich bspw. im ersten Voice-Over-Kommentar der Sendung:

> „Es ist eine brisante Geschichte, die sich hinter Museumsmauern verbirgt. Darin verwickelt auch deutsche Sammlungen und deutsche Wissenschaftler. Was Manche schon sicher verborgen hofften, wird jetzt neu aufgerollt. Die Ermittlungen führen bis zu australischen Ureinwohnern und ihren geheimnisvollen Ritualen und bringen eine Geschichte ans Licht, die kaum jemand für möglich hielt. Ein Fall aus der Vergangenheit, der jetzt die Wissenschaft einholt." (0:33–1:18)

---

[9] Dieses filmische Mittel wird auch in Spielfilmen und Serien für Rückblenden benutzt.

Währenddessen ist ein Zusammenschnitt von Szenen zu sehen, die später im Film vorkommen, begleitet durch leise dramatische Musik.

3.4 Die Darstellung von Amalie Dietrich – „The Body-Snatcher"

Die Szenen, in denen Amalie Dietrich auftritt oder über sie gesprochen wird, umfassen insgesamt 8 min und 17 s. Ihre ‚Auftritte' sind in die Gesamthandlung einbettet und spielen eine Rolle im Rahmen der Recherchen von Matthias Glaubrecht in Australien. Er fährt in einem weißen Jeep durch Australien, seine Fahrt wird aus dem Off kommentiert:

> „Matthias Glaubrecht ist in den Norden Australiens gekommen, um seine Spurensuche vor Ort aufzunehmen. Der Verdacht auf Mord im Namen der Wissenschaft lässt ihn nicht mehr zur Ruhe kommen. Er will Gewissheit darüber, was damals wirklich geschah." (14:41–15:02)

Amalie Dietrich (gespielt von der Schauspielerin Jessica Veurman-Betts) wird das erste Mal in der sich anschließenden Reenactment-Szene gezeigt (vgl. 15:03–21). Die Jagd auf Aboriginal People durch weiße Siedler und ihre Handlanger ist vor Ort beendet, Leichen liegen auf dem Boden im teilweise niedergetrampelten Gras. Auf dem Gelände bewegen sich zwei Männer mit Pferden und Koffern. Im Hintergrund ist eine Frau in einem weißen bis hellbeigen Kleid und mit hellem Hut zu sehen (vgl. Abb. 1).

Die Szene beginnt mit leichter Draufsicht auf die Leiche im Vordergrund und Untersicht auf die Männer. Die Kamera bewegt sich nach oben und entfernt sich von Männern und Pferd; in einem panoramierender Schwenk wird der Blick auf die Landschaft geweitet. Die über das Feld gehende Frau wird größer, sie bewegt sich suchend/erkundend über das ‚Totenfeld'. Im Voice-Over-Kommentar erfolgt der Verweis auf die Ermordung von Aboriginal People durch weiße Siedler; es wird nicht auf die gezeigte Frau eingegangen. Es schließt sich die Detailaufnahme einer Originalzeichnung von der Jagd auf Angehörige der indigenen Bevölkerung an. Danach sind in einer weiteren Reenactment-Szene erneut die beiden Männern auf dem Feld zu sehen, die Frau wird nicht gezeigt. Zu hören sind folgenden Sätze:

Abb. 1 Erster Auftritt Amalie Dietrich[10]

„Merkwürdige Gestalten tauchen kurze Zeit später überall dort auf, wo es Opfer unter den Aborigines gegeben hat. Es sind Händler, die ganz besondere Geschäfte machen und die dafür ihre spezielle Ausrüstung dabeihaben." (15:36–57)

Im Hintergrund ist leise, unheilverkündende Musik zu hören, mit prominenten Bass-Geräuschen, die möglicherweise einen Herzschlag imitieren. Damit wird die Botschaft, dass etwas Verbotenes oder Unangemessenes zu beobachten ist, verstärkt. Wenngleich Amalie Dietrich in der zweiten Reenactment-Szene nicht mehr zu sehen ist, wird sie durch den Auftritt in der ersten Szene als Sammlerin von Leichen(teilen) eingeführt. Allerdings können Zuschauende ihre Figur an dieser Stelle nicht als Amalie Dietrich identifizieren, da ihre Vorstellung erst in einer späteren Szene erfolgt.

Im den folgenden Sequenzen spricht Glaubrecht mit Bob Muir, einem Ältesten der Darumbal, der auf die Bedeutung der Aboriginal People für damalige Wissenschaftler*innen und Evolutionstheoretiker*innen verweist (vgl. 16:92–17:50) (siehe dazu auch Scheps, 2013, S. 136 ff.). Glaubrechts Verdacht der (Mit-) Schuld der Wissenschaft wird bestärkt, er möchte sich jedoch nicht allein auf

---

[10] Quelle: Screenshot „Mordakte Museum", 15:03; Herv. WW.

mündliche Aussagen stützen und sucht nach schriftlichen Quellen (vgl. 17:51–18:35). Im Film ist Glaubrecht nach dem Interview mit Muir wiederum im Jeep durch Australien unterwegs. Der Wagen hält, der Wissenschaftler steigt aus, geht ein paar Schritte, dann setzt er sich auf einen Baumstamm mit einem Buch in der Hand. Er öffnet das Buch und liest darin. Die Szene wird vom Voice-Over-Kommentar begleitet:

> „Einen schriftlichen Hinweis hat der Forscher bereits gefunden. Das Buch eines australischen Historikers, geschrieben 1908. Auch hier geht es um einen Mordverdacht. Und diesmal führt die Spur sogar nach Deutschland. Ein großer Name der deutschen Wissenschaft taucht in diesem Umfeld auf und eine Frau als mutmaßliche Drahtzieherin. [Beginn Buchzitat] Das berühmte Godeffroy Museum in Hamburg hatte in den Jahren 1863 bis 73 eine Sammlerin an der Küste." (18:37–19:06)

An dieser Stelle erfolgt ein Schnitt und es beginnt ein Reenactment: Zu sehen ist eine Brücke über einen breiten Fluss. Eine Frau in heller Kleidung überquert die Brücke, wobei sie einen zweirädrigen Handkarren mit zwei Schub- bzw. Zugstangen hinter sich herzieht. Die Brücke wird zunächst aus der Ferne in Panoramaaufnahme gezeigt: Die Frau ist kaum zu erkennen, die Kamera zoomt in Schritten an sie heran (vgl. Abb. 2). Nach einem Schnitt wird die Frau, die sich interessiert umsieht, in Frontalansicht auf der rechten Bildseite in amerikanischer Einstellung gezeigt, nach einem weiteren Schnitt in Vogelperspektive von schräg oben. Die Aufnahmen sind überbelichtet.

Die Handlung wird durch die Fortsetzung des Voice-Over-Kommentars begleitet: „diese machte mehrere ergebnislose Versuche einheimische Siedler zur Ermordung von Aborigines zu überreden, damit sie die Skelette nach Hause senden könnte" (19:07–18).

Glaubrecht identifiziert die angesprochene Frau eindeutig als Amalie Dietrich. Diese wird durch einen Voice-Over-Kommentar im Folgenden als in „Wissenschaftskreisen hocheschätzt[e]" (19:32–34) Sammlerin vorgestellt, die im Auftrag des Kaufmannes Johan Cesar Godeffroy unterwegs ist, der die Gebeine, Präparate und Artefakte, die Dietrich sammelt, Wissenschaftlern zur Verfügung stellt. Zeitgleich mit dem Kommentar ist die bislang nur in heller Kleidung aufgetreten Frau nun in dunklem Outfit zu sehen. Sie ist mit Handkarren, auf dem sich eine braune Reisetasche befindet, im ländlichen Raum unterwegs und kommt immer näher an die Kamera heran, bis ihr Gesicht (das einen ruhigen und gelassenen Ausdruck zeigt) schließlich gut zu erkennen ist (vgl. Abb. 3). Die musikalische Untermalung ist in der Gesamtszene relativ unauffällig, wird aber ein wenig

Abb. 2 Zweiter Auftritt Amalie Dietrich[11]

Abb. 3 Dritter Auftritt Amalie Dietrich[12]

---

[11] Quelle: Screenshot „Mordakte Museum", 19:07.
[12] Quelle: Screenshot „Mordakte Museum", 19:39.

dramatischer, sobald Amalie Dietrich in dunkelbrauner Kleidung zu sehen ist (vgl. 19:26–45).

In den folgenden Szenen wendet sich die Handlung dem Mediziner und Anthropologen Prof. Rudolf Virchow und anderen Wissenschaftlern zu, um in Reenactment-Szenen und der Präsentation von Original-Zitaten deren großes Interesse an der Arbeit mit menschlichen Gebeinen zu verdeutlichen (vgl. 19:46–23:36). Nach einem Schnitt werden Landschafsaufnahmen von Australien gezeigt und folgender Voice-Over-Kommentar.

> „Sammler auf dem weit entfernten Kontinent versorgen europäische Wissenschaftler. Auch Amalie Dietrich gehört dazu. Sie liefert jedoch exklusiv an den Hamburger Händler Godeffroy. Regelmäßig schickt sie Lieferungen von Pflanzen und Insekten in die Heimat. Als Dank werden mehrere nach ihr benannt. Stets ist sie darum bemüht, alle Aufträge zu erfüllen. In keinem der wenigen überlieferten Briefe zweifelt sie ein Ersuchen an. Auch nicht das aus Hamburg vom 20. Januar 1865." (23:36–24:12)

Die Erwähnung Amalie Dietrichs im Kommentar wird begleitet von einem Schnitt. Sie hält sich in einem dunkel getäfelten Innenraum auf und trägt helle Haus-Kleidung (u. a. eine Spitzenbluse mit Strickjacke), ihr Haar ist unbedeckt. In Raum befinden sich Tiere in Käfigen. Die Kamera bewegt sich erkundend durch den Raum: Amalie Dietrich ist zunächst im Hintergrund zu sehen, die Kamera kommt ihr immer näher, verfolgt, wie sie ein Tier füttert, wie sie am Mikroskop und einer Waage arbeitet. Von einer frontalen Großaufnahme ihres Gesichts bewegt sich die Kamera zu ihren Händen, die Präparate verpacken. Die Szene wird von geheimnisvoller Musik begleitet. Auf der bildlichen Ebene wird im Gegensatz dazu eine ruhig und konzentriert arbeitende Frau präsentiert, die sich fürsorglich um die lebenden Tiere kümmert und mit den Artefakten sorgsam umgeht. Dies korrespondiert mit ihrer Charakterisierung als zuverlässige und verlässliche Sammlerin, die die Aufträge Godeffroys nicht hinterfragt, auch nicht die aus dem Off zu hörende Bitte,

> „Schädel und Skelette von den Eingeborenen zu senden. Diese Sachen sind sehr wichtig für die Volkerkunde [Ende Voice-Over-Briefzitat]. Godeffroy weiß, auf seine Sammlerin ist Verlass. Bisher hat sie ihm alle Wünsche erfüllt. Aber wie weit geht sie dabei?" (24:11–39)

Im Film übernimmt nun Matthias Glaubrecht die Aufgabe, der durch den Kommentator gestellten Frage nachzugehen. Dazu besucht er einen Nachfahren von William Archer, an den Amalie Dietrich sich gewendet haben soll, um die

Ermordung von Aboriginal Australians in Auftrag zu geben. Bruce Archer Forster berichtet:

> „Ja, es gibt diese Geschichte, die von allen Archer-Generationen weitergegeben wird. Die deutsche Sammlerin Amalie Dietrich kam hierher, um Tiere und Vögel im Distrikt zu studieren. Und als sie hier war, fragte sie offensichtlich William Archer, ob er für die bereit wäre, einen Aborigine zu töten." (25:16–36)

Die Interviewaussage von Archer wird auf Deutsch von einem Sprecher vorgetragen, im Hintergrund ist leise das englische Original zu hören. Während des ersten Satzes ist Archer in Großaufnahme in der rechten Bildhälfte zu sehen. Mit dem zweiten Satz beginnt eine Reenactment-Szene: Amalie Dietrich kommt in einer Kutsche bei der Farm an. In ihrem vornehmen, hellen Ensemble gekleidet steigt sie aus, geht zum Zaun, wird dort von einem Mann begrüßt und abgeholt, der die Zauntür öffnet und sie hereinkommen lässt. Beide gehen zusammen in Richtung Haus, die Kamera folgt ihnen, schwenkt dann in den Himmel. Vom Voice-Over-Kommentar begleitet schwenkt die Kamera vom Himmel zurück auf das Haus und die beiden Personen, die sich nun in schnellem Tempo vom Haus weg in Richtung Zauntür bewegen. Amalie Dietrich geht voran, dreht sich aber zum Mann um und redet auf ihn ein. Er scheint sie vor sich her zu treiben. Nachdem sie durch die Zauntür gegangen ist, verschließt er diese. Amalie steigt in die wartende Kutsche, die sodann losfährt. Was ist passiert? Der Voice-Over-Kommentar klärt auf:

> „Als wäre es das Natürlichste auf der Welt, soll sie versucht haben, einen Mord in Auftrag zu geben. Ist die Deutsche tatsächlich so weit gegangen? Amalie Dietrich selbst hat nie etwas erwähnt." (25:42–58)

William Archer hat – so der Nachfahre – den Auftrag abgelehnt und Amalie gebeten, das Grundstück zu verlassen. Im Film werden Glaubrechts Ankunft auf der Archer-Farm und seine Abreise auf ähnliche Weise inszeniert, wie die von Amalie Dietrich (die Kulisse ist identisch): Er wird am Zaun begrüßt, gemeinsam gehen die Männer ins Haus. Anders als bei Amalie Dietrich erhalten die Zuschauenden jedoch Einblick in den Innenraum des Farmhauses und in das Gespräch, das die Männer führen – hier muss nichts im Geheimen bleiben. Auch wird der an Aufklärung von Unrecht und niederen Machenschaften interessierte Glaubrecht freundlich aus dem Haus und zum Zaun zurückbegleitet (vgl. 24:40–26:14).

In einer weiteren Reenactment-Szene ist zu sehen, wie Amalie Dietrich versucht, auf einem anderen Weg an die Gebeine zu gelangen. Aus einem Versteck heraus beobachtet sie Bestattungszeremonien von Aborioginal People. Zwei Männer bringen Bündel, in denen sich wahrscheinlich die Gebeine Verstorbener befinden, in eine Höhle. Nachdem die Zeremonie abgeschlossen ist, verlassen die Männer die Ruhestätte. Mit einer Steady- oder Handkamera wird Amalie Dietrich – wiederum in hellen Kleidung und Hut – dabei begleitet, wie sie sich in die Höhle schleicht und sich die Bündel mit den Gebeinen nimmt. Nach einem Schnitt filmt die beobachtende Kamera Amalie Dietrich, die aus der Höhle kommt, die Bündel in ihren Karren legt und das Gelände verlässt. Im Hintergrund sind raunende, geisterhafte, aber unverständliche Stimmen zu hören. Die Szene wird von folgendem Kommentar begleitet:

> „Doch bei bestimmten Gelegenheiten erweist sich die Deutsche als skrupellos. Die Beschaffung steht an erster Stelle. Amalie Dietrich greift zu anderen Mitteln, zunächst. Sie hintergeht die Ureinwohner, obwohl sie ihnen einen Teil ihres Wissens über Pflanzen und Tiere verdankt. Sie scheut sich nicht die Knochen ihrer Toten aus heiligen Begräbnisstätten zu entwenden. Alles in größter Heimlichkeit. Sie weiß, sie riskiert ihr Leben dabei. Sie kennt die Überzeugung der Aborigines, dass die Geister der Verstorbenen an ihre Gebeine gebunden sind. Wer sie stiehlt, bringt Unglück über das ganze Volk." (26:20–27:12)

Reenactment-Aufnahme und Text vermitteln den Eindruck, dass die Ereignisse, die bislang als mündliche Überlieferungen dargestellt wurden, von denen niemand weiß, ob und wie sie wirklich abgelaufen sind, tatsächlich passiert sind. Der Voice-Over-Kommentar verurteilt das beschriebene Handeln, u. a. den Verrat an den Aboriginal Australians, die der Sammlerin geholfen haben und über deren Traditionen und Bräuche sie informiert gewesen ist, als undankbar und moralisch verwerflich. Bestätigt wird diese Bewertung auch durch den Gesichtsausdruck der Schauspielerin bei der Entwendung der Gebeine (vgl. Abb. 4), der nicht wie sonst ruhig und gelassen, sondern angespannt erscheint.

Im Film stehen im weiteren Verlauf Glaubrecht und seine Untersuchungen im Mittelpunkt: Wenngleich der Besuch auf der Farm „keine harten schriftlichen Beweise" (28:57–59) erbracht hat, verdichten sich für den ‚Ermittler' die Hinweise darauf, dass Morde von Wissenschaftlern beauftragt und durchgeführt wurden. Belege findet er schließlich in der Staatsbibliothek in Brisbane (vgl. 29:37–30:24, 31:27–33:13). Dazu der Voice-Over-Kommentar:

Abb. 4 Amalie Dietrich mit aus einer Begräbnisstätte entwendeten Bündel[13]

„Glaubrecht hat einen Beleg dafür gefunden, was die Gier der Wissenschaft aus-
gelöst hat. In einigen Fällen schreckten die Sammler auch vor Mord nicht zurück.
Dies zeigen Briefe und Tagebücher. Die Täter kamen meist ungeschoren davon. Wie
oft dies genau geschah, darüber findet Glaubrecht nichts, aber er weiß nun, dass es
nicht nur einmal war." (32:42–33.12)

Auch die Frage, welche Rolle Amalie Dietrich dabei gespielt hat, beschäftigt den
Wissenschaftler weiterhin. Der Voice-Over-Kommentar informiert darüber, dass
sie acht Skelette und Schädel zum Hamburger Auftraggeber geschickt hat (vgl.
33:28–41). Diese Aussagen begleiten zwei Reenactment-Sequenzen mit Amalie
Dietrich. In der ersten geht sie in heller Kleidung und mit beladenem Handkarren von links nach rechts durchs Bild, dabei folgt die Kamera ihr. Sie ist in
einer savannenähnlichen Landschaft unterwegs, die ikonisch auf das Australische
Outback verweist. Die zweite Sequenz zeigt Amalie Dietrich erneut in ihrer
Unterkunft mit den Käfigen/Vollieren. Zu Beginn ist ein ausgestopftes Tier
im Vordergrund zu sehen. Amalie sitzt zunächst an einem Tisch und hält eine
Schreibfeder in der Hand; dann steht sie hinter dem Tisch, auf dem eine Holz-
kiste, Mikroskop, Waage, handgeschriebenem Brief und Knochen stehen bzw.

---

[13] Quelle: Screenshot „Mordakte Museum", 28:14.

Abb. 5 Amalie Dietrich beim Verpacken von Schädeln[14]

liegen. Amalie legt einen Schädel in die Kiste und verschließt diese (vgl. Abb. 5). Anschließend ist zu sehen, wie ein Blatt Papier mit der Adresse Godeffroys in Hamburg beschriftet wird (vgl. 33:13–33:47). In dieser Sequenz ahmt die Kamera eine beobachtende, erkundende Person nach, die das erste Mal den Blick auf die Einrichtung und die Gegenstände wirft. Sehr genau werden die Gegenstände auf dem Tisch inspiziert. Das Ganze wird von leiser (Klavier-)Musik begleitet.

Nach einem weiteren Schnitt ist Matthias Glaubrecht zu sehen, wie er in einer Bar an einer Theke steht. Vor ihm ein geöffnetes Notebook, auf dessen Bildschirm Skelette und Schädel zu sehen sind, sowie ein aufgeschlagenes Buch. Der Voice-Over-Kommentar erläutert, dass Glaubrecht neue Informationen gesammelt hat, nämlich die Namen von zwei der Angehörigen der indigenen Bevölkerung, deren Gebeine Amalie verschickt hat (vgl. 33:48–34:19). Diese Erläuterung wird von dramatischer Musik begleitet; ebenso die Fragen dazu, woher die Sammlerin die Namen kannte und wie sie die menschlichen Gebeine erhalten hat.

---

[14] Quelle: Screenshot „Mordakte Museum", 33:38.

Abb. 6 Amalie Dietrich beim Schließen des Fensters[15]

Die letzte Szene der Dokumentation, in der Amalie Dietrich auftritt, zeigt in Form eines Reenactments, wie sie ihre Unterkunft in Australien verlässt, um nach Deutschland zurückzureisen. Raum und Tisch sind fast leer, es ist abendlich dunkel, eine Öllampe brennt und beleuchtet den Tisch. Auf diesem steht eine Reisetasche, in die Amalie Dietrich Notizbücher legt. Sie hat einen braun-grauen Kurzmantel an, darunter ein braunes Kleid, und trägt einen braunen Hut. Nach einem Schnitt blickt sie aus dem Fenster (vgl. Abb. 6) und verschließt es, pustet die Lampe aus, nimmt ihre Tasche und verlässt die Wohnung. Anschließend wird gezeigt, wie sie mit ihrem Karren durch ein offenes Zauntor geht und sich immer weiter entfernt. Im Hintergrund sind leise Geräusche zu hören – das Schließen der Fensterläden und die Räder des Karrens. Es folgt eine Unschärfeblende von der sich entfernenden Schauspielerin auf das wohl bekannteste Bild von Amalie Dietrich: eine Porträtaufnahme, die im Buch *Amalie Dietrich. Ein Leben erzählt von Charitas Bischoff* (Bischoff, 1909) abgedruckt wurde.[16] Im Film wird das Porträt in einer Großaufnahme gezeigt und immer dichter herangezoomt (vgl. 35:05–50).

---

[15] Quelle: Screenshot „Mordakte Museum", 35:15.

[16] Siehe zur Auseinandersetzung mit dem Porträt den Beitrag von Sigrid Nolda in diesem Band.

„Amalie Dietrich selbst wird nie ein Wort darüber verlieren. 1873 ruft ihr Auftraggeber sie nach Hamburg zurück. 52 Jahre ist sie jetzt alt. Ihre zehnjährige Sammlertätigkeit in Australien hat sie in der Wissenschaft weltberühmt gemacht. Bis heute.
Sie ist eine Legende, an der niemand kratzen will. Und so verschwiegen, wie sie
ihre Tätigkeit in Australien ausgeführt hat, bleibt sie bis zu ihrem Ende. Kein Wort
darüber, was in Australien wirklich geschah. Als sie im März 1891 stirbt, nimmt sie
ihr Geheimnis mit ins Grab." (35:05–50)

Die Groß- und Detailaufnahmen des Gesichts der Schauspielerin zeigen wie
auch die Porträtaufnahme einen ernsthaften, aber auch indifferenten, kaum zu
deutenden Ausdruck. Dieser unterstreicht die Botschaft des Kommentars, dass
von Amalie Dietrich keine Informationen darüber vorliegen, wie sie die Gebeine
beschafft hat und wie sie diese Tätigkeit selbst bewertete.

Dass die Schauspielerin in den meisten Szenen in einem hellen, vornehm
wirkenden Ensemble auftritt, kann als Verweis auf den Beinamen ‚angel of black
death' interpretiert werden. Die Farbe Weiß wird mit Engeln oder Gespenstern
assoziiert (vgl. Wiegand, 2012, S. 81). Auch der Schnitt des Kleides erinnert an
Engelsfiguren. In brauner, schlicht wirkender Kleidung ist die Schauspielerin zu
sehen, wenn die Verdienste der Sammlerin angesprochen werden. Braun wird mit
Erde und Natur verbunden (ebd.). Die unterschiedlichen Outfits symbolisieren die
zwei Facetten von Amalie Dietrich, die im Film präsentiert werden: willfährige
Grab- und Leichenschänderin im Auftrag Godeffroys, deutscher Anthropologen
und somit des europäischen Kolonialismus vs. fachkundige und geschätzte
Sammlerin. Andere Perspektiven, wie die der sozialistischen oder feministischen
Pionierin, der (guten oder schlechten) Mutter oder Identifikationsfigur für junge
Frauen, bleiben unerwähnt.

4   Zum Abschluss: Die ‚Message' der Dokumentation – Von Skandalisierung über ‚Aufklärung' zu Versöhnung

Im Zentrum der Analyse der Terra X-Folge „Mordakte Museum" stand die
Frage, wie die Rolle Amalie Dietrichs im Rahmen der Beschaffung, Entwendung
und Übersendung von menschlichen Gebeinen während ihres Aufenthalts in
Australien dargestellt wird. Auch in der in den Film eingebundenen ‚Ermittlung'
von Matthias Glaubrecht konnten keine schriftlichen Belege darüber gefunden
werden, wie Amalie Dietrich die Gebeine, die sie nach Hamburg verschiffte,
beschafft hat. Der Film greift jedoch nicht die von Scheps (vgl. 2013, S. 142)
und Sumner (vgl. 2019, S. 5) formulierte These auf, dass die Human Remains

gekauft wurden. Stattdessen vermitteln Reenactment-Szenen und der Voice-Over-Kommentar, dass Amalie Dietrich Leichenfelder und Grabstätten schändete, nachdem der Versuch, Morde an Aboriginal People zu beauftragen, gescheitert war. Skandalisiert wird dabei auch, dass Amalie Dietrich sich nicht zum (unterstellten) ethisch und moralisch verwerflichen Handeln geäußert hat.

Die Vermittlung dieser Botschaften in Reenactments ist in diesem Zusammenhang naheliegend, da diese genutzt werden, um „in historischen Dokumentationen Passagen, zu denen kein Originalmaterial existiert, zu bebildern oder die sachliche Darstellung emotional aufzuladen" (Monaco & Bock, 2017, S. 208). Die emotionale Aufladung ist sicherlich gelungen, problematisch erscheint jedoch, dass in den Szenen Inhalte vermittelt werden, die nicht hinreichend belegt sind. Melanie Hinz schreibt dazu in Bezug auf die Sendereihe: „Wenn in ‚Terra X' fiktive Szenen [...] von Schauspielern nachgespielt werden, die so oder so ähnlich gewesen sein könnten, sind diese Szenen nicht als Reenactment zu bezeichnen" (Hinz, 2011, S. 4). Im Anschluss an Keutzer et al. (2014, S. 288) ist das Nachstellen von Szenen in Dokumentarfilmen nur dann angemessen, wenn es auf eine wirklichkeitsgetreue Präsentation zielt. Dass diesem Anspruch in der hier analysierten Episode nicht immer entsprochen wird, kann dem auf Spannung setzenden Unterhaltungsanspruch geschuldet sein. Im spezifischen Kontext der Sendung „Mordakte Museum" scheint die Darstellung zudem mit der Message des Films zu tun zu haben. Diese greift zentrale Aspekte der Human-Remains-Debatte auf:

- das Aufdecken des in Afrika und Australien an der indigenen Bevölkerung begangenen Unrechts,
- die unbedingt erforderliche Anerkennung der Tatsache, dass sich europäische/deutsche Wissenschaftler*innen schuldig gemacht haben, indem sie die Beschaffung von Gebeinen beauftragt haben,
- die Notwendigkeit der Auseinandersetzung mit den in Sammlungen und Museen aufbewahrten Gebeinen, der Ermittlung ihrer Herkunft im Rahmen der Provenienzforschung[17] sowie ihrer Rückführung, die sehr große Bedeutung für die indigene Bevölkerung hat.

---

[17] Dies beinhaltet auch die finanzielle Förderung entsprechender (Forschungs-)Projekte bzw. Initiativen.

Im Film werden u. a. durch die Ermittlungen Glaubrechts über Amalie Dietrich der skandalöse Umgang mit Menschen und menschlichen Gebeinen aufgezeigt und (in Bezug auf Amalie Dietrich nur scheinbar) aufgeklärt. Bedeutsam ist dabei auch, dass Glaubrecht als ‚Landsmann' von Dietrich quasi stellvertretend die Aufgabe übernommen hat, aufzuklären, mit den Menschen vor Ort Kontakt aufzunehmen und letztlich den Prozess der Ver- bzw. Aussöhnung einzuleiten. Er sagt dazu in einer Interviewaussage:

> „Was wir als Wissenschaftler tun müssen, um dieses dunkle Kapitel aufzuarbeiten, ist darüber zu sprechen. Und was ich hier in Australien von den Aborigines gelernt habe, ist, dass man diese Geschichten erst einmal erzählen muss. Und darüber sprechen bedeutet ein erster Schritt zur Aufarbeitung, zur Heilung und dann kann auch eigentlich erst Versöhnung folgen." (41:41–42:01)

Auch der letzte Satz des Voice-Over-Kommentars betont die Bedeutung der Repatriierung von Human Remains[18]: „Und nur wenn jeder Schädel, jeder Knochen, jedes Haar den Weg zurückfindet, kann es Versöhnung geben" (42:45–53). Gezeigt werden parallel Luftaufnahmen von Australien (u. a. Ayers Rock), historische und aktuelle Aufnahmen von Aboriginal People und abschließend wiederum Luftaufnahmen. Zu hören ist der Song „Save our restless souls" von Glenn Skuthorpe, einem indigenen australischer Country-Musiker aus Goodooga, New South Wales.

Literatur

Arens, P. (2012). 30 Jahre „Terra X". Bildungsfernsehen mit Nachhaltigkeitsfaktor. In o.V., ZDF-Jahrbuch 2012 (S. 81–84). http://www.zdf-jahrbuch.de/2012/_pdf/ZDF%20 JB2012_1%20Programme%20des%20Jahres.pdf#view=FitB&page=8. Zugegriffen: 23. Aug. 2020.
Auswärtiges Amt. (2018). Dritte Rückgabe von Gebeinen aus der Kolonialzeit – eine bedeutungsvolle Tagesreise nach Namibia. https://www.auswaertiges-amt.de/de/aussen-politik/laender/namibia-node/muentefering-windhuk/2134368. Zugegriffen: 22. Aug. 2020.

---

[18] Die im Fall der von Amalie Dietrich vermutlich erworbenen Gebeine nicht mehr möglich ist: „Diese waren Teil einer Sammlung, die 1881 vom Museum für Völkerkunde zu Leipzig gekauft wurde, nachdem die Firma Godeffroy Bankrott machte [...] allerdings wurde mir gesagt, dass die Skelette entweder nie angekommen sind oder nach Göttingen geschickt wurden. Neuerdings heißt es, sie seien 1943 bei den Luftangriffen auf Dresden zerstört worden" (Sumner, 2019, S. 3 f.; vgl. Scheps, 2013, S. 130).

Bischoff, C. (1909). *Amalie Dietrich. Ein Leben erzählt von Charitas Bischoff*. G. Grote'sche Verlagsbuchhandlung.

Blau S. (2018). Ethics and human remains. In C. Smith (Hrsg.), Encyclopedia of global archaeology (S. 2453–2458). https://doi.org/10.1007/978-3-319-51726-1_160-2. Zugegriffen: 23. Nov. 2020.

Dickerson, A. B., & Ceeney, E. R. (2015). Repatriating human remains: searching for acceptable ethics. In T. Ireland & J. Schofiled (Hrsg.), *The ethics of cultural heritage* (S. 89–104). Springer Scienece+Business Media.

Die Bundesregierung. (2018). Koalitionsvertrag 2018. https://www.bundesregierung.de/breg-de/themen/koalitionsvertrag-zwischen-cdu-csu-und-spd-195906. Zugegriffen: 22. Aug. 2020.

Faulstich, W. (2008). *Grundkurs Filmanalyse*. Fink.

Gangloff, T. P. (2009). Wissen macht Spaß. Wie das Fernsehen auf unterhaltsame Weise Bildung vermittelt. *TV Diskurs, 13*(4), 78–83.

Glaubrecht, M. (2013). Als Sammlerin in Australien. Das dunkle Geheimnis der Amalie Dietrich. Der Tagesspiegel. https://www.tagesspiegel.de/gesellschaft/als-sammlerin-in-australien-das-dunkle-geheimnis-der-amalie-dietrich/8389440.html. Zugegriffen: 11. Sept. 2020.

Green, M., & Gordon, P. (2010). Repatriation: Australian perspectives. In J. Lydon & U. Z. Rizvi (Hrsg.), *Handbook of postcolonial archaeology* (S. 257–265). Routledge.

Gretzschel, M. (2013). Forscherin Amalie Dietrich unter Verdacht. Hamburger Abendblatt. https://www.abendblatt.de/ratgeber/wissen/article118692825/Forscherin-Amalie-Dietrich-unter-Verdacht.html. Zugegriffen: 7. Sept. 2020.

Hinz, M. (2011). Reenactment. https://www.bpb.de/ajax/183654?type=pdf. Zugegriffen: 7. Sept. 2020.

Hoberg, I. (2011). Amalie Dietrich als umstrittene Naturforscherin. Wissenschaftler aus der Region zum Verdacht des Auftragsmords an Aborigines. Lausitzer Rundschau. https://www.lr-online.de/lausitz/luckau/amalie-dietrich-als-umstrittene-naturforscherin_aid-3378429. Zugegriffen: 7. Sept. 2020.

Howes, H. (2020). Germany's engagement with the repatriation issue. In C. Fforde, C. T. McKeown, & H. Keeler (Hrsg.), *The Routledge companion to indigenous repatriation* (S. 83–100). Routledge.

Jedes Haus sein eigenes Geheimnis. (Deutschland 2009). Idee, Konzept, Texte und Moderation: Dr. Rita Bake. Landeszentrale für politische Bildung Hamburg. *Online-Video* YouTube 2013. https://www.youtube.com/watch?v=EGJRjEcufhE&feature=youtu.be. Zugegriffen: 30. Aug. 2020.

Keutzer, O., Lauritz, S., Mehlinger, C., & Moormann, P. (2014). *Filmanalyse*. Springer VS.

Monaco, J., & Bock H. M. (2017). *Film verstehen. Das Lexikon. Die wichtigsten Fachbegriffe zu Film und Neuen Medien*. Rohwohlt.

Mordakte Museum. Leichen im Museumskeller. Terra X. (Deutschland 2011). Film von: Jens Monath und Heike Schmidt. ZDF in Zusammenarbeit mit ARTE. *TV-Dokumentation* ZDF 2016.

o.V. (2019). Von Verbrechen, die nie begangen wurden. VORTRAG Naturkundlerin Amalie Dietrich zu Unrecht im Zwielicht. https://www.blick.de/mittelsachsen/von-verbrechen-die-nie-begangen-wurden-artikel10597842. Zugegriffen: 13. Sept. 2020.

Reimann, I., & Caris, M. (2020). Fachbeitrag zur Rückgabe menschlicher Gebeine aus Sachsen an die Yawuru und Karajarri von Broome, Westaustralien. https://www.weiterdenken.de/index.php/de/2020/07/23/fachbeitrag-zu-veranstaltungen-im-rahmen-der-rueckgabe-menschlicher-gebeine-aus-sachsen. Zugegriffen: 22. Aug. 2020.

Scheps, B. (2013). Skelette aus Queensland – Die Sammlerin Amalie Dietrich. In H. Stoecker, T. Schnalke & A. Winkelmann (Hrsg.), *Sammeln, Erforschen, Zurückgeben? Menschliche Gebeine aus der Kolonialzeit in akademischen und musealen Sammlungen* (S. 130–145). Ch. Links Verlag.

Sumner, R. (1993). *A woman in the wilderness: The story of Amalie Dietrich in Australia.* University Press.

Sumner, R. (2019). Die Verteufelung der Amalie Dietrich. *Federkiel* (LXVIII), 1–6.

Turnbull, P. (2008). Theft in the name of science. *Griffith Review, 21.* https://griffithreview.com/artivles/theft-in-the-name-of-science/. Zugegriffen: 15. Nov. 2020.

Vine, M. (o. J.). The dietrich project. Art. Science. History. http://michellevine.com/amalie-dietrich-a-contested-biography/. Zugegriffen: 30. Aug. 2020.

Walter, A. (2014). Alexander Graham Bell, Hermes und die Gestaltung von Zeit in den Darstellungen großer Erfinder. *ClassicoContemporaneo, 0,* 56–77.

Wiegand, F. (2012). *Die Kunst des Sehens. Ein Leitfaden zur Bildbetrachtung.* Deadalus.

ZDF (o. J.). Mordakte Museum. Leichen im Museumskeller. https://www.zdf.de/dokumentation/terra-x/mordakte-museum-leichen-im-museumskeller-knochenfunde-von-100.html. Zugegriffen: 30. Aug. 2020.

Zubayr, C., & Gerhard, H. (2018). Tendenzen Im Zuschauerverhalten. *Media Perspektiven, 3,* 102–117.

„[D]ie Australneger sind nämlich von finsterem Aberglauben besessen." Zur Fortschreibung von Rassismen im deutschsprachigen Australiendiskurs des 20. und 21. Jahrhunderts am Beispiel von Veröffentlichungen zu Amalie Dietrich

"[D]ie Australneger sind nämlich von finsterem Aberglauben besessen." On the Continuation of Racism in the German-Speaking Australian Discourse of the 20th and 21st Centuries Using the Example of Publications on Amalie Dietrich

Christine Eickenboom

Zusammenfassung

Die Leistungen Amalie Dietrichs haben noch im 20. und 21. Jahrhundert dazu geführt, dass Texte über ihr Leben und Wirken, insbesondere auch über

---

Goedecke (1951, S. 81).

C. Eickenboom (✉)
Elz, Deutschland

© Der/die Autor(en), exklusiv lizenziert durch Springer Fachmedien Wiesbaden   187
GmbH, ein Teil von Springer Nature 2021
N. Hoffmann und W. Waburg (Hrsg.), *Eine Naturforscherin zwischen Fake, Fakt und Fiktion,* Frauen in Philosophie und Wissenschaft. Women Philosophers and Scientists, https://doi.org/10.1007/978-3-658-34144-2_9

ihre Zeit in Australien, verfasst wurden und werden. Während die Veröffent-lichungen des 19. Jahrhunderts von einem Australiendiskurs geprägt sind, der in weiten Teilen aus Stereotypen und Rassismen besteht, stellt sich die Frage, ob bzw. inwieweit die Darstellung des australischen Kontinents und seiner indigenen Bewohner im Kontext Amalie Dietrichs sich gewandelt hat – beispielsweise aufgrund der inzwischen vertieften Kenntnisse über Land und Kultur, oder der großen Bedeutung, die Australien als Reiseland für die Deutschen hat. Als Grundlage zur Beantwortung dieser Fragestellung dienen diesem Beitrag so unterschiedliche Texte wie die Lebensbeschreibungen von Hans Petzsch *Eine Frau erforscht Australien* (1948), Irene Uhlmann *„Dieser Frau gebührt ein Ehrenplatz!" Aus dem Leben und Werk der Naturforscherin Amalie Dietrich* (1956), Kurt Schleucher *Die Eine-Frau-Expedition Amalie* (1967) und Lothar Schott *Amalie Dietrich – ein Leben im Dienste wissen-schaftlicher Sammeltätigkeit* (1991). Elke von Radziewsky hat mit *Amalie Dietrich. Eine Frau auf Pflanzenjagd im Land der Aborigines* (2003) ebenso wie vor ihr Suse Pfeilstücker mit *Reichthum des Lebens. Ein Buch für junge Mädchen* (1950) und Renate Goedecke mit *Als Forscherin nach Australien* (1951) einen Text verfasst, der anregend und lehrreich auf jugend-liche Leser*innen wirken soll. Die Analyse erfolgt unter Heranziehung von Konzepten und Kategorien der postcolonial studies und der Postkolonialen Narratologie.

Abstract

Amalie Dietrich's achievements have led to texts about her life and work, especially about her time in Australia, still being written in the 20th and 21st centuries. While the publications of the 19th century are characterized by an Australian discourse that is largely based on stereotypes and racism, the question arises whether or to what extent the representation of the Australian continent and its indigenous inhabitants has changed in the context of Amalie Dietrich – for example, because of the meanwhile deepened knowledge about country and culture, or the great importance Australia has as a travel destination for Germany. The basis for answering this question is provided by texts as diverse as the biographies of Hans Petzsch *Eine Frau erforscht Australien* (1948), Irene Uhlmann *„Dieser Frau gebührt ein Ehrenplatz!" Aus dem Leben und Werk der Naturforscherin Amalie Dietrich* (1956), Kurt Schleucher *Die Eine-Frau-Expedition Amalie* (1967) und Lothar Schott

Amalie Dietrich – ein Leben im Dienste wissenschaftlicher Sammeltätigkeit (1991). Elke von Radziewskies *Amalie Dietrich. Eine Frau auf Pflanzenjagd im Land der Aborigines* (2003) as well as Suse Pfeilstückers *Reichthum des Lebens. Ein Buch für junge Mädchen* (1950) and Renate Goedeckes *Als Forscherin nach Australien* (1951) are texts that should have a stimulating and instructive effect on young readers. The analysis is based on the concepts of postcolonial studies and postcolonial narratology.

Schlüsselbegriffe

Postkoloniale Narratologie · Kolonisation · Rassismus · Othering · Alterität · Fremde

Keywords

Postcolonial studies · Colonisation · Racism · Othering · Alterity · Foreignness

1   Einleitung

Die inzwischen über mehr als ein Jahrhundert andauernde Faszination an Leben und Wirken der Amalie Dietrich fußt nicht zuletzt auf der Tatsache, dass diese außergewöhnliche Frau es geschafft hat, zehn Jahre lang in einem Kontinent zu bestehen und darüber hinaus erfolgreich tätig zu sein, der zu ihren Lebzeiten alles andere als einladend und lebensfreundlich wirkte. Australien war im 19. Jahrhundert weit entfernt davon, durch landschaftliche Reize oder die sich bietenden Lebensbedingungen europäische Einwanderer anzulocken. Dietrichs Aufenthalt dort, den sie im Auftrag der Hamburger Firma Godeffroy auf sich genommen hat, fällt in eine Zeit, in der sich das Bild der Deutschen über den fremden Kontinent erst konstituiert.[1] Nachdem Australien in der zweiten Hälfte des 18. Jahrhunderts durch James Cook und seine Fahrten in das Bewusstsein einer breiten europäischen Öffentlichkeit rückte, ergriffen die Briten die Gelegenheit, hier Ersatz für die durch die amerikanischen Unabhängigkeitskriege weggefallenen Gefangenenlager zu finden. So begann die europäische Besiedelung Australiens als geopolitisches Gefängnis. 1788 kamen mit der First Fleet die

---

[1] Zur Wahrnehmung Australiens in der zweiten Hälfte des 19. Jahrhunderts vgl. Eickenboom (2017).

ersten Gefangenentransporte in Botany Bay an. Bis zum Ende der Deportationen im Jahr 1868 gelangten mehr als 160.000 Strafgefangene auf den australischen Kontinent. In der zweiten Hälfte des 19. Jahrhunderts nahm die Zahl der frei-willigen Einwanderer, unter anderem aufgrund bedeutender Goldfunde, in Australien zwar zu, blieb aber im Vergleich zu den unfreiwillig Einreisenden lange Zeit gering (zu Geschichte Australiens vgl. Voigt, 1988).

Entscheidend für die freie Auswanderung war zum einen der Goldrausch dieser Jahre, der enorm zur wachsenden Popularität Australiens beitrug. Gerade bei den Deutschen spielte außerdem die Tatsache, dass es sich aus europäischer Sicht um eine der letzten Möglichkeiten zu kolonialer Inbesitznahme und Ent-faltung handelte, eine große Rolle (Amerika hatte sich bereits am Ende des 18. Jahrhunderts von Europa befreit, in der Südsee wurde der zivilisationsbedingte Verfall des Paradieses konstatiert, lediglich Afrika bot aus deutscher Sicht noch Hoffnung auf eine Beteiligung am kolonialen Projekt). Auch wenn die in Australien lebenden Deutschen sich den englischen Kolonialherren unterordnen mussten, trug doch allein die Idee, sich hier als bedeutende Macht etablieren und Entscheidendes zu der Entwicklung dieses Kontinents beizutragen zu können, wesentlich dazu bei, die eigene Rolle positiv zu bewerten und Selbstbewusstsein zu erlangen (vgl. hierzu Eickenboom, 2017, S. 11–24). Susanne Zantop (1999) hat in ihrer Studie *Kolonialphantasien im vorkolonialen Deutschland (1770–1870)* herausgearbeitet, dass Deutschland in der kolonialen Entwicklung einen Sonderweg eingeschlagen hat. Für die Konstruktion einer deutschen nationalen Identität war die Entwicklung kolonialer Phantasien und damit die Entstehung eines kolonialen Testortes besonders wichtig:

> „Was postkoloniale Theorie angeht, bleibt Deutschland Randfigur. Für den europäischen Kontext, vor allem zur Wende vom 18. zum 19. Jahrhundert, ist es jedoch von großer Wichtigkeit, nationale Sonderentwicklungen in Betracht zu ziehen. Deutsche Kolonialphantasien waren anders, selbst wenn sie die Phantasien anderer europäischer Nationen imitierten oder umschrieben. Da sie rein auf Wunschträumen basierten, unberührt von Praxis, waren deutsche Phantasien nicht nur unterschiedlich motiviert, sondern hatten auch eine andere Funktion: sie dienten weniger als ideologischer Deckmantel, hinter dem sich koloniale Brutalitäten oder verbotene Wünsche verstecken konnten denn als Handlungsersatz, als imaginärer Testort für koloniale Unternehmungen. [Sie konnten] ein eigenes koloniales Uni-versum schaffen, in das sie sich selbst hineinverpflanzten." (Zantop, 1999, S. 16)

Entsprechend beobachtete und konstatierte man deutsche ‚Verdienste' in Australien in der Landwirtschaft, der Missionstätigkeit, insbesondere aber auch in

der Wissenschaft (vgl. Eickenboom, 2017, S. 80–82).[2] So generierte sich in dieser
zweiten Hälfte des 19. Jahrhunderts in Deutschland ein Bild von Australien,
das geprägt war von der Wahrnehmung des Kontinents als „innere [...] Zone
der Randvölkerwelt" (Schneider, 2005, S. 210), als dunklem und gefährlichem
Ort (vgl. Eickenboom, 2017, S. 148–157). Die den Alteritätsdiskurs prägenden
Stereotype waren fast durchgängig negativ (vgl. ebd., Abschn. 2.2.3.4), das Land
selbst galt sowohl in klimatischer wie in landschaftlicher Hinsicht in weiten
Teilen als unwirtlich und todbringend (vgl. ebd., S. 150–151). Besonderheiten
in Flora und Fauna wurden als Stillstand in der evolutionären Entwicklung verstanden (vgl. ebd., S. 64, S. 119 ff.).

Diese Wahrnehmung bot in Kombination mit den Kolonialphantasien Raum
für Selbstinszenierungen, die bei den daheimgebliebenen Leser*innen auf
fruchtbaren Boden fielen, erfüllten sie doch ein wachsendes Bedürfnis nach
Nachrichten aus der Fremde, während sie gleichzeitig Möglichkeiten der Identi-
fikation boten. Das Land bzw. sein Name entwickelte sich zu einem Topos, den
Autor*innen sich nachweisbar ab der Mitte des 19. Jahrhunderts entsprechend in
fiktionaler wie faktualer Literatur zunutze machten, um Inhalte zu transportieren
bzw. zu unterstützen (vgl. ebd., insbes. S. 33 f., S. 291–301, S. 302–305,
S. 432 f.). In diese Zeit wissenschaftlicher und phantasiegeprägter Entdeckung
fiel auch die Anwesenheit und Tätigkeit Amalie Dietrichs in Australien, die natürlich dazu beigetragen hat, ihren Landsleuten das ferne und exotische Australien
nahezubringen, immerhin hat sie unzählige Exponate aus ihrer Zeit dort nach
Hamburg übersandt (zum Sammeleifer Amalie Dietrichs vgl. Hielscher &
Hücking, 2011, S. 148–153), die sich zum Teil auch heute noch in Ausstellungen
wiederfinden (vgl. GRASSI, 2020; Kranz, 2005, S. 20) und über die seit dem
immer wiederkehrend berichtet wird.

Der folgende Beitrag wird der Frage nachgehen, welches Bild von Australien
in den Veröffentlichungen ab der Mitte des 20. Jahrhunderts, etwa einhundert
Jahre nach Dietrichs Aufenthalt dort, entworfen oder besser: genutzt wird. In der
Zeit zwischen dem Leben und Arbeiten Dietrichs bis in die Mitte des 20. Jahrhunderts und darüber hinaus ist es zu weitreichenden Veränderungen in Wahrnehmung des und Einstellung gegenüber dem ‚Fremden' gekommen. Viele der
das 19. Jahrhundert prägenden stereotypen Vorstellungen erfuhren in den seither
vergangenen Jahren eine Korrektur durch vertiefte Kenntnisse über Land und

---

[2] Die wissenschaftlichen ‚Verdienste' der Deutschen dieser Zeit waren und sind auch vielfach Thema der australischen Rezeption (vgl. u. a. Home, 1994). Auch die Tätigkeit Amalie
Dietrichs ist dauerhaft hier verankert (vgl. u. a. Gilbert, 1972; Sumner, 1993).

indigene Bevölkerung. Auch die Begegnung mit dem australischen Kontinent hat sich in den vergangenen 150 Jahren stark gewandelt: Australien ist inzwischen das beliebteste Land der Teilnehmer*innen des *work and travel*-Programms der Bundesrepublik Deutschland mit der australischen Regierung (vgl. Statista Research Department, 2019). Regelmäßig bereisen es unzählige deutsche Tourist*innen. Die bis heute andauernde Berichterstattung über Amalie Dietrich bietet nun die Möglichkeit der Prüfung, ob bzw. inwieweit die Darstellung des australischen Kontinents sich im Kontext Amalie Dietrichs mit diesen Veränderungen gewandelt hat. Nicole Hoffmann und Wiebke Waburg haben in der Vorbereitung zu diesem Projekt eine beeindruckende Sammlung von Texten und Materialhinweisen zu Amalie Dietrich zusammengetragen, die eine gattungsübergreifende Betrachtung der Fragestellung möglich macht. So handelt es sich bei den von mir analysierten Texten um fiktionale Texte, biografische Schilderungen und faktuale Berichterstattung.

Da es sich bei den hier zugrunde gelegten Texten nicht um eine homogene Gruppe handelt, sind Kriterien festzulegen, die bei der Analyse einheitlich berücksichtigt werden müssen. Es wird also in der Betrachtung im Einzelnen darum gehen, mittels eines *close reading* zu erfassen, um welche Art Aussagen es sich handelt, die über Australien, seine Bewohner*innen und das Leben dort getätigt werden. Mithilfe einer narratologischen Textanalyse, die geeignet ist, Identitäts- und, im vorliegenden Fall insbesondere, Alteritätskonstruktionen zu identifizieren, wird das ausgewählte Material dahingehend untersucht, ob und inwiefern sich das vermittelte Bild der Fremde in der Zeit seit Leben und Wirken Dietrichs verändert hat. Als eine Möglichkeit dieser zunächst von Monika Fludernik (1999) erarbeiteten und von Hanne Birk und Birgit Neumann (2002) aufgegriffenen Postkolonialen Narratologie kommt in der vorliegenden Untersuchung insbesondere das Erkennen imagologischer Topoi in Beschreibungen und Wertungen der erzählenden Instanz zum Tragen.[3] Entsprechend geeignete Werkzeuge aus dem Feld der *postcolonial studies* stellen die Konzepte des *othering* bzw. der *rhetoric of othering* dar. Der Begriff des *othering* umschreibt hier den Prozess der Subjektgenerierung im kolonialen Diskurs. Um sich selbst zu positionieren muss ein Gegenüber geschaffen werden, das im kolonialen Diskurs wie überhaupt im Kontext der Xenophobie die Absetzung vom kulturell

---

[3]Eine tiefergehende Analyse ist im Rahmen dieser Darstellung nicht möglich, wäre aber natürlich wünschenswert. Zu weiteren Möglichkeiten der Textbetrachtung vgl. Fludernik (1999), Birk und Neumann (2002), eine Darstellung findet sich bei Eickenboom (2017, S. 40).

Anderen ermöglicht (vgl. Ashcroft et al., 2009, S. 156 ff.). Um dieses Ziel zu erreichen, arbeitet eine *rhetoric of othering* entsprechend mit der wertenden Kennzeichnung des zuvor oder sogar im selben Schritt konstruierten ‚Fremden', häufig auch mit dessen Homogenisierung, um ihm so eine Individualität abzusprechen. Sie stützt sich dabei auf die Bildung dichotomer Oppositionspaare, dem *binarism* (vgl. ebd., S. 18–21), der mithilfe polarisierender Konstruktionen Stigmatisierungen sowohl verdeutlichen wie auch überhaupt zuweisen kann. Die gegeneinander positionierten Pole stehen für Identität und Alterität, die mithilfe eines dargestellten Stigmas aufgewertet bzw. verstärkt werden. In der Gegenüberstellung verdeutlichen die zu Beschreibungen und Charakterisierung gewählten dichotomen Begriffe damit gleichzeitig ein Über- und Unterordnungsverhältnis zwischen Identität und Alterität (vgl. Birk & Neumann, 2002, S. 124). Schließlich ermöglicht das Konzept der Anthropophagie, von Ashcroft et al. (2009) als „the West's key representation of primitivism" (ebd., S. 26) bezeichnet, eine auf anderem Weg kaum zu erreichende Abgrenzung vom Gegenüber, handelt es sich doch um eines der wirkmächtigsten Konzepte überhaupt, das der Kolonialismus im pazifischen Raum genutzt hat, um die Grenze zwischen den ‚Kolonialherren' und den ‚Wilden' zu ziehen, denn „‚cannibal' became synonymous with the savage, the primitive, the ‚other' of Europe, ist use a signification of an abased state of being" (ebd., S. 27).

Darüber hinaus ist in der narratologischen Analyse die Frage relevant, ob die jeweiligen Autor*innen eine narrative Instanz zwischen sich und ihre Leserschaft stellen und damit ein fiktionales Erzählen gestaltet, oder ob der Inhalt faktual, also unmittelbar, präsentiert wird und so geeignet ist, bei den Leser*innen den Eindruck von Authentizität und damit erhöhter Glaubwürdigkeit entstehen zu lassen.

Da sich die Kernfrage der Untersuchung auf einen möglichen Wandel in der Darstellung bezieht, werden die ausgewählten Texte in ihrer chronologischen Reihenfolge vorgestellt. Die Ergebnisse fallen je nach Informationsgehalt der einzelnen Texte in sehr unterschiedlicher Länge aus.

2 Texte über Amalie Dietrichs Australienaufenthalt aus den Jahren 1948–2006

2.1 Hans Petzsch: Eine Frau erforscht Australien (1948)

Der Zoologe Hans Petzsch veröffentlichte 1948 in der in der ehemaligen DDR erscheinenden Zeitschrift *Natur und Technik* einen Artikel zu Amalie Dietrich

unter dem Titel *Eine Frau erforscht Australien.*Der Text trägt den Untertitel „Tatsachenbericht" und ist in der Art einer Berichterstattung ‚vor Ort' verfasst: Durch die in der Hauptsache im Präsens verfasste Darstellung ergibt sich
das Bild eines das Geschriebene nicht nur vermittelnden, sondern in weiten
Teilen auch erlebenden Erzählers. Der Text beschreibt, wie Amalie Dietrich sich
beim Anthropologenkongress in Berlin 1890 Einlass verschafft. Es folgt eine
Schilderung ihres Werdegangs, von dem lediglich die kurze Zusammenfassung
der Kindheit als erzählte Vergangenheit präsentiert wird, wohingegen der Erzähler
am weiteren Verlauf ab Erscheinen ihres zukünftigen Ehemannes in ihrer Heimat-
stadt Siebenlehn wieder unmittelbar teilzunehmen scheint. Die Ereignisse, in
deren Verlauf sie von Godeffroy für ihre Arbeit in Australien ausgewählt wird,
sowie eine kurze Zusammenfassung ihrer Jahre dort schließen sich an.

Bei der Zeitschrift *Natur und Technik* handelt es sich nicht um eine Fach-
zeitschrift im eigentlichen Sinn – angesprochen sind ausdrücklich die Freunde
der Wissenschaft, Forschung und Praxis, also ein interessiertes Publikum ohne
eigentlichen Fachbezug –, was die Darbietung als fiktionale Textform bzw. ihre
Ausgestaltung rechtfertigt. Zu Beginn des Textes erfahren die Lesenden, führende
Wissenschaftler seien zusammengekommen, um etwas „[ü]ber die Primitivvölker
des bisher kaum erforschten Australiens" (Petzsch, 1948, S. 478) zu erfahren.
Bei dem Begriff Primitivvölker handelt es sich um eine in der Mitte des 20.
Jahrhunderts durchaus gebräuchliche Bezeichnung für die indigenen Gruppen
außerhalb Europas. Meyers Großes Konversationslexikon aus dem Jahr 1902
vermerkt unter dem Lemma ‚primitiv': „ursprünglich, uranfänglich, urzuständ-
lich, das Gegenteil von kultiviert" (Meyer, 1902–1908, S. 346). Das entspricht
im Wesentlichen auch der heute noch gängigen Definition, wie sie beispielsweise
im Duden zu finden ist. Hier ist vermerkt „in ursprünglichem Zustand befindlich;
urtümlich, nicht zivilisiert", als Gebrauchsbeispiel ist „primitive Völker" (Dudenredaktion, o. J.) vermerkt. Die Bedeutung gilt als veraltend, d. h. befindet sich,
wenn auch dezimiert, noch im Sprachgebrauch. Gemeint ist also zunächst die
Benennung einer Gruppe von Menschen, die nicht zwingend abgewertet werden
soll, sich aber aufgrund ihrer Lebensweise und Kultur deutlich von anderen
Gruppen unterscheidet. Ashcroft et al. (2009), die diesen Begriff im Hinblick
auf seine kategorisierende Funktion in der Kunst untersucht haben, weisen
jedoch darauf hin, dass die Verwendung dieser Kategorie selbst bei positiver
Beschreibung immer die Gefahr des *othering* birgt, bedeute sie doch häufig die
Einordnung der Kunst als „implying a savage crudity and simplicity" (ebd.,
S. 179).

Amalie Dietrich wird vorgestellt als die Frau, die „im dunkelsten
Australien unter den größten Gefahren" (ebd., S. 479) gewirkt habe. Beide

Formulierungen (‚Primitivvölker' und ‚dunkelstes Australien') tauchen auch in der beschreibenden Zusammenfassung ihrer Tätigkeit in Australien auf (vgl. ebd., S. 483), außerdem erfahren die Leser*innen, wie sie in einer lebensbedrohlichen Situation von „wilde[n] Papuas" (ebd.) gerettet worden sei. Der Begriff Papuas wurde bereits Ende des 19. Jahrhunderts nicht mehr verwendet, um die Aborigines damit zu benennen. In Meyers Konversationslexikon aus dem Jahr 1877 findet sich zwar noch ein entsprechender Eintrag,[4] in der Ausgabe des Jahres 1894 taucht der Begriff dann aber nicht mehr auf. Dass Petzsch ihn dennoch wie selbstverständlich heranzieht wird insbesondere durch die Verwendung des Präsens und die erzählerische Gestaltung möglich, suggeriert diese Art der Darbietung doch, die Leser*innen hätten einen unmittelbar aus der Zeit Amalie Dietrichs stammenden Text vor sich. Tatsächlich aber verneint der Text an dieser Stelle die Eigenständigkeit der Aborigines als Gruppe und subsumiert sie stattdessen unter einen im pazifischen Raum geläufigen Oberbegriff für die hier lebenden Menschen, ohne nach Herkunft und Heimat zu differenzieren. Durch diese Form des *othering* wird Individualität verneint, stattdessen wird das dem Europäer gegenüberstehende Fremde, Andere des pazifischen Raumes zu einer Einheit zusammengefasst, die in der Dichotomie Wilde (Papuas) versus Zivilisierte (Europäer) die Positionierung als Gegenüber vereinfacht.[5] Passend dazu sind die Attribute ‚dunkel' und ‚wild' die einzigen Informationen, die im Text über Australien und seine indigene Bevölkerung zu erfahren sind. Zur Zeit Amalie Dietrichs prägten diese Attribute die wissenschaftliche wie auch öffentliche Wahrnehmung des Landes, in fast allen Publikationen wurde ein Bild beschworen, das an Feindlichkeit und Unwirtlichkeit kaum zu übertreffen war.

2.2   Suse Pfeilstücker: Reichthum des Lebens. Ein Buch für junge Mädchen. (1950)

1950 wurde das über viele Jahre sehr erfolgreiche Buch *Reichtum des Lebens. Ein Buch für junge Mädchen* von Suse Pfeilstücker erstveröffentlicht. Wie aus dem Untertitel hervorgeht, handelt es sich hier um ein Werk der sogenannten

---

[4] Meyers Konversations-Lexikon (1877, S. 568): „Papua (v. Malaiischen papuwah, ‚kraushaarig', auch Negritos, Australneger genannt), [...]."

[5] Uta Schaffers verdanke ich den Hinweis, dass noch im Jahr 2006 in einem online-Artikel von *Sächsische.de*, in dem die Erlebnisse Dietrichs herangezogen werden, das Lemma ‚Papua' unkommentiert und offenbar unbedenklich verwendet wird (vgl. Merkel, 2006).

Mädchenliteratur.[6] Unter anderem enthält das Werk ein Kapitel zu Amalie Dietrich, „eine[r] Naturforscherin aus Leidenschaft" (Pfeilstücker, 1950, S. 126). Ähnlich wie der Text von Petzsch beginnt das Kapitel mit Dietrichs Auftauchen beim Anthropologenkongress, skizziert dann ihr Leben und geht schließlich auf die Erlebnisse in Australien ein, wobei Pfeilstücker sich offenbar an die Biografie, die Charitas Bischoff über ihre Mutter Amalie Dietrich geschrieben hat, anlehnt. Dietrich habe an ihre Tochter einen Brief geschrieben, in dem es heiße:

> „‚Denke Dir', schrieb sie an Charitas, ‚alles ist hier fast umgekehrt wie bei uns. Die Schwäne sind schwarz, viele Säugetiere haben Schnäbel, die Bienen dagegen keinen Stachel. Eine Bachstelze habe ich beobachtet, die hebt den Schwanz nicht auf- und abwärts, sondern bewegt ihn von links nach rechts. Es gibt Laubbäume, deren Blattränder nach oben gerichtet sind, und bei einer kirschenähnlichen Frucht saß der Kern außen an der Beere …'." (ebd., S. 145)

Bei diesen Bildern handelt es sich um die im 19. Jahrhundert üblichen Beispiele der antipodalen Entwicklungen in Australien (vgl. u. a. Corkhill, 1990, S. 40; Bodi, 2004, S. 277; Eickenboom, 2017, S. 14). So hat Amalia Schoppe in ihrem 1843 erschienenen Jugendbuch *Robinson in Australien* sowohl den schwarzen Schwan als auch die ungewöhnliche Kirsche erwähnt (vgl. Schoppe, 1843, S. 93 f., S. 147), auch Friedrich Gerstäcker hat diese Frucht im fünften Band seiner Reihe *Die Welt im Kleinen für die kleine Welt: Polynesien und Australien* vorgestellt (vgl. Gerstäcker, 1860, S. 102). Mittlerweile gilt als bewiesen, dass Bischoff die Briefe ihrer Mutter mindestens bearbeitet, wenn nicht erfunden hat.[7] Dass Australien für Amalie Dietrich ein Land voller Wunder war (vgl. Pfeilstücker, 1950, S. 145), „[e]ine Märchenwelt" (ebd., S. 147), ist nicht anzu-

---

[6]Zur Definition ‚Mädchenbuch' vgl. Dahrendorf (1970, S. 20–24). Demnach handelt es sich um Bücher, die Mädchen in ihrer gesellschaftsbedingten Situation geschlechtsspezifisch ansprechen. Zur Besonderheit dieser Textform vgl. den Beitrag von Nicole Hoffmann in diesem Band.

[7]Lothar Schott weist in seinem im Folgenden noch näher betrachteten Beitrag darauf hin, dass die Bearbeitung der Briefe durch die Tochter und damit die Unzuverlässigkeit dieser als Quelle für das Erlebte Amalie Dietrichs bereits 1912 festgestellt wurde (vgl. Schott, 1991, S. 46). Ray Sumner kommt sogar zu dem Ergebnis, dass Bischoff die Briefe ihrer Mutter erfunden hat (vgl. Sumner, 1993). Vgl. hierzu auch den Beitrag von Uta Schaffers in diesem Band.

zweifeln, dennoch ist durchaus denkbar, dass Allgemeinplätze wie der schwarze Schwan, die außenkernige Kirsche, „die kultischen Tänze bei Vollmondschein" (ebd., S. 146) oder der Hinweis auf Bestattungsrituale der Aborigines (vgl. ebd.) diesen Büchern für die Jugend oder der allgemeinen Berichterstattung entnommen und als passende Details in die Briefe der Mutter eingefügt worden sind.[8]

2.3 Renate Goedecke: Als Forscherin nach Australien (1951)

Renate Goedecke verfasste ihren Text über das Leben Amalie Dietrichs nicht als Biografie, sondern als einen sogenannten Mädchenroman der Kinder- und Jugendliteratur.[9] Zahlreiche Details schmücken die Beschreibungen aus Amalies Kindheit und späterem Leben, die als fiktive Erweiterungen der bekannten Fakten den Charakter des Buches prägen und von einer heterogenen Erzählinstanz in interner Fokalisierung dargeboten werden (vgl. Goedecke, 1951).[10]

Hinsichtlich der hier behandelten Frage fällt insbesondere ein Dialog zwischen Amalie und ihrer Tochter Charitas auf:

> „Charitas schluckt. ‚Aber ich habe solche Angst um dich! Menschenfresser soll es dort geben!' ‚Bewahre, das ist stark übertrieben. So etwas mag wohl früher vorgekommen sein. Wenn die Eingeborenen merken daß ich ihnen nichts zuleide tue und außerdem ein Gewehr trage, werden sie mich schon in Ruhe lassen.'"
> (ebd., S. 75)

---

[8] Es ist nicht unwahrscheinlich, dass Charitas Bischoff als Kind diese Bücher gelesen hat, zumal sie durch den Aufenthalt ihrer Mutter ja ein besonderes Interesse gehabt haben dürfte. Ray Sumner geht davon aus, dass Bischoff sich von einem Reisebericht aus den 80er Jahren des 19. Jahrhunderts inspirieren ließ (vgl. Sumner, 1993 und Uta Schaffers in diesem Band).

[9] Die Undifferenziertheit im Begriff Kinder- und Jugendliteratur und die damit verbundene Kritik ist der Verfasserin bekannt, tatsächlich wird im besprochenen Werk aber nicht deutlich, an welche Altersstufe es sich richtet, weshalb der Begriff beibehalten wird.

[10] So beginnt das Buch mit den Worten: „Jubelnd und unermüdlich singt eine Amsel in der Spitze des Birkenbaumes vor dem kleinen Haus. Amalie Nelle, hier im Heimatstädtchen ‚de Nellen Male' genannt, atmet tief den würzigen Frühlingswind, und ihr junges Herz wird weit vor Glück." (Goedecke, 1951, S. 7) Da es keine Tagebuchaufzeichnungen von Amalie Dietrich gibt, kann von einer Überlieferung nicht die Rede sein.

Der Text arbeitet mit durch Quellen belegtem Wissen aus dem Leben Amalie Dietrichs und erhebt dadurch den Anspruch, glaubwürdig zu sein. Darüber hinausgehende Einschübe wie diese fiktive Gesprächssituation ermöglichen es Goedecke, die bekannten Fakten auszuschmücken und in Romanform zu bringen. In diesem speziellen Fall bedeutet das gleichzeitig, ein vermeintliches Wissen über unter den Aborigines herrschende Anthropophagie aus dem vorhergehenden Jahrhundert unhinterfragt zu übernehmen und zu suggerieren, es handele sich um Faktenwissen. Unterstützend wirkt, dass Australien als „[d]er fremde, seltsame Erdteil" (ebd., S. 76) gilt, in dem die fremd und seltsam erscheinen Gewohnheiten der indigenen Bevölkerung zum passenden Detail werden. Entsprechend teilt der Vertreter des Hauses Godeffroy, der Amalie Dietrich in Brisbane in ihre Aufgaben und das Land einführt, dieser mit: „Ja, in ein Paradies sind Sie nicht gekommen, Frau Dietrich" (ebd., S. 79).

Bemerkenswert sind außerdem die Passagen des Textes, in denen es um die indigene Bevölkerung des fremden Kontinentes geht. Als Dietrich von dem Vertreter des Hauses Godeffroy über das, was sie erwartet, aufgeklärt wird, weist er sie darauf hin, die Aborigines seien im Hinblick auf Gefährlichkeit und Gewaltbereitschaft nicht so schlimm wie ihr Ruf (vgl. ebd., S. 80). Deren für Dietrich, aber auch für die Leser*innen des 20. Jahrhunderts nach wie vor exotisch anmutende Lebensweise löst Mitleid bei Dietrich aus, zumal sie auf eine geistige Minderbemitteltheit der Indigenen zurückgeführt wird:

> „„Danach stehen die Australneger also auf einer sehr niedrigen Kulturstufe?'
> ,Ja, auf der Stufe der Steinzeit […]. Sie gehören zu den primitivsten Volksstämmen der Erde. […]'" (ebd.)

Die Verwendung des Begriffs ,Australneger' war wie schon zuvor die des Begriffs Papua bereits Ende des 19. Jahrhunderts nicht mehr gebräuchlich. In Meyers Konversationslexikon ist in der Ausgabe aus dem Jahr 1894 unter dem Lemma ,Australneger' zu lesen, dass es sich um

> „eine noch häufig gebrauchte Bezeichnung für die Ureinwohner des Festlandes Australien und der Insel Tasmanien [handelt], welche indes anthropologisch keine Berechtigung hat und durch die Bezeichnung Australier ersetzt worden ist." (Meyer, 1894, S. 238)

Der Dialog zwischen Dietrich und dem Vertreter Godeffroys spiegelt eine Sichtweise auf die Indigenen Australiens, die im 19. Jahrhundert allgemein vorherrschend war und die mit der zu dieser Zeit verbreiteten Einschätzung, die Aborigines würden in absehbarer Zeit aussterben, korrespondierte (vgl. Eickenboom, 2017, insbes. S. 114 f., S. 135 ff.). Einzelne Autoren sahen sich aufgrund dieser erwarteten Entwicklung in den Zeitschriften des 19. Jahrhunderts durchaus zu kritischen Bemerkungen über den Umgang der europäischen Siedler mit ihnen aufgefordert und thematisierten beispielsweise den Landraub (vgl. Eickenboom, 2017, u. a. S. 137). Diese Situation greift auch der Text Goedeckes auf und wirft einen kritischen Blick auf das Vorgehen der kolonialen Besetzer, wenn der Vertreter Godeffroys sagt: „Die Ermordung von Weißen war oft nur ein Akt der Notwehr, denn die fremden Siedler nahmen ihnen ja ihre ohnehin kärglichen Jagdgründe und damit den Lebensunterhalt fort" (Goedecke, 1951, S. 80).

Kurz darauf finden sich stereotype Aussagen zu den spirituellen Vorstellungen der Indigenen:

> „Aber seien Sie vorsichtig bei allem, was Waffen und sonstige Geräte der eingeborenen betrifft. Sie dürfen solche Gegenstände nicht anders als durch direkten Tausch mit Sachen, die sie dafür geben, an sich bringen! Die Australneger sind nämlich von finsterem Aberglauben besessen. Dämonen und böse Geister spielen eine große Rolle bei ihnen; die christliche Mission hat hier bisher wenig ausrichten können." (ebd., S. 81)

Die spirituellen Vorstellungen der Aborigines stehen seit dem 19. Jahrhundert immer wieder im Fokus europäischer Betrachtung, insbesondere, weil sie – auch heute noch – den Europäern weitgehend verborgen und in den wenigen bekannten Details vielfach unverständlich geblieben sind (vgl. Eickenboom, 2017, S. 123–125). Diese Textstelle spricht einen anderen Aspekt der bereits thematisierten Vorstellung vom Aussterben der Aborigines an: Im 19. Jahrhundert galten sie trotz intensiver Bemühungen als nicht missionierbar, wodurch man nicht zuletzt rechtfertigte, sie nicht als Menschen wahrnehmen zu müssen und ihr vermeintliches Aussterben als selbstverständlich erschien.[11] Dem Text zufolge bleiben die Aborigines für Amalie Dietrich schließlich Unsicherheitsfaktoren in ihrer Planung und ihrem Leben: „Die Australneger sind und bleiben trotz allen Bemühungen um gutes Einvernehmen doch ganz fremde, rätselvoll unberechenbare Wesen" (Goedecke, 1951, S. 91).

Über Australiens Landschaft erfahren die Leser*innen, dass es sich um eine „trostlose[.] Öde" (ebd., S. 89) handelt, in der einem „ungeheure[.] Mengen von

---

[11] Zum ‚Aberglauben' der Aborigines vgl. Eickenboom (2017, S. 123–125), zur Aussichtslosigkeit der Missionsbemühungen vgl. ebd. (insbesondere S. 93, S. 123).

Fliegen und Mücken" (ebd., S. 85) das Leben schwermachen. Flora und Fauna sind fremd, Relikte aus einer vergangenen Zeit, die sich nur hier behaupten konnten:

> „Ja, diese Beuteltiere bilden eine vielseitige und merkwürdige Ordnung. Nicht nur, daß sie in anderen Erdteilen längst ausgestorben sind – es gibt unter ihnen Pflanzen- und Fleischfresser, Raubtiere und Nagetiere. Man kann kletternde, hüpfende, wühlende und schwimmende Arten finden. Vom Hauptbewohner Australiens, dem mannshohen Riesenkänguruh, das soviel wie drei Schafe frißt, bis zum drolligen kleinen Beutelbär. Sie alle tragen in einem Beutel am Bauch ihre Jungen, die, wenn sie größer sind, oft so lustig oder auch rührend daraus hervorschauen! Amalie über- zeugt sich genau, daß der Kletterbeutler da vor ihr kein Junges trägt, ehe sie ihn für ihre Sammlung erlegt." (ebd., S. 92ff.)

Diese Beschreibung korrespondiert mit der Darstellung des Kontinents als wildem und finsterem Ort, wie sie bereits im Text von Petzsch zu finden war, und entspricht außerdem erneut dem Diskurs des 19. Jahrhunderts, in dem gerade die Beuteltiere als weiterer Beweis einer mangelhaften Entwicklung auf dem gesamten Kontinent gesehen wurden.[12]

2.4   Irene Uhlmann: „Dieser Frau gebührt ein Ehrenplatz!" Aus dem Leben und Werk der Naturforscherin Amalie Dietrich (1956)

Irene Uhlmanns Text schildert „Leben und Werk der Naturforscherin Amalie Dietrich" (Uhlmann, 1956, S. 323) und geht dabei in der Hauptsache auf deren

---

[12] So war im *Globus* 1889 zu lesen: „Es wurde zu früh der Zusammenhang mit den anderen Erdteilen gelöst, die Landbrücke, welche ins thierformenreiche Asien hinüberführte, wurde zu früh zur Inselkette zersprengt, und die Einflüsse einer höheren Entwicklung der Thierwelt, die sich dort, von kleinen verschiedenen Centren ausgehend, in großen und immer größeren Kreisen befruchtend durchkreuzten, konnten ihre Wellen nicht über den australischen Erdtheil fluthen lassen: er blieb in seiner Lebenswelt auf unterer Stufe zurück, auf der Stufe der Beutelthiere, die sich hier auf sich selbst angewiesen zu einer eigenen, zwar äußerlich vielgestaltigen Thiergruppe weiter differenzirten, geistig aber tief unten blieben. ‚Die Unvollkommenheit, Rohheit und Plumpheit der Beutelthiere', sagt Alfred Brehm, ‚offenbart sich namentlich, wenn man die geistigen Fähigkeiten in Betracht zieht. Aus dem Auge, mag es auch groß und klar sein, spricht geistige Leere, und die ein- gehende Beobachtung straft diesen Eindruck nicht Lügen [...]'" (Diederich, 1889, S. 346; vgl. auch Eickenboom, 2017, S. 64–65).

Aufenthalt in Australien ein. Er erschien 1956 im zweiten Band der Anthologie Urania Universum, einer Buchreihe, die auf populärwissenschaftlichem Weg Wissen aus den unterschiedlichen Gebieten Wissenschaft, Technik, Kultur, Sport und Unterhaltung nahebringen wollte, und stand neben Themen wie der Wartburg, exotischen Zierfischen, der Jagd der Fledermäuse oder Informationen aus anderen Gebieten der Erde. Der Intention der Anthologie folgend werden den Leser*innen die Informationen zu Dietrichs Aufenthalt in Australien nicht nur erzählerisch dargeboten, der Beitrag enthält auch acht Abbildungen von Exponaten, die sich im Museum für Völkerkunde Leipzig befinden.[13] Die Erzählerstimme schildert aus Sicht der Forscherin Erlebnisse und Entdeckungen, die erneut den in der von der Tochter verfassten Biografie als Dietrichs Briefe angegebenen Texten entnommen wurden. So überrascht es nicht, dass die zitierte Passage bezüglich der antipodalen Entwicklung Australien mit der bei Pfeilstücker zitierten Stelle übereinstimmt.[14] Auch die Bezeichnung Australiens als „Märchenwelt" (ebd., S. 327) taucht hier auf. Neu ist dagegen die Nennung eines Briefes, in dem Amalie Dietrich sich über ihre Einschätzung der Indigenen äußere, die sie „nicht für bösartig, nur für ungezogen und unerzogen [halte]" (ebd., S. 329). Diese Zuschreibung infantilisierender Merkmale stellt eine Form des *binarism* dar, in der der geistige Entwicklungsstand einer ganzen Gruppe als ihrem evolutionären Entwicklungsstand entsprechend kindlich charakterisiert und gegenüber den Angehörigen einer hochentwickelten, zivilisierten und somit ‚erwachsenen' Kultur positioniert wird. Die Infantilisierung indigener Bevölkerungsgruppen prägte im 19. Jahrhundert vielfach den Diskurs (vgl. Kaufmann, 2020, S. 30 f., S. 652). Im Gegensatz zu stereotypen Darstellungen wie Anthropophagie oder einer den Aborigines vielfach unterstellten Heimtücke erschienen solche Formulierungen vordergründig positiv, dienten letztendlich aber ebenso wie beispielsweise die angeführte Unmöglichkeit der Missionierung der Rechtfertigung des Vorgehens kolonialer Mächte (vgl. Eickenboom, 2017, S. 120).

---

[13]Vgl. Uhlmann (1956, S. 331): Angaben zum abgebildeten „Gefäß aus dem Holz des Flaschenbaumes".

[14]Uhlmann (1956, S. 327): „Die Schwäne sind schwarz, und viele Säugetiere haben Schnäbel, die Bienen dagegen haben keinen Stachel, und eine Bachstelze habe ich beobachtet, die hebt den Schwanz nicht auf- und abwärts, sie bewegt ihn von links nach rechts."

2.5   Kurt Schleucher: Die Eine-Frau-Expedition Amalie

1967 sammelte Kurt Schleucher siebzehn Biografien von Menschen, die er als „Diener einer Idee" (Schleucher, 1967) sah. Dem Untertitel des Kapitels zu Amalie Dietrich ist zu entnehmen, dass die Informationen über sie erneut dem Buch der Tochter Charitas Bischoff entnommen wurden. Auswahl und Zusammenstellung hat Schleucher offenbar selbst vorgenommen. In den einleitenden Worten bezieht der Text sich auf einen Vergleich, den Alice Berend (1962) in ihrem letzten Werk *Die gute alte Zeit* gezogen habe, und der Amalie Dietrich mit Jules Verne und Karl May gleichsetze. Berend wird mit den Worten zitiert:

> „Zu gleicher Zeit [wie die beiden genannten Männer, C.E.] aber, der Öffentlichkeit noch unbekannt, lebte wirklich jemand – und obendrein eine Frau – das wunderreichste, sonderlichste Leben voll Abenteuerlichkeit und eigentümlicher Schaffenskraft. Das war Amalie Dietrich, die wirklich unter Menschenfressern hauste [...]." (Berend, 1962, S. 217; Schleucher, 1967, S. 172–173)

Alice Berend war eine deutsch-jüdische Schriftstellerin, die nach der Machtergreifung der Nationalsozialisten nach Italien emigrierte und 1938 in Florenz verstarb, das Zitat war also, als Schleucher es aufgriff und unkommentiert in seinem Text verwendete, bereits etwa 30 Jahre alt. Die Formulierung stellt ebenso wie ihre unkritische Wiedergabe, die angebliche Anthropophagie der Aborigines, denen Dietrich im Verlauf ihres Aufenthaltes in Australien begegnet sein soll, außer Frage, sie wird zur Tatsache. Der Begriff „Menschenfresser" wirkt in der einleitend beschriebenen Art und Weise als höchstmögliche Abgrenzung des Fremden, in dem der Akt des Verzehrs von Menschenfleisch als eine übliche Form der Nahrungsaufnahme dargestellt, der verzehrte Mensch zu einem Teil der Nahrungskette reduziert wird. Entsprechend ‚lebte' oder ‚wohnte' Amalie Dietrich nicht in diesem Teil der Welt, sondern „hauste" – ein abwertender Begriff für ein Leben in unwürdigen und zivilisationsfremden Umständen. Die Lebensweise dieser „Menschenfresser" ist unvereinbar mit hiesigen Vorstellungen, die Möglichkeit der rituellen oder spirituellen Bedeutung eines eventuellen Verzehrs von Menschenfleisch, der das Vorgehen zumindest zu einem zwar fremden, aber doch kulturellen Akt werden lassen würde, wird nicht in Betracht gezogen (vgl. Ashcroft et al., 2009, S. 27).[15]

2.6 Lothar Schott: Amalie Dietrich (1821–1891) – ein Leben im Dienste wissenschaftlicher Sammeltätigkeiten (1991)

In den *Mitteilungen der Berliner Gesellschaft für Anthropologie, Ethnologie und Urgeschichte* findet sich 1991 ein Vortrag von Lothar Schott über Leben und Wirken der Amalie Dietrich. Es handelt sich um einen faktualen Text, der einem wissenschaftlichen Interesse folgt. Neben der Zusammenfassung bereits bekannter Daten und Fakten zu Leben und Entwicklung Dietrichs geht Schott auf Stand und Bedeutung der Australienforschung innerhalb der Wissenschaft des 18. und 19. Jahrhunderts ein. Zu Einschätzung und Beurteilung der Leistungen von Amalie Dietrich verweist er insbesondere auf die wahrscheinlich bei Eingang der Exponate erstellten Kataloge des Museums Godeffroy, die detaillierte Angaben zur Arbeit Dietrichs, den jeweiligen Aufenthaltsorten in Australien und eine Auflistung der gesammelten Objekte enthielten (vgl. Schott, 1991, S. 46). Aufgrund der Bearbeitung der Briefe durch die Tochter seien diese Kataloge bezüglich Wahrheit und Faktentreue den Briefen als Quelle unbedingt vorzuziehen (vgl. Schott, 1991, S. 46). Überraschenderweise zitiert er dann am Ende seines Vortrages aber doch aus einem solchen Brief:

> „Ich schicke nun mit diesem Schiff dreizehn Skelette und mehrere Schädel nach Hamburg. Hoffentlich werden Godeffroys damit zufrieden sein. Bei den männlichen Schädeln fehlt immer oben ein Vorderzahn; der wird nämlich mit vielen Zeremonien den Knaben ausgeschlagen, wenn sie ins Jünglingsalter treten." (ebd., S. 47; Bischoff, 1912, Brief vom 20.09.1869)

Das Ausschlagen eines Vorderzahns als Teil des Initiationsritus der männlichen Aborigines ist ein weiteres Detail, das zu Lebzeiten Amalie Dietrichs hinreichend

---

[15]Vgl. Ashcroft et al., (2009, S. 27): „The eating of human flesh on occasions of extremity or transgression, or in ritual, has been recorded from time to time as a feature of many societies, but the emergence of the word cannibal was an especially powerful and distinctive feature of the rhetoric of empire. The superseding of ‚anthro-pophagy' by ‚cannibalism' was not a simple change in the description of the practice of eating human flesh, it was the replacement of a descriptive term with an ontological category."

aus Veröffentlichungen in Zeitschriften und Reiseberichten bekannt war.[16] Dieser
Abschnitt schneidet einen besonders sensiblen Bereich, den des Umgangs mit
den nach Europa gebrachten Skeletten, an. Gleichzeitig hatte die Berliner Gesellschaft für Anthropologie, Ethnologie und Urgeschichte ein besonderes Interesse
an diesem Teil von Dietrichs Arbeit, da die Skelette im Anschluss an Rudolf
Virchow übergeben wurden (vgl. Schott, 1991, S. 47), auf dessen Initiative hin
die Gesellschaft gegründet wurde. Seine anthropologische Sammlung wird auch
heute noch von der Gesellschaft kuratiert (vgl. Datalino, 2018). Diese Verbindung
mag erklären, weshalb Schott den Mangel an Informationen zum Sachverhalt
der Skelettbeschaffung und -lieferung durch den Verweis auf die zuvor von ihm
selbst als unsicher ausgewiesene Quelle umgeht. Die zitierte Passage beinhaltet
im Übrigen mit diesem rituellen Detail die einzige Information, die sich zu
Australien und dem Leben dort findet. Ein Hinweis darauf, dass Virchows kranio-
metrische Untersuchungen deutlich dazu beigetragen haben, Menschen nach ihrer
Herkunft in höhere oder niedere Klassen einzustufen, bleibt aus. Über Ergebnisse
aus Virchows Untersuchungen und entsprechende Publikationen der damaligen
Zeit schreibt Schott, der Anthropologe habe seine Untersuchungen wohl nicht
durchführen oder zumindest zu Ende bringen können, da entsprechende Veröffentlichungen nicht vorlägen (vgl. Schott, 1991, S. 47). 1880 ist allerdings in
Das Ausland unter dem Titel *Anthropologisches über die Australier* zu lesen,
untersuchte Schädel dieser wiesen die geringste bisher beobachtete Schädel-
kapazität beim Menschen auf, was sie in eine Reihe von „niederen Racen und den
Affen" (o.V., 1880, S. 630) stelle. Der Text beinhaltet außerdem eine Auflistung
von Messergebnissen, die entsprechend gedeutet werden: „Diese Zahlen sprechen
beredt genug, um zu zeigen, daß zwischen den niedrigen und den höheren Racen
ein wahrer Abgrund besteht, den nichts auszufüllen vermöchte" (ebd., S. 629).
Der Verfasser dieser Publikation ist leider nicht bekannt, allerdings wird im Text
selbst auf eine Veranstaltung der Berliner Gesellschaft für Anthropologie, Ethnologie und Urgeschichte im Jahr 1873 Bezug genommen, bei der Virchow seine
Ergebnisse offenbar vorgestellt hat (vgl. ebd., S. 629; Voigt, 1988).

---

[16] 1856 erschien in der *Gartenlaube* ein Artikel mit dem Titel *Der Lebensbaum*, der das
Vorgehen beschreibt (vgl. o.V., 1856, S. 576). Auch im *Globus* und in *Das Ausland*, den
populären Zeitschriften dieser Zeit, finden sich entsprechende Beiträge, die in die Zeit von
Dietrichs Aufenthalt in Australien fallen (vgl. o.V., 1866, S. 704; Oberländer, 1863, S. 279,
S. 281). Zur Darstellung dieses Initiationsritus' in den Veröffentlichungen des 19. Jahr-
hunderts vgl. insgesamt Eickenboom (2017, S. 125–126, 339–340).

2.7 Elke von Radziewsky: Amalie Dietrich. Eine Frau auf Pflanzenjagd im Land der Aborigines (2003)

Der Beitrag ist Teil einer an Kinder und Jugendliche gerichteten Publikation, die sich mit der Kulturgeschichte von Pflanzen und den Menschen, die zu Kenntnis und Verbreitung in früheren Jahrhunderten beigetragen haben, auseinandersetzt. Der Adressatenkreis geht aus der Anrede der Lesenden hervor, die aufgefordert werden, zu den einzelnen Beiträgen passende Bastelarbeiten auszuführen und mit ‚du' angesprochen werden (vgl. u. a. von Radziewsky, 2003, S. 100).

Der Titel verspricht Einblicke in das Land und das Leben der darin lebenden Menschen. Die heterodiegetische Erzählstimme beginnt den Text, indem sie Amalie Dietrichs Empfinden über die zunächst ergehende Absage Godeffroys in einer Art Selbstgespräch schildert. Es folgen die bekannten Informationen über ihre Herkunft, ihre Heirat, ihren Werdegang zur Botanikerin und schließlich ihre Arbeit in Australien. Der Name Godeffroy wird dabei durchgängig falsch geschrieben, was dem Kapitel den Eindruck schlechter Recherche verleiht. Irritierend sind dann aber vor allem die Einschübe über die Geschichte der Kultivierung und Expansion der Kartoffel, des Zuckerrohrs oder der Tulpen-zwiebel in diesem Kapitel über Amalie Dietrich, haben diese doch keiner-lei Bezug zu ihr oder dem australischen Kontinent und nehmen dennoch einen größeren Teil des Kapitels ein als Amalie Dietrich selbst. Tatsächlich handeln nur etwas mehr als vier Seiten dieses Beitrages von ihrem Wirken, davon wiederum – der Ankündigung im Titel zum Trotz – ein einziger Absatz von ihrer Arbeit in Australien. Zum Kontinent selbst oder seiner indigenen Bevölkerung finden sich keinerlei Aussagen. Am Ende ist im Text selbst nicht deutlich geworden, aus welchem Grund die Autorin das Beispiel Amalie Dietrichs gewählt hat, um ihrer Leserschaft die genannten Pflanzenarten nahezubringen. Es ist zu vermuten, dass Forscherin und ferner Kontinent herangezogen wurden, um eine mit den Namen verbundene Vorstellung oder Exotik zu nutzen und die Neugier der Leser*innen zu wecken. Ähnliches konnte auch bei fiktionalen Texten des 19. Jahrhunderts beobachtet werden (vgl. Eickenboom, 2017, u. a. S. 57, S. 301).

2.8 Helene Kranz: Das Museum Godeffroy und seine Forschungsreisenden (2005)

Von November 2005 bis Mai 2006 war im Altonaer Museum in Hamburg eine Ausstellung mit dem Thema *Das Museum Godeffroy. 1861–1881. Naturkunde und Ethnographie der Südsee* zu sehen, zu der Helene Kranz eine Übersicht herausgegeben hat. Die Erträge aus südaustralischen Kupferminen, an denen das Haus Godeffroy beteiligt gewesen sei, seien der Anlass für regelmäßige Fahrten dorthin gewesen, die Hinreise sei jeweils genutzt worden, um europäische Auswanderer zu transportieren (vgl. Kranz, 2005, S. 13–14). Mit diesen Fahrten habe das „wichtige Südseegeschäft" (ebd., S. 14) des Godeffroyschen Handelsimperiums begonnen (vgl. ebd.). Dass Amalie Dietrichs Australienaufenthalt im Zusammenhang dieser Ausstellung eine Rolle spielt, ist aufgrund ihrer Bedeutung als Forschungsreisende und Naturkundlerin nachvollziehbar, bedeutet allerdings, dass für die Ausstellung (und damit auch die Publikation) ein Südseebegriff zugrunde gelegt wurde, der diese mit Ozeanien gleichsetzt. Das ist Anfang des 21. Jahrhunderts mindestens ungewöhnlich. Es erscheint daher passend, dass der über mehrere Seiten reichende Beitrag über Amalie Dietrich[17] dann auch tatsächlich nur zwei Sätze über Australien enthält:

> „Insgesamt waren es übrigens mehr als 11 000 deutsche Auswanderer, die Godeffroy zwischen 1855 und 1866 auf 13 Schiffen in 26 Fahrten nach Australien gebracht hat, in einen Kontinent voller Abenteuer und Gewalttätigkeiten. So verloren bei der Besiedelung von Queensland durch weiße Farmer insgesamt 20 000 Aborigines und 1000 Europäer ihr Leben." (ebd., S. 19)

Dieser Verweis auf die in aller Regel kriegerisch erfolgenden Auseinandersetzungen zwischen den Indigenen und den europäischen Siedlern bleibt unkommentiert und also ohne Hinweis auf die koloniale Praxis der Landnahme, die ursächlich für diese Auseinandersetzungen war. Die Formulierung „in einen Kontinent voller Abenteuer und Gewalttätigkeiten" klingt eher verlockend und verheißungsvoll denn neutral schildernd, in keinem Fall jedoch kolonialkritisch, ist doch der Begriff Abenteuer mit der Vorstellung von Grenzerfahrung, Mut und Risikofreude konnotiert, die Jugend, häufig Männlichkeit, erfordert und in einer Art Spiel die Grenzen der Bewertung verschiebt. Mit Formulierungen wie diesen verschwindet auch heute noch der Völkermord an Indigenen der ‚Neuen Welt', sei es in Amerika, in Australien oder anderswo, unter dem Deckmantel eines tatenfreudigen, weltinteressierten Entdeckertums.

---

[17] Das sind die Seiten 18–23.

3 Der fehlende kritische Blick auf die Australiendarstellung

Dieser Querschnitt durch die Publikationen des 20. und 21. Jahrhunderts zu Amalie Dietrichs Aufenthalt in Australien macht deutlich, dass trotz der Streuung der Texte über einen Zeitraum von mehr als 60 Jahren die Darstellung dieses großen Kontinents *Down Under* nicht variiert. In den Texten, in denen Australien mehr als nur eine namentliche Erwähnung als Aufenthaltsort Amalie Dietrichs erfährt, wird durchgängig ein Bild tradiert, das sich über einhundert Jahre zuvor gebildet hat, ohne kritisch auf Stereotype, Alteritätsdiskurse oder koloniales Vorgehen einzugehen. Mehrheitlich wird dieses aus der Zeit der europäischen Inbesitznahme stammende Bild Australiens oder seiner indigenen Bevölkerung unkommentiert verwendet. Andere Texte verarbeiten zwar Informationen, geben diese aber im Ergebnis ebenfalls inhaltlich unverändert weiter.

Es kann festgestellt werden, dass unabhängig von der Intention des jeweiligen Textes die Wirkung einer wechselseitigen Beeinflussung von Darstellung und Dargestelltem zu beobachten ist, dass nämlich die Art und Weise, wie der Kontinent in den verschiedenen Publikationen über die Erlebnisse und Leistungen dieser besonderen Frau dargestellt wird auch das Bild von Amalie Dietrich und ihren Erlebnissen prägt. Es steht außer Frage, dass Amalie Dietrich sich auf eine große, unbedingt Respekt einflößende Unternehmung eingelassen hat. Die Charakterisierung Australiens und seiner Urbewohner*innen in der beschriebenen Art bzw. die unveränderte Übernahme dieser Charakterisierung auch noch einhundert Jahre später ermöglicht aber auch, den Abenteuercharakter der gesamten Unternehmung bzw. der Frau, die sie gewagt hat, umso deutlicher herauszustellen. Bemerkenswert ist in diesem Zusammenhang insbesondere, dass es sich bei den Informationen, die die Leser*innen über den Kontinent oder seine Bewohner*innen erhalten, durchgängig um solche handelt, die zu Lebzeiten Dietrichs dem interessierten Publikum durch Veröffentlichungen in Zeitschriften und Reiseberichten allgemein bekannt waren. Geht man wie Schott von einer Bearbeitung vorhandener Briefe durch die Tochter Charitas Bischoff oder wie Sumner von der freien Erfindung durch diese aus, stellt sich in beiden Fällen die Frage, ob Bischoff diese Details zu genau diesem Zweck, der Betonung des abenteuerlichen Charakters der ganzen Unternehmung, eingefügt hat.

Dass der Kontinent sonderbar und fremd ist, korrespondiert außerdem mit dem Eindruck, den Amalie Dietrich selbst auf ihre Zeitgenossen machte. Bereits in der Betrachtung der Publikationen zum Australiendiskurs im 19. Jahrhundert ist zu beobachten, dass Australien in der Regel als eine Art Folie diente, auf der

bestimmte Inhalte wie Abenteuer, aber auch erzieherische Aufträge wie die Aufforderung zu Wissenserwerb oder moralischer Integrität, für die nicht zuletzt auch
Vorstellungen von Aberglauben eine Rolle spielten, transportiert werden konnten
(vgl. Eickenboom, 2017, S. 43, S. 444).

Die Biografie der Tochter über Amalie Dietrich diente offenbar den weitaus
meisten der hier analysierten Texte als Grundlage. Texte wie die von Pfeilstücker,
Goedecke oder Uhlmann folgen einem erzieherischen oder aufklärerischen
Ansatz, in dem sie das Leben und die Leistung Amalie Dietrichs als Frau in
einer ansonsten noch immer männlich dominierten Wahrnehmung hervorheben
möchten, bleiben aber bei dieser Hervorhebung der Leistung stehen. Auch in
den Publikationen von Schott oder Kranz, die nicht vorrangig als Gegenstand
der Unterhaltung verfasst wurden, wird die Möglichkeit zu historisch-kritischer
Bewertung der europäischen Expansion nicht genutzt, obwohl Themen wie die
massenhafte Ermordung der indigenen Bevölkerung oder die fragwürdige Praxis
der Beschaffung von Skeletten aus anthropologischem Interesse angesprochen
werden und gerade in Verbindung mit Letzterem Vorwürfe gegen Amalie Dietrich
laut wurden, die das Bild der Forscherin in ein zweifelhaftes Licht gerückt haben
(vgl. Gretzschel, 2013; Hoberg, 2011).[18]

Damit muss insgesamt festgehalten werden, dass in den untersuchten
Texten der zur Zeit Amalie Dietrichs herrschende Rassismus unverändert und
unkommentiert dargestellt und weitergegeben wird. Darüber hinaus werden sie
durch diese unreflektierte Übernahme, die nicht einmal Hinweise darauf gibt,
dass es sich um die Weitergabe eines mehr als hundert Jahre alte Diskurses
handelt, selbst zum Produzenten von Rassismen: Das Konzept der Anthropophagie wirkt nach wie vor, Werkzeuge wie eine *rhetoric of othering,* die durch
Verallgemeinerung, Infantilisierung oder Attribuierung als fremd und/oder
gefährlich zum Ausdruck kommt, oder der *binarism,* der durch die Hervorhebung
(einer vermeintlichen Kindlichkeit oder) des indigenen ‚Aberglaubens' gebildet
wird, kommen zur Anwendung. Auch wenn es sich bei den vorgestellten Texten
nur um eine rudimentäre Auswahl unter Texten im Kontext eines Australiendiskurses handelt (und im Rahmen eines Beitrages wie diesem handeln kann),
sind die Ergebnisse nicht als singulär anzusehen, fußen sie doch offensichtlich
auf einer jahrhundertealten Tradition. Im Verlauf der Jahre von der Entstehung
eines Australiendiskurses bis zu den betrachteten Veröffentlichungen haben sich

---

[18] Siehe für die grundsätzliche Diskussion um den Umgang mit menschlichen Gebeinen aus
der Kolonialzeit u. a. Scheps (2013) und Spennemann (2006).

Einstellung gegenüber und Wahrnehmung vom Fremden gewandelt, die Stereo-typforschung ist weit vorangeschritten, Diskussionen über Wertigkeit werden zwar noch geführt, sollen aber nicht mehr den Alteritätsdiskurs leiten, sondern werden am Rand verortet. Die vorliegende Untersuchung zeigt jedoch, wie fragil diese Vorstellung eines Wandels ist.

Literatur

Ashcroft, B., Griffiths, G., & Tiffin, H. (2009). *Post-colonial studies. The key concepts* (2. Aufl.). Routledge.

Berend, A. (1962). *Die gute alte Zeit. Bürger und Spießbürger im 19. Jahrhundert.* Schröder.

Birk, H., & Neumann, B. (2002). Go-Between: Postkoloniale Erzähltheorie. In A. Nünning (Hrsg.), *Neue Ansätze in der Erzähltheorie* (S. 115–152). Wiss. Verl.

Bischoff, C. (1912). Amalie Dietrich. Projekt Gutenberg-de. https://www.projekt-gutenberg.org/bischoff/amaldiet/amaldiet.html. Zugegriffen: 26. Juni 2020.

Bodi, L. (2004). Zur Frage der deutschsprachigen Literatur in Australien. In E. Kulcsár-Szabó, K. Manherz & M. Orosz (Hrsg.), *Berliner Beiträge zur Hungarologie* (S. 269–284). Humboldt-Universität zu Berlin.

Corkhill, A. (1990). „Das unbekannte Südland" – Australien im deutschen Überseeroman des 19. Jahrhunderts. In A. Maler (Hrsg.), *Exotische Welt in populären Lektüren* (S. 35–48). Niemeyer.

Dahrendorf, M. (1970). *Das Mädchenbuch und seine Leserin. Versuch über ein Kapitel trivialer Jugendlektüre. Mit einem Anhang über Mädchenbücher der DDR.* Verlag zu Buchmarkt-Forschung.

Datalino. (2018). Die anthropologische Rudolf-Virchow-Sammlung der Berliner Gesellschaft für Anthropologie, Ethnologie und Urgeschichte. http://www.bgaeu.de/rudolf_virchow_sammlung.html. Zugegriffen: 20. Apr. 2020.

Diederich, F. (1889). Zur Beurtheilung der Bevölkerungsverhältnisse Inner-West-australiens. Teil 4. *Globus, 55*, 346–348.

Dudenredaktion. (o. J.). „primitiv". https://www.duden.de/rechtschreibung/primitiv. Zugegriffen: 13. Apr. 2020.

Eickenboom, Ch. (2017). *Ich dachte mir Australien so schön und frei. Fremde Welt, bekannte Utopie? Über die Wahrnehmung Australiens in der deutschen Literatur der zweiten Hälfte des 19. Jahrhunderts.* Königshausen und Neumann.

Fludernik, M. (1999). „When the Self is an Other": Vergleichende erzähltheoretische und postkoloniale Überlegungen zur Identitäts(de)konstruktion in der (exil)indischen Gegenwartsliteratur. *Anglia. Journal of English Philology/zeitschrift Für Englische Philologie, 117*(1), 71–96.

Gerstäcker, F. (1860). *Die Welt im Kleinen für die kleine Welt. Polynesien und Australien Mit zwei Karten.* Schlicke.

Gilbert, L. A. (1972). Dietrich, Amalie (1821–1891). *Australian dictionary of biography.* http://adb.anu.edu.au/biography/dietrich-amalie-3412. Zugegriffen: 22. Juni 2020.

Goedecke, R. (1951). *Als Forscherin nach Australien. Das abenteuerliche Leben der Amalie Dietrich.* Franz Schneider Verlag.

GRASSI = GRASSI Museum für Völkerkunde zu Leipzig (2020). Sammlungen im Haus: Ozeanien.   https://grassi-voelkerkunde.skd.museum/ueber-uns/sammlungen-im-haus/sammlung-ozeanien/. Zugegriffen: 26. Juni 2020.

Gretzschel, M. (2013). Forscherin Amalie Dietrich unter Verdacht. Hamburger Abendblatt. https://www.abendblatt.de/ratgeber/wissen/article118692825/Forscherin-Amalie-Dietrich-unter-Verdacht.html. Zugegriffen: 18. Nov. 2016.

Hielscher, K., & Hücking, R. (2011). Die „Frau Naturforscherin". Amalie Dietrich (1821–1891). In K. Hielscher & R. Hücking (Hrsg.), *Pflanzenjäger. In fernen Welten auf der Suche nach dem Paradies* (S. 131–160). Piper.

Hoberg, I. (2011). Amalie Dietrich als umstrittene Naturforscherin. Wissenschaftler aus der Region zum Verdacht des Auftragsmords an Aborigines. Lausitzer Rundschau. https://www.lr-online.de/lausitz/luckau/amalie-dietrich-als-umstrittene-naturforscherin_aid-3378429. Zugegriffen: 9. Mai 2019.

Home, R. (1994). *Science as a German export to nineteenth century Australia.* Robert Menzies Centre for Australian Studies.

Kaufmann, S. (2020). *Ästhetik des Wilden. Zur Verschränkung von Ethno-Anthropologie und ästhetischer Theorie 1750–1850.* Schwabe-Verlag.

Kranz, H. (2005). Das Museum Godeffroy und seine Forschungsreisende. In H. Kranz (Hrsg.), *Das Museum Godeffroy. 1861–1881. Naturkunde und Ethnographie der Südsee* (S. 11–27). Marebuchverlag.

Merkel, T. (2006). Die Taufe erlöst. Sächsische.de. https://www.saechsische.de/plus/die-taufe-erloest-1196395.html. Zugegriffen: 19. Juni 2020.

Meyer, H. J. (1902–1908). „Primitiv". In H. J. Meyer (Hrsg.), *Meyers Großes Konversations-Lexikon. Ein Nachschlagewerk des allgemeinen Wissens* (S. 346). Bibliographisches Institut.

Meyer, H. J. (1877). „Papua". In H. J. Meyer (Hrsg.), *Meyers Konversations-Lexikon. Eine Enzyklopädie des allgemeinen Wissens* (3., gänzlich umgearbeitete Aufl., S. 568). Bibliographisches Institut.

Meyer, H. J. (1894). „Australneger". In H. J. Meyer (Hrsg.), *Meyers Konversations-Lexikon. Ein Nachschlagewerk des allgemeinen Wissens. Band 2: Asmanit bis Biostatik* (5., gänzlich neubearbeitete Aufl., S. 238). Bibliographisches Institut.

o. V. (1856). Der Lebensbaum. *Die Gartenlaube, 4,* 576.

o. V. (1866). Die Ureinwohner Australiens. (Auch: Die Urbewohner Australiens.) Das Ausland, 39, 697–705.

o. V. (1880). Anthropologisches über die Australier. Das Ausland, 53, 626–631.

Oberländer, R. (1863). Die Eingeborenen der australischen Kolonie Victoria. Zweiter Artikel. *Globus, 4,* 278–282.

Petzsch, H. (1948). Eine Frau erforscht Australien. *Natur Und Technik: Halbmonatsschrift Für Alle Freunde Der Wissenschaft, Forschung Und Praxis, 2,* 478–485.

Pfeilstücker, S. (1950). Amalie Dietrich. Eine Naturforscherin aus Leidenschaft. In S. Pfeilstücker (Hrsg.), *Reichtum des Lebens* (S. 126–148). Hoch-Verlag.

Scheps, B. (2013). Skelette aus Queensland – Die Sammlerin Amalie Dietrich. In H. Stoecker, T. Schnalke & A. Winkelmann (Hrsg.), *Sammeln, Erforschen, Zurückgeben? Menschliche Gebeine aus der Kolonialzeit in akademischen und musealen Sammlungen* (S. 130–145). Ch. Links Verlag.

Schleucher, K. (1967). Die Eine-Frau-Expedition Amalie Dietrich. In K. Schleucher (Hrsg.), *Deutsche unter anderen Völkern. Diener einer Idee. 17 Biographien* (S. 172–214). Turris-Verlag.

Schneider, I. (2005). Über das Verhältnis von Realität und Fiktion in Reisebeschreibungen und ethnographischen Quellen: ein Beitrag zur Hermeneutik der Fremde. In T. Hengartner & B. Schmidt-Lauber (Hrsg.), *Leben-Erzählen. Beiträge zur Erzähl- und Biographieforschung: Festschrift für Albrecht Lehman* (S. 209–227). Reimer.

Schoppe, A. (1843). *Robinson in Australien – Ein Lehr- und Lesebuch für gute Kinder.* Verlagshandlung von Joseph Engelmann.

Schott, L. (1991). Amalie Dietrich (1821–1891) – Ein Leben im Dienste wissenschaftlicher Sammeltätigkeiten. *Mitteilungen Der Berliner Gesellschaft Für Anthropologie, Ethnologie Und Urgeschichte, 12,* 43–48.

Spennemann, D. H. R. (2006). Skulls as Curios, Crania as science: Some notes on the collection of skeletal material during the German colonial period. *Micronesian Journal of the Humanities and Social Sciences, 5*(1/2), 70–78.

Statista Research Department. (2019). Beliebteste Länder für einen Work and Travel Aufenthalt der Deutschen 2018. https://de.statista.com/statistik/daten/studie/748079/umfrage/beliebteste–laender–fuer–einen–work–and–travel–aufenthalt–der–deutschen. Zugegriffen: 30. März 2020.

Sumner, R. (1993). *A woman in the wilderness: The story of Amalie Dietrich in Australia.* University Press.

Uhlmann, I. (1956). „Dieser Frau gebührt ein Ehrenplatz!". Aus dem Leben und Werk der Naturforscherin Amalie Dietrich. In Lektorenkollegium des Urania-Verlages (Hrsg.), *Urania-Universum. Wissenschaft-Technik-Kultur-Sport-Unterhaltung. Band 2.* (S. 323–334). Urania-Verlag.

Voigt, J. H. (1988). *Geschichte Australiens.* Alfred Kröner.

von Radziewsky, E. (2003). Amalie Dietrich: Eine Frau auf Pflanzenjagd im Land der Aborigines. In E. von Radziewsky (Hrsg.), *Die Sache mit dem grünen Daumen Eine Zeitreise durch die Geschichte der Botanik* (S. 101–116). Rowohlt Taschenbuch Verlag.

Zantop, S. (1999). *Kolonialphantasien im vorkolonialen Deutschland (1770–1870).* E. Schmidt.

„mindestens Kleopatra"? Amalie Dietrich als Rollenmodell in Mädchenlektüren aus der Zeit der jungen BRD

"Cleopatra at Least"? Amalie Dietrich as a Role Model in Girls' Readings in the Early Years of the FRG

Nicole Hoffmann

Zusammenfassung

Aus der weitgefächerten Rezeptionsgeschichte Amalie Dietrichs greift dieser Beitrag zwei sog. ‚Jungmädchenbücher' aus der Zeit der Adenauer-Ära der jungen Bundesrepublik Deutschland auf. Dabei handelt es sich um Sammlungen biografischer Kurzportraits sog. ‚großer Frauen' – und auch Amalie Dietrich hat dort einen Platz gefunden. Im Zentrum der folgenden Analyse steht der ‚jugendliterarische' Umgang mit ‚biografischer Wirklichkeit' unter besonderer Berücksichtigung der Dimension ‚Geschlecht'. An einer Schnittstelle von literaturwissenschaftlichen, biografie- und genderforscherischen Zugängen wird danach gefragt, wie von Amalie Dietrichs Biografie erzählt wird, in welche historischen Traditionslinien sich die Werke dabei einordnen lassen und welches Geschlechtsrollen-Bild der Zielgruppe vor Augen geführt wird.

N. Hoffmann (✉)
Institut für Pädagogik, Universität Koblenz-Landau, Koblenz, Deutschland
E-Mail: hoffmann@uni-koblenz.de

213
N. Hoffmann und W. Waburg (Hrsg.), *Eine Naturforscherin zwischen Fake, Fakt und Fiktion,* Frauen in Philosophie und Wissenschaft. Women Philosophers and Scientists, https://doi.org/10.1007/978-3-658-34144-2_10

Abstract

In the wide-ranging field of Amalie Dietrich's reception, this article focuses on two so-called 'girls' readings' published in the time of the Western German 'Adenauer-Era'. These books are collections of short biographical portraits of 'great women' – and Amalie Dietrich is a part of them. At the heart of the analysis is a 'youth-literary' approach to 'biographical reality', with particular reference to 'gender'. At an interface between literary, biographical and gender-oriented research, it is asked how and in which historical traditions Amalie Dietrich's biography is told, and which image of the gender role is thereby presented to the target group.

Schlüsselbegriffe

Biografie · Kinder- und Jugendliteratur · Mädchenlektüre · Geschlechterrolle · Geschlechtscharakter · Gender

Keywords

Biography · Children's and Young Adult Literature · Girls' Readings · Gender Role · Separate Spheres

1   Hinführung

„Die Autorin begeht die schlimmste Sünde, die man bei einem Buch für junge Menschen begehen kann: sie verfälscht auf schnoddrig-sentimentale Art das Bild der Wirklichkeit", so lautet das strenge Urteil einer Rezension in der Wochenzeitung DIE ZEIT (o. V., 1955, o.S.) über ein 1954 erschienenes Buch von Eva Heyter. Die Rede ist von *„Ich werde mindestens Kleopatra"*[1] – ein, wie es der Klappentext nennt, *„Jungmädchenbuch"*, in dessen Kapiteln es um Kleopatra, Greta Garbo, Séraphine Louis, Therese Martin sowie um Amalie Dietrich geht. Und tatsächlich schlägt Heyter einen besonderen Ton an. Sie beginnt kokett mit der Frage: *„Ich möchte wirklich wissen, warum du dieses Buch liest?"* (S. 7) – und auf den letzten Seiten resümiert sie überraschend: *„Es ist überhaupt viel Unfug geredet*

---

[1] Zur besseren Unterscheidbarkeit sind die Überschriften und Textpassagen der Primärquellen kursiv gesetzt.

worden in diesem Buch. Findest Du nicht? [...] Aber es ist aufgelegter Unsinn, dir einzureden, Kleopatra oder Amalie Dietrich nachzuahmen" (ebd., S. 92).

Konträr gelagert ist hingegen die Ausrichtung in dem 1949 erstmals publizierten *„Buch für junge Mädchen"*, so der Untertitel, von Suse Pfeilstücker: Unter der Überschrift *„Reichtum des Lebens"* versammelt die Autorin eine breite Palette von *„lebensvollen Schilderungen großer Frauen"* (1950, Klappentext, Frontumschlag). Diese werden in 19 Kurzportraits als orientierende Vorbilder in ihrer jeweiligen Meisterung des Lebens präsentiert; dabei sind u. a. die Mütter Beethovens und Schillers, Annette von Droste-Hülshoff, Paula Modersohn-Becker, Mary Wigman, Eleonora Duse, Marie Curie, Käthe Kollwitz – und wieder Amalie Dietrich.

Diese Werke von Heyter und Pfeilstücker sind zwei (weitere) Beispiele aus der langen Geschichte des Aufgreifens von Amalie Dietrich in unterschiedlichen Kontexten und für spezifische Anliegen.[2] Hier erscheint die Botanikerin und Sammlerin des 19. Jahrhunderts nun als ‚große Frau' bzw. als weibliches Rollenreflexionsmodell im Genre der ‚Jugend-' bzw. der ‚Mädchenliteratur'. Die beiden Bücher könnten auf den ersten Blick als zufällige, vielleicht kuriose Einzelphänomene abgetan werden, doch fallen sie keineswegs einfach ‚vom Himmel' – vielmehr sind sie eingebunden in verschiedene Traditionen, Ordnungen und Diskurse. Sie können somit in einem sozialwissenschaftlichen Sinn als ‚Dokumente', d. h. als Zeugnisse einer spezifischen gesellschaftlichen Praxis der Adressierung junger Frauen betrachtet werden (vgl. Hoffmann, 2018, 2020).

Bereits mit Blick auf das Textkorpus über Amalie Dietrich selbst lassen sich zur Einordnung der Schriften Heyters und Pfeilstückers verschiedene ‚Nachbarschaften' ausmachen:

- Geografisch begegnet uns Amalie Dietrich zu dieser Zeit nicht nur im Westdeutschland – ebenso wird in der DDR an sie erinnert: 1956 wird ihr Lebensweg z. B. unter dem Titel *„Dieser Frau gebührt ein Ehrenplatz!"* in die Anthologie der populärwissenschaftlichen „Jahrbücher für Wissenschaft, Technik, Kultur, Sport und Unterhaltung" des Urania Verlages aus Leipzig bzw. Jena aufgenommen (vgl. Uhlmann, 1956). Auch in Australien wird ihrer gedacht, so etwa Ende der 1940er Jahre, wobei v. a. aus der englischen Übersetzung der Biographie der Tochter zitiert wird (vgl. J. M. B., 1948, unter Bezug auf Bischoff, 1931).

---

[2] Vgl. dazu Nicole Hoffmann und Wiebke Waburg in diesem Band.

- In zeitlicher wie formaler Perspektive ist die Art der Thematisierung im Format der Frauen-Portraitsammlung weder neu, noch endet sie in den 1950er Jahren: Wir finden Kapitel über Amalie Dietrich bereits 1937 in Lücks *„Frauen. Acht Lebensschicksale"* oder 2014 bei Lanfranconi: *„Fliegst du schon oder überlegst du noch. Frauen, die ihre Träume wahr machten"*. Hinzu kommt ihre Präsenz in weiteren Zusammenstellungen von Lebensbildern mit anderen thematischen Ausrichtungen (vgl. u. a. Schleucher, 1976; Feyl, 1994a; von Radziewsky, 2003; Hielscher & Hücking, 2011)[3].

- Speziell für jugendliche Zielgruppen wurde ihr Leben ebenfalls mehrfach aufgegriffen; komplett etwa in der Erzählung Goedeckes *„Als Forscherin nach Australien. Das abenteuerliche Leben der Amalie Dietrich"* (1951). Didaktisch für den Schulunterricht aufbereitet finden wir ihren Werdegang u. a. in *„The Teachers' Guide to Bright Sparcs"* (Australian Science Archives Project, 1996/1998).

Amalie Dietrich scheint fast immer und überall anschlussfähig. Das verbreitete und wiederkehrende Interesse an einer spezifischen Würdigung[4] ließe sich fachlich aus diversen Perspektiven heraus befragen. Soziologische, historiografische, literatur- und kulturwissenschaftliche, biografie-, sozialisations- oder genderforscherische Zugänge wären u. a. denkbar. Der vorliegende Beitrag ist dabei an einer Schnittstelle angesiedelt, wobei der Fokus – im Licht der beiden eingangs genannten Werke von Pfeilstücker und Heyter – auf Aspekte des ‚jugendliterarischen' Umgangs mit ‚biografischer Wirklichkeit' unter besonderer Berücksichtigung der Dimension ‚Geschlecht' ausgerichtet ist.

Dazu werden die beiden ‚Jungmädchenbücher' zunächst kurz vorgestellt (vgl. 2. und 3.). In der Analyse geht es dann um verschiedene Verortungen der beiden Bücher in unterschiedlichen Forschungsansätzen (vgl. 4.). Hierbei werden zwei Fragerichtungen unterschieden:

- Formal: Wie wird von Amalie Dietrichs Biografie erzählt – insbesondere angesichts des Mangels an authentischen bzw. autobiografischen Quellen (vgl. Sumner, 1993)? In welche historischen Traditionslinien lassen sich die beiden Werke dabei einordnen?

---

[3] Siehe auch Hannah Rosenberg in diesem Band.
[4] Bis hin zu ihrer Verdammung; siehe auch Wiebke Waburg in diesem Band.

- Inhaltlich: Welches Geschlechtsrollen-Bild wird der jungen weiblichen Zielgruppe anhand von Amalie Dietrich vor Augen geführt? Mit welchen normativen Vorstellungen wird dies verbunden?

Den Abschluss bildet ein kurzes Fazit zum Stellenwert des untersuchten Materials im Kontext der Rezeption Amalie Dietrichs (vgl. 5.).

2 Beispiel I – Suse Pfeilstücker: „Reichtum des Lebens" (1949)

In dieser *„Festgabe für jede Frau, besonders aber für die heranwachsende weibliche Jugend vom 14. Jahr an"* (Pfeilstücker, 1950, Klappentext, Frontumschlag) beginnt der Abschnitt zu Amalie Dietrich mit der Schilderung einer Sequenz später Anerkennung: Pfeilstücker führt aus, wie Amalie Dietrich 1890 als Frau zunächst vergebens versucht, einen wissenschaftlichen Vortrag auf einem Berliner Kongress für Völkerkunde zu besuchen, dann aber – als bekannt wird, um wen es sich handelt – enthusiastisch von den männlichen Fachkollegen begrüßt wird. Dieser Auftakt führt Pfeilstücker zu der Frage: *„Wer war diese Amalie Dietrich, die so bescheiden, ja geradezu hinterwäldlerisch aussah und doch von Fachgrößen als eine der Ihrigen angesehen wurde?"* (ebd., S. 127). Auf 21 Seiten erzählt die Autorin anschließend, wie Amalie Dietrich trotz unpassenden Auftretens und fehlender akademischer Bildung *„eine Forscherin aus eigener Kraft"* wurde: *„Dazu gehört ein starker Wille, natürlich auch eine geniale Begabung"* (ebd., S. 128).

Entfaltet wird dann ein von starken Höhen und Tiefen geprägter Lebensweg anhand einer chronologischen, doch verdichteten Zusammenstellung verschiedener Stationen. Dazu gehören u. a.:

- Amalies jugendliche Aspirationen, die nicht recht zum wenig begüterten Handwerkermilieu der Herkunftsfamilie passen wollen,
- die Begegnung mit ihrem späteren Mann, dem „Naturforscher" Wilhelm Dietrich, als neuer Lebensperspektive,
- die Einführung ins botanische Sammeln als erfüllende Arbeit an der Seite ihres Gatten,
- die Schwierigkeiten, welche Geburt und Heranwachsen der Tochter Charitas mit sich bringen, und das Desinteresse von Wilhelm Dietrich an dem Kind,

- die Kollisionen der Mutter- und der Erwerbsrolle bei Amalie Dietrichs einsamen Wanderungen, um Herbarien u.Ä. zusammenzustellen – v. a. nach der Trennung von ihrem Mann,
- die Chance des Aufbruchs nach Australien im Auftrag des Hamburger Magnaten Johan Cesar Godeffroy in einem vergüteten Anstellungsverhältnis,
- die langen entbehrungs, doch zugleich erfolgreichen Jahre dieser Sammlungstätigkeit in Queensland sowie
- die Heimkehr nach Deutschland und späte Freuden.

„Sie starb ruhig und gottergeben, eine tapfere Kämpferin. Ihr schlichtes Herz hatte gesiegt über alle Unbill, die ihr widerfahren war" (ebd., S. 148), heißt es dann im letzten Satz des Portraits.

Von wenigen dramaturgisch eingesetzten Kommentaren auf der Metaebene des Textes abgesehen hält sich die Verfasserin selbst im Hintergrund[5]. Die Biografie Amalie Dietrichs wird anhand anekdotisch gefasster Schlüsselmomente entwickelt, welche der Leserschaft in lebendigen, atmosphärisch wie emotional geladenen Szenen vor Augen geführt werden. Vielfach geht es um Begegnungen der Protagonist*innen, die in dialogischen Passagen mit direkter Rede in Szene gesetzt werden. So lesen wir etwa aus den frühen Jahren: *„Eines Tages im Herbst gingen Mutter und Tochter in dem Wald, um Pilze zu sammeln. […] Der Wald war so prächtig von Sonnengold durchflimmert, daß Mutter und Tochter zu einem kleinen Umweg verlockt wurden. Plötzlich blieb Amalie stehen. ‚Da, da drüben, das ist er, der Herr Dietrich!' flüsterte sie aufgeregt der Mutter zu"* (ebd., S. 129). Ohne explizite Benennung einer Quelle ist als Bezugspunkt immer wieder die Biografie der Tochter, Charitas Bischoff, erkennbar, doch wird diese für das vorliegende Format selektiv genutzt, neu erzählt nach Bischoff (1951 [1909]) und eigenständig akzentuiert. Einzig aus den Briefen der Vorlage werden Originalauszüge verwendet. Mit Suse Pfeilstücker in der Rolle einer auktorialen Erzählerin wird ein anscheinend selbstverständlich verfügbares Wissen über Amalie Dietrich präsentiert und literarisch inszeniert.

Die aus Berlin stammende Suse Pfeilstücker (1885–1960) war ausgebildete Gymnasiallehrerin und promovierte 1936 mit einer Schrift über „Spätantikes und Germanisches Kunstgut in der Frühangelsächsischen Kunst". Sie trat jedoch auch vor und nach der im Hoch-Verlag veröffentlichten ‚Reichtum'-Sammlung u. a.

---

[5] Auch gibt es innerhalb des Buchs keinerlei Vorwort oder Resümee, das eine Begründung der Auswahl der portraitierten Frauen oder die Intention der Autorin offenlegten.

mit romanhaften Portraits von Frauengestalten in Erscheinung: 1942 zu Anne Luise Karschin sowie in den 1950er Jahren zu Liselotte von der Pfalz, Maria Theresia und Marie Antoinette. Die letztgenannten Werke erschienen ebenfalls im Düsseldorfer Hoch-Verlag, welcher v. a. durch die Publikation der Gritli und Heidi-Geschichten von Johanna Spyri und ab Ende der 40er Jahre mit den Nesthäkchen-Bänden von Else Ury bekannt wurde. Zum Verlagsprogramm gehörten zudem verschiedene Märchen und Abenteuerromane für ein jugendliches Publikum, u. a. von James Fenimore Cooper.

3 Beispiel II – Eva Heyter: „Ich werde mindestens Kleopatra" (1954)

Das zweite Werk ist in dem weniger bekannten Paulus Verlag aus Recklinghausen erschienen. Im Programm findet es sich gerahmt von weiteren die ‚Jugend' unterschiedlich adressierenden Werken, wie etwa *„Der steile Pfad. Ein Jungenbuch"* (Eismann, 1950), *„Das bunte Schiff. Ein lustiges Alletagebuch für die Jugend"* (Sperling, 1953) oder *„Damit du Bescheid weißt: eine Schrift von den Geheimnissen des Lebens für reifende Mädchen"* (Tilmann, 1954). Mit Blick auf die Autorin handelt es sich bei *„Ich werde mindestens Kleopatra"* jedoch – im Gegensatz zu Beispiel I – um einen Solitär. Hinter der Autorenangabe Eva Heyter verbirgt sich die ebenfalls promovierte Kunsthistorikerin Eva Stünke (1913–1988), die nach dem 2. Weltkrieg zusammen mit ihrem Mann eine einflussreiche Galerie für moderne Kunst in Köln betrieb. Außer mit diesem ‚Jungmädchenbuch' und einem weiteren Werk für eine erwachsene Zielgruppe[6] trat sie nicht weiter literarisch in Erscheinung (vgl. Herzog 2013a, b).

Wie eingangs bereits angesprochen, legt Heyter ihr Vorgehen anders an als Pfeilstücker. Die Leserschaft wird nicht einfach mit einer Reihung biografischer Portraits aus verschiedenen ‚erzählten Zeiten' konfrontiert, vielmehr werden sie bei Heyter eingebunden in unterschiedliche Argumentationsstränge in der Erzählzeit der Gegenwart der 50er Jahre. Im Vordergrund stehen die Überlegungen und Überzeugungen der Verfasserin, die am Beispiel der historischen Frauengestalten entfaltet werden. Dazu spricht die Autorin in einer ratgebend reflektierenden Selbstinszenierung die Zielgruppe junger Frauen immer wieder direkt an – eine

---

[6] *„Verführung zum Karneval. Eine Einführung in die rheinischen Mysterien"* 1953 unter dem Pseudonym Ernst Heyter.

Vorgehensweise, die in der Geschichte dieses Genres nicht selten ist. Sie unterstellt ihren Adressatinnen dabei bestimmte Gedanken oder Haltungen, um auf diese, wie in einem Dialog, kommentierend einzugehen.

So beginnt das Kapitel zu Amalie Dietrich mit den Worten: „Frauenrechtlerin willst du hoffentlich nicht werden. Gemüsehändler kämpfen ja auch nicht für das Recht der Gemüsehändler. Sie verkaufen einfach gutes Gemüse und haben alle Anerkennung, die sie wollen. Weder Universität noch Wahlrecht machen dich zum echten Partner eines Mannes, und erst recht nicht dein Geschrei nach Gleichberechtigung" (Heyter, 1954b, S. 57). Diesen anti-emanzipatorische Gestus stützt Heyter dann mit einem kurzen Verweis auf Margarethe von Wrangell, spätere Fürstin Andronikow: Diese habe als erste Professorin[7] zwar offiziell akademische Würdigung erfahren, doch gingen damit auch die Nachteile eines etablierten Berufs einher. Und so kommt Amalie Dietrich ins Spiel: *„Hatte es Amalie Dietrich nicht besser? Ihren Beruf gab es noch gar nicht. Es gab nur ihre Arbeit [...]. Vielleicht ist es überhaupt am besten, einen Beruf zu wählen, den es gar nicht gibt. [...] Und sie bekam ihn, nicht weil sie studiert hatte, oder weil sie aus einem klugen, vornehmen Geschlecht stammte, sondern weil das, was man so Schicksal nennt: Not und Notwendigkeit, Liebe zur Sache und zu Selbstverantwortung, ihr Kenntnisse und Fähigkeiten verschafft hatte, die niemand sonst anbieten konnte."* (ebd., S. 58).

So platziert Heyter ‚Arbeit' als zentrales Thema, worüber sie anhand von Amalie Dietrich in der Folge weiter sinniert. Dazu wird nicht die Chronologie der Biografie verfolgt, vielmehr werden heterogene Aspekte aus dem Leben Amalie Dietrichs für das beratende Anliegen der Autorin herausgegriffen. Im Mittelpunkt steht dabei zunächst die Relation von Ehe und Beruf als vermeintlichen Alternativen: *„Viele junge Mädchen suchen ihr Heil in der Flucht, das heißt in der Heirat. Nur kommen die Armen vom Regen in die Traufe: Bei einem ungeliebten Beruf gibt's wenigsten manchmal Feierabend und Ferien; der ungeliebte Mann sitzt dir ewig auf der Pelle. Man muß sich immer etwas aussuchen, was einem Spaß macht, etwas was man immer tun möchte"* (ebd., S. 59). Auch wenn die Arbeit dies nicht immer erfülle: *„Manchmal möchte jeder gerne Reißaus nehmen [...]. Amalie Dietrich half in solchen Momenten dreierlei"* (ebd., S. 61) – und diese drei Facetten, die primär auf Dietrichs Jahre in Australien bezogen werden, bilden die Kerne des Kapitels.

---

[7] Sie wurde 1923 zur ordentlichen Professorin für Pflanzenernährungslehre an der Landwirtschaftlichen Hochschule Hohenheim ernannt. 1928 heiratete sie ihren Jugendfreund, Fürst Wladimir Andronikow. Margarethe von Wrangell findet sich – neben Amalie Dietrich – im Übrigen auch in der Sammlung von Feyl (1994b).

- „*Erstens hatte sie keine ,matte Natur', wie sie das nannte*" (ebd., S. 61). So fragt Heyter ihr fiktives Gegenüber: „*Glaubst du, es sei ihr so leicht gefallen, bei großer Hitze, mit lästigem Moskitoschleier, lange, tagelange Märsche zu unternehmen, die Last der Pflanzen und Tiere zu schleppen, sie zu pressen, auszunehmen, einzupökeln?*" (ebd., S. 60).
- „*Zweitens hätte sie nie zugegeben, daß die Leute, die ihr soviel Vertrauen geschenkt hatten, die ihr Geld und Handwerkszeug bereitstellten, enttäuscht worden wären*" (ebd., S. 62). Hierzu wird mehrfach aus Briefpassagen wörtlich zitiert, u. a. aus einem anerkennenden Schreiben vonseiten des Hamburger Auftraggebers. „*Das war anscheinend ein äußerst liebenswürdiger Chef, der Herr Godeffroy, wirst du sagen, wenn ich dagegen an meinen denke... Entschuldige: Herr Godeffroy hat Amalie Dietrich hinausgeworfen, als sie sich zum erstenmal bei ihm bewarb. Er mußte erst überzeugt werden. Das müssen alle Chefs*" (ebd., S. 63).
- „*Drittens [...]. Sie hatte nämlich eine Tochter, die wollte sie wiedersehen, für die wollte sie sorgen*" (ebd., S. 65). An dieser Stelle zeigt sich dann insbesondere ein anderer Umgang mit der Frage, woher die Autorin ihr Wissen bezieht. Heyter legt hier ihre Referenzen offen, bezieht sie explizit mit ein: Die Tochter Charitas „*hat sowohl ihre wie der Mutter Lebensgeschichte aufgeschrieben. Da kannst du nachlesen, wie die kleine Amalie von ihrer Mutter zum Kräuter- und Pilzesammeln mitgenommen wurde, wie sie den Wilhelm Dietrich kennenlernt [...]*" (ebd., S. 65). Beide Werke werden am Schluss des Buchs in einer kurzen Liste empfohlener Literatur aufgeführt (vgl. Heyter 1954a, S. 94).

Im Fazit des Kapitels wird das Thema der Vereinbarkeit von Ehe und Beruf nochmals aufgegriffen und bilanzierend entwickelt. Wieder beginnt Heyter mit Fragen: „*Hat Amalie nicht zuviel getragen, zu treu geschuftet und entbehrt? Hat sie nicht am Ende die Liebe ihres Mannes verloren [...]? Gewiß, wenn wir Frauenrechtlerinnen wären, würden wir sagen: Dem Dietrich, diesem treulosen Schuft, dem hat sie's gezeigt. [...] Aber Frau Dietrich hätte dafür wenig Verständnis. Ihre Leistung sollte nicht als Trumpf ausgespielt werden. Ihre Arbeit sollte nichts als ihre Arbeit sein*" (1954b, S. 65 f.). Doch, so räsoniert die Autorin weiter, „*es ist daraus nicht der Schluß zu ziehen, daß man am besten gar nicht erst heiratet, wenn man eine berühmte Frau werden will. Vielleicht ist es möglich, bei aller Not, bei aller Anstrengung nicht überarbeitet, nicht vernachlässigt zu sein [...]. Dazu gehört dann aber schon Glück. Aber vielleicht hast du es*" (ebd., S. 66). Und in einer letzten argumentativen Volte kommt Heyter schließlich auf den Anfang zurück. Sie führt nochmals Margarethe von Wrangell an – nun jedoch in anderem Licht: *„Die Baroneß Wrangell hat in dem Fürsten Andronikow einen sehr treuen Freund gefunden, und sie ist doch ein richtiger Professor gewesen"* (ebd., S. 66).

4 Perspektiven der Verortung als Deutungshorizonte

Die beiden Beispiele lassen sich als zwei Fälle der Rezeption bzw. der Nutzung Amalie Dietrichs in unterschiedlichen Perspektiven aufgreifen. Je nach Kontext, in dem sie betrachtet werden, treten bestimmte Aspekte und Besonderheiten der ‚Dokumente' hervor. Die Gemeinsamkeiten wie auch die Unterschiede lassen verschiedene Verortungen und damit Lesarten zu, die hier zunächst unter formalen Aspekten, dann inhaltlich unter dem Gesichtspunkt des ‚Geschlechts' aufgegriffen werden.

4.1 Formale Zugänge: Die Beispiele als populäre Biografik – unter dem Aspekt biografischer Authentizität und im Licht literarischer Traditionslinien

Zunächst kann allgemein konstatiert werden, dass es sich in beiden Beispielen um biografisch orientierte Zugänge handelt, die einen popularisierenden Anspruch vertreten. Die typischen Merkmale sog. ‚populärer' Biografien, wie sie Porombka zusammenstellt, treffen auf sie zu – wenn auch in unterschiedlicher Akzentuierung (2011, S. 122 f., Herv. i. O.):

- Es findet eine *„Synthetisierung"* (ebd.) des präsentierten Wissens über die Person aus bereits vorliegenden Quellen statt[8], wobei die Referenzen bei Pfeilstücker im Text nicht sichtbar, bei Heyter hingegen offengelegt in die Erzählung eingebunden sind.
- In beiden Werken stehen v. a. die Handlungen und Haltungen Amalie Dietrichs im Vordergrund; „komplexe historische, gesellschaftliche, wissenschaftliche oder ästhetische Sachverhalte [werden] personalisiert und psychologisiert" (ebd.) und im Sinne einer *„Intimisierung"* (ebd.) im Modus eines individuellen Nacherlebens inszeniert.

---

[8]Vgl. auch den Begriff der „Montagebiographie" bei Hesse-Hoerstrup (2001, S. 76).

- Hierbei unterscheiden sich die beiden Bücher in der Art der *„Dramatisierung"* (ebd.); während Pfeilstücker eher eine geschlossene Erzählung der Chronologie des gesamten Lebens vorlegt, greift Heyter, deutlich selektiver, primär bestimmte Eigenschaften Amalie Dietrichs auf, die sich v. a. in krisenhaften Situationen ihres Lebens zeigen.
- Beide Autorinnen nutzen dabei die Strategie der *„Anekdotisierung"* (ebd.) der jeweils für prägnant gehaltenen Momente.
- Sie wechseln dabei beide zwischen *„Singularisierung"* (ebd.) und „Typologisierung" (ebd.) des Falls: Zuweilen wird Amalie Dietrichs Sonderstellung, die Singularität ihrer Biografie hervorgehoben, an anderer Stelle geht es um das allgemein Charakteristische, das menschlich (bzw. weiblich) Typische ihrer Vita.
- Schließlich handelt es sich in beiden Varianten um eine *„Überformung"* (ebd.) des Ausgangsstoffs zu Zwecken einer „exemplarischen, lehrreichen, spannenden, unterhaltsamen Geschichte" (ebd., S. 123), wenn auch mit unterschiedlichen Orientierungen im Hinblick auf den literarischen Umgang mit der Ursprungsgeschichte.

Auch wenn sowohl Pfeilstücker als auch Heyter promovierte Kunsthistorikerinnen sind, lassen die gerade angeführten Merkmale ihrer Texte, insbesondere der literarische Stil und der Umgang mit den Quellen, Distanz zu den Formaten der ‚wissenschaftlichen Biografik' (vgl. Runge, 2011) und der ‚geschichtserzählenden Literatur' (vgl. von Glasenapp, 2011) erkennen. Dort stehen tendenziell stärker die sachliche Aufarbeitung und (quellen-) kritische Auseinandersetzung zum einen, zum anderen die Vermittlung historischen Wissens bei gleichzeitigem Unterhaltungscharakter im Vordergrund. Allerdings bedeutet dies nicht, dass die Beispiele als ‚wissenschaftlich unseriös' oder als ‚literarisch weniger wertvoll' zu betrachten wären: „Gerade an den populären Biographien lässt sich [...] nach der Vielfalt ihrer (erzählerischen) Möglichkeiten fragen. Und das heißt dann schließlich für die Autoren populärer Biographien, dass sie nicht mehr als korrumpierte Lohnschreiber verstanden werden, die sich bloß dem Zeitgeist (und das heißt dann in Krisenzeiten: dem falschen Zeitgeist) unterwerfen, sondern an komplexen Werken arbeiten, die ästhetisch eigenständig und für produktive Lektüren geöffnet sind" (Porombka, 2011, S. 131).

Bei Pfeilstücker nur indirekt vermittelt zeugt das Beispiel von Heyter in diesem Zusammenhang von einer sehr bewussten formalen Positionierung. Einerseits bezieht sie ihre Quellen in die Erzählung ein, rät sogar zur Lektüre v. a. wissenschaftlich fundierter Texte, um als Leserin jenseits der Spekulation die Faktenlage zu kennen. In den Bereichen Belletristik oder Kino jedoch sieht sie andererseits andere Funktionen und den Anspruch auf biografische Authentizität verabschiedet. Diese ambivalente Strategie legt Heyter bereits im Eingangskapitel über Kleopatra offen – und schlägt sich schließlich ganz offensiv auf die Seite der funktionalisierenden, aber potenziell inspirierenden populären Kunst:

> *„Such dir die originalen Quellen zum Thema Kleopatra zusammen, und wenn die Sprachkenntnisse nicht ausreichen, laß die besten Wissenschaftler dir helfen. Und wenn du Illusion willst, und Kleopatra ‚lebendig' werden soll, dann geh zu den Künstlern und guten Schriftstellern. […] Vielleicht macht dir der eine klar, daß unsere Heldin eine Schlange, der andere, daß sie ein Engelsbild gewesen sei. Laß dich dadurch nicht verwirren. Ich will dir etwas verraten: Den Künstlern, die über Kleopatra geschrieben haben, ist es ziemlich schnuppe gewesen, ob sie so war oder so. Sie waren unverschämt genug, Kleopatra zu benutzen, um daraus für etwas für sich zu machen, ein gutes Theaterstück, einen guten Roman. Machen wir's wie sie."*
> (Heyter, 1954a, S. 21 f.)

Dies heißt wiederum nicht, dass jeglicher Anspruch auf ‚Realitätsnähe' oder ‚Wahrhaftigkeit' aufgegeben wird. Dabei kann jedoch generell nicht von der Möglichkeit einer 1:1-Relation ausgegangen werden. Unabhängig davon, ob die Quellen authentifizierend preisgegeben werden oder nicht, verweisen u. a. literatur- und sprachwissenschaftliche Ansätze im 20. Jahrhundert vermehrt darauf, dass jedes Schreiben Konstruktion bedeutet: „Ein biographisches Faktum könnte danach gar nicht festgestellt werden, es würde in der Sprache des Biographen erst geschaffen – ein chaotisches, zufälliges Ereignis der Vergangenheit wird durch die biographische Interpretation erst zum Teil einer Geschichte und zum Teil von Geschichte. […] Ein Bewusstmachen der sprachlichen Verfasstheit historischer Vorgänge impliziert aber keinen Verzicht auf Referentialität; ein vorausgegangenes Wirkliches, auch Vorsprachliches wird stets noch statuiert, es führt aber kein nichtsprachlicher Weg mehr dorthin" (Hanuschek, 2011, S. 13). Mit Blick auf die Art des Erzählens bedeutet dies: „*Realistisches Erzählen* ist nicht Abbildung der Welt wie sie ist, sondern immer ein mit künstlerischen Mitteln erzielter Effekt" (Weinkauff & von Glasenapp, 2018, S. 75; Herv. i. O.). „*Heute versteht man Realismus und realistisches Erzählen als einen historisch variablen Bedeutungseffekt, der daraus entsteht, dass ein literarischer Text der jeweiligen Realitätsauffassung des Publikums entspricht und diese zugleich mitbestimmt*" (ebd.; Herv. i. O.). Im Lichte dieser historischen Einordnungsnotwendigkeit wäre somit nach Traditionslinien zu fragen, in welche die Werke von Pfeilstücker und Heyter gestellt werden können.

Mit Blick auf die Gesamtanlage der Bücher als Sammlungen von Frauen-Portraits können sie unter dem Spezialbegriff der ‚Prosopografie' als eine Form der ‚Kollektivbiografik' gefasst werden: Neben andern Formaten zählen dazu „schon seit der Antike biographische Lexika und Sammlungen, die einzelne Lebensbeschreibungen unter einem gemeinsamen Gesichtspunkt vereinen, wie Zugehörigkeit zu einer Nation (z. B. Österreichisches Biographisches Lexikon) oder Berufsgruppe (z. B. Biographical Dictionary of Blues Singers), geteilte Lebenserfahrungen (z. B. Migration und Exil: Globale Lebensläufe) oder politische Bewegung (z. B. Biographisches Lexikon des Sozialismus)" (Harders & Schweiger, 2011, S. 196). Dieser Zugang ist insbesondere mit Blick auf Amalie Dietrich von Bedeutung, da ihre Aufnahme in andere (Buch-) ‚Gemeinschaften' von der Wandelbarkeit des o. g. ‚vereinenden Gesichtspunkts' bzw. des Anliegens der Autor*innen zeugt. So finden wir Amalie Dietrich mit unterschiedlicher Akzentuierung zudem in den folgenden Prosopografien:

- als ‚Frau' – für ein erwachsenes Publikum (bei Lück, 1937, u. a. neben Clara Schumann-Wieck, Florence Nightingale, Selma Lagerlöf),
- als ‚Deutsche unter andern Völkern' (bei Schleucher, 1976, u. a. neben Papst Leo IX., Georg Friedrich Händel, Heinrich Schliemann, Friedrich Wilhelm Foerster),
- als ‚schöpferische Frau aus Mitteldeutschland' (bei Haase & Kieser, 1993, u. a. neben Sophie Brentano-Mereau, Fanny Hensel-Mendelssohn, Louise Otto Peters),
- als ‚Frau in der Wissenschaft' (bei Feyl, 1994a, u. a. neben Maria Sibylla Merian, Dorothea Christiana Erxleben, Betty Gleim, Ricarda Huch, Emmy Noether),
- als ‚berühmten Freiberger' (bei Lauterbach, 2002, u. a. neben Carl Friedrich Plattner, Christian L. E. Schlegel, Friedrich C. Freiherr von Beust),
- als ‚Fürsprecher der Pflanzen' (bei von Radziewsky, 2003, u. a. neben Hildegard von Bingen, Carl von Linné, Johann Wolfgang Goethe, Gregor Mendel),
- als ‚Hamburgerin' (Ueckert, 2008, u. a. neben Meta Klopstock, Ida Dehmel, Marion Gräfin Dönhoff, Dorothee Sölle),
- als ‚Naturforscherin und Biologin' (bei Fischer, 2009, u. a. neben Maria Sibylla Merian, Paula Hertwig, Elisabeth Mann Borgese, Christiane Nüsslein-Volhard),
- als ‚Pflanzenjäger' (bei Hielscher & Hücking, 2011, u. a. neben Alexander von Humboldt, Adelbert von Chamisso, Curt Backeberg)
- und wieder als ‚Frau' – für ein erwachsenes Publikum (bei Lanfranconi, 2014, u. a. neben Jane Goodall, Clärenore Stinnes, Elly Beinhorn, Louise Boyd).

Auch wenn die Geschlechtszugehörigkeit bzw. -zurechnung in diesem Rezeptionsformat eine große Rolle spielt, wird doch deutlich, dass dieser Aspekt keineswegs der einzige ist, unter dem Amalie Dietrich wahrgenommen wird. Es ist für Pfeilstücker und Heyter nicht selbstverständlich oder gar zwingend, sie als weibliches Rollenmodell aufzugreifen. Dass Amalie Dietrich bei den ansonsten überscheidungsfreien Sets der vorgestellten Frauen bei beiden Autorinnen überhaupt erscheint, könnte u. U. daran liegen, dass die Verfasserinnen aufgrund des hohen Verbreitungsgrads und der wiederkehrenden Auflagen der Biografie der Tochter Charitas Bischoff (1909 ff.; vgl. auch Sumner, 1993) vielleicht über diese im elterlichen oder im eigenen Jugend-Buchbestand verfügten und so dazu inspiriert wurden, Amalie Dietrich für ihr Anliegen aufzugreifen.

Mit Blick auf die jugendliche Zielgruppe bzw. auf das Genre lassen sich die beiden Beispieltexte insofern im Sinne einer weiteren Verortung auch im Kontext der Kinder- und Jugendliteratur (KJL) betrachten.

In Bezug auf das Anliegen stoßen wir hier auf Traditionslinien, die v. a. seit der europäischen Aufklärung mit pädagogischen Intentionen verknüpft sind. Dies gilt ganz allgemein: „Literatur wurde zum zentralen Medium der Information, der Verständigung, der Kritik und zu einem immer wichtiger werdenden Medium der Erziehung" (Wild, 2008, S. 43). Dies gilt insbesondere jedoch im Bereich des realistischen Erzählens: Dabei sind „die Wirklichkeitsentwürfe der Kinderliteratur […] untrennbar mit den pädagogischen Diskursen dieser Epoche verbunden, in denen durchaus unterschiedliche Positionen darüber vertreten wurden, auf welche Weise eine an Kinder adressierte Literatur Realität abbilden sollte" (Weinkauff & von Glasenapp, 2018, S. 76). Prägend ist dabei ein Vermittlungskonzept, das zu Beginn oft die Gesprächsform „zwischen Lehrern und Schülern, zwischen Eltern und Kindern, zwischen älteren und jüngeren Geschwistern" (ebd., S. 77) aufnimmt, um bestimmte, als v. a. moralisch lehrreich eingestufte Aspekte des Lebens kindgemäß veranschaulichend zu inszenieren. „Diese Auffassung vom realistischen Erzählen, bei der die Kinderliteratur zur Vermittlung von Normen instrumentalisiert wurde, behielt ihre Gültigkeit im Verlauf des gesamten 19. Jahrhunderts" (ebd., S. 79). Im 20. Jahrhundert werden in der Historiografie der KJL dann verschiedene Brüche, Neuansätze, Paradigmenwechsel ausgemacht; für die Adenauer-Ära werden sowohl Tendenzen des Neubeginns als auch der Restauration konstatiert (vgl. Steinlein, 2008). Speziell für die „Entwicklung des Genres Geschichtserzählung zwischen 1945 und den 60er Jahren" diagnostiziert Steinlein eine „Absetzbewegung weg von Kriegs- und Herrschergeschichte oder gar -verherrlichung hin zur Darstellung von mittleren Helden, auch zur Erlebnisperspektive ‚von unten' und zur moralisch wertenden Vergegenwärtigung von Geschichte" (ebd.). Insofern passen die Werke von Pfeilstücker und Heyter durchaus in dieses Bild ihrer Zeit.

Im Gegensatz zu Heyter wird Pfeilstücker dabei in der Geschichtsschreibung der KJL auch explizit thematisiert. Ihre Romane über berühmte Herrscherinnen werden bei von Glasenapp einerseits als „Ausnahme" in der „männlich dominierten Geschichtsschreibung" der 50er und 60er Jahre verstanden. Inhaltlich kommt von Glasenapp andererseits zu dem Ergebnis, „dass sich in diesen Werken kein neues Geschichtsverständnis manifestiert, sondern lediglich an die Stelle der männlichen eine weibliche ‚Führerpersönlichkeit' getreten ist" (2008, S. 349). Erwähnung findet Pfeilstücker zudem bei Hesse-Hoerstrup (2001) in ihrer Studie über die „Biographie als Gattung der Jugendliteratur" (2001, im Titel). Auch sie ordnet Pfeilstückers Bücher in eine „‚heile' biographische Welt nach dem Zweiten Weltkrieg" (ebd., S. 61) ein, doch richtet sich ihre Kritik v. a. auf die konzeptionelle Anlage: „Diese seit den Ursprüngen weiblicher Biographik innerhalb der Jugendliteratur bestehende Tradition, die Lebensleistung einer berühmten Frau als Anlaß ihrer Biographie nicht jedoch als Emanzipationsmodell für die jugendliche Leserin zu funktionalisieren, läßt sich demnach bis in die sechziger Jahre des 20. Jahrhunderts nachweisen" (ebd., S. 64).

Das „konventionelle Vorbild der berühmten Frau als Hausfrau, Gattin und Mutter" (ebd., S. 65) kolportiert dabei stereotype Vorstellungen einer weiblichen Rollen- und Geschlechtsidentität. Dieses Argument verfängt bei Pfeilstückers Kapitel zu Amalie Dietrich nur zum Teil, da in ihrem Fall doch gerade der Berufsweg im Vordergrund steht. Gleichzeitig wird dieser allerdings als ungewöhnlich bzw. abweichend sowie als mit erheblichen Opfern gegenüber der Gattinnen- und der Mutterrolle verbunden charakterisiert (vgl. Pfeilstücker, 1950, S. 128, 135, 138 f., 143, 148). Bei Heyter ist dies nicht ganz so eindeutig; die Möglichkeit einer gelingenden Vereinbarung von Beruf und Partnerschaft bzw. Familie wird für Frauen dort nicht (mehr?) gänzlich ausgeschlossen, doch: *„Dazu gehört dann aber schon Glück"* (Heyter, 1954b, S. 66). Gerade mit Blick auf diese Aspekte liegt eine weitere, vertiefende Verortung der Beispiele als ‚Mädchenlektüre' bzw. unter einer Geschlechter-Perspektive nahe.

4.2 Inhaltliche Zugänge: Die Beispiele unter dem Fokus von ‚Mädchenlektüre', ‚Geschlechtscharakter' und ‚Doing Gender'

Noch in den 1970er Jahren kommt der Literaturdidaktiker Dahrendorf in seinen Arbeiten zur Geschichte des Mädchenbuchs zu dem Ergebnis, dass dort eine traditionelle Ausrichtung der Mädchen auf Familie und Ehe vorherrscht (vgl. 1974). Thematisiert wird vorwiegend, wenn auch keineswegs frei von Widersprüchen (vgl. Grenz, 1997c) ein an das biologische Geschlecht gebundener ‚Charakter‘ verbunden mit spezifisch weiblichen Rollenerwartungen. „Glück und Anpassung an die gesellschaftliche Rolle" fallen in den präsentierten Lebenswegen der Protagonistinnen dieser Form der Jugendliteratur zusammen (ebd., S. 277).

Zwar weist Grenz nach, dass bereits in der nationalsozialistischen Mädchen-literatur der Boden für „eine tendenzielle Auflösung der traditionellen weib-lichen Rolle" (1997a, S. 231) jenseits von Haus und Heirat bereitet wurde. Und auf den ersten Blick scheint der NS-Topos „Kämpfen und arbeiten wie ein Mann – sich aufopfern wie eine Frau" (ebd., S. 217) durchaus zur Inszenierung Amalie Dietrichs bei Pfeilstücker und Heyter zu passen, doch gibt es gravierende Unterschiede. In den beiden Beispieltexten wird der Weg Amalie Dietrichs individualisiert, das – ansatzweise entwickelte[9] – Thema der Autonomie wird auf psychologisch-sozialer Ebene angelegt, während in den Mädchenbüchern des 3. Reichs „Frauen gerade nicht Selbstbestimmung zugestanden wurde, sondern sie als fungible, verfügbare Masse behandelt wurden, die man jeweils dorthin schob, wo sie gerade gebraucht wurde" (ebd., S. 232). Bei Pfeilstücker und Heyter steht nicht die gesamtgesellschaftliche Funktion von ‚Frauen‘, sondern das als privat oder persönlich konzipierte Schicksal einer ‚Frau‘ im Vordergrund. Doch dabei steht im Sinne eines deutlich weiterreichenden Rückgriffs eine Geschlechtervor-stellung Pate, die bis in das 18. Jahrhundert zurückreicht.

Was auch in der Forschung zur Geschichte der Mädchenliteratur angesprochen wird (vgl. insbesondere Grenz, 1997b), meint in sozialhistorischer Perspektive eine umfassendere Entwicklung. Hausen umreißt diese in den Worten: „Die bloße Tatsache der Kontrastierung von Mann und Frau ist historisch zunächst wenig aufschlußreich, waren doch in patriarchalischen Gesellschaften seit eh und je Aussagen über das ‚andere Geschlecht‘ gängige Muster der männlichen Selbstdefinition. Auf eine historisch möglicherweise gewichtige Differenzierung verweist jedoch die Beobachtung, daß mit den ‚Geschlechtscharakteren‘ diese Kontrastierung im letzten Drittel des 18. Jahrhunderts eine spezifisch neue Quali-tät gewinnt. Der Geschlechtscharakter wird als eine Kombination von Biologie und Bestimmung aus der Natur abgeleitet und zugleich als Wesensmerkmal

---

[9]Während Pfeilstücker ihre Kurzportraits als unkommentiertes Angebot klassischer Vor-bilder präsentiert, den Leserinnen damit aber gleichzeitig Raum für ihre Art der Rezeption lässt, gibt es bei Heyters mäandrierender Argumentation explizite Ratschläge, von denen ein Teil durchaus in Richtung Selbstbestimmung weist; vgl. etwa das eingangs genannte Zitat: *„Aber es ist aufgelegter Unsinn, dir einzureden, Kleopatra oder Amalie Dietrich nachzuahmen. Wehe dir, wenn du etwas anderes wirst als du selbst"* (Heyter, 1954a, S. 92).

in das Innere des Menschen verlegt" (1976, S. 369 f.). Dies korrespondiert mit den ökonomischen, sozialen wie politischen Wandlungsprozessen Europas in der Folge der Aufklärung und mündet u. a. in die Konstituierung des Bilds der ‚bürgerlichen Familie' mit ihrer zwischen Mann und Frau polarisierten Arbeits-, Sphären- und Rollenteilung (vgl. Anupama, 2005; Hausen, 1976; Rosenbaum, 1982; Ross, 2006).

Pfeilstücker entwickelt die Geschichte Amalie Dietrichs im Rahmen einer solchen (unhinterfragten) Geschlechterordnung – allerdings als eine Abfolge von Kollisionen, welche vielfach aus den Rollenerwartungen an die adäquaten Eigenschaften oder Verhaltensweisen des Geschlechtscharakters resultieren. So lesen wir über die frühen Jahre bei ihren Eltern, den Nelles: *„Schon als Kind zeigte das kleine Malchen Nelle eine auffallende Freude am Lesen und Lernen, so daß die Mutter schon bedauerte, daß sie kein Junge sei"* (1950, S. 128). Weiter heißt es dann: *„ 'Sie soll die Werkstatt erben', erklärte er [der Vater]. ‚Wenn ich einmal nicht mehr kann, nehme ich mir einen Gesellen, den soll die Male heiraten.' ‚So, Malchen soll wohl mit dem Heiraten warten, bis sie alt und schrumpelig wird', entrüstete sich die Mutter. ‚Zum Glück hat sie schon Verehrer genug, sie braucht nur zu wählen.' Frau Nelle übertrieb nicht. Das ranke und schlanke Mädchen mit dem klaren Gesicht und den blitzenden Augen wurde von vielen umworben. Aber keiner fand bei ihr Gehör, weder der junge Bergmann noch der Leineweber, auch nicht der reiche Mehlhändler aus der feineren Oberstadt. ‚Das kommt von der Lernerei', schalt der Vater. ‚Das Mädel will wohl gar einen Studierten?' Die Mutter begütigte; Amalie sei eben anders als die andern"* (ebd., S. 128 f.). Eine zusätzliche Konfliktlinie wird in der Folge der Geburt der Tochter Charitas aufgemacht: *„Im dritten Jahr ihrer Ehe mußte Amalie ihre Wanderungen einschränken. Sie erwartete ein Kind. Der junge Ehemann schwärmte bereits davon, wie er ‚den Jungen' unterweisen wollte. Eine Leuchte der Wissenschaft sollte er werden. Als aber ein kleines zartes Mädchen ankam, war seine Enttäuschung riesengroß. Er bestimmte zwar, daß die Kleine Charitas genannt werden sollte nach der Tante, die sein Studium bezahlt hatte, kümmerte sich aber sonst in keiner Weise um das Kind. Im Gegenteil, er geriet außer sich, daß Amalie nicht mehr ihre volle Kraft für ihn allein einsetzte. Die junge Frau war tieftraurig. Als ihre Mutter anbot, sie wolle das Kind zu sich nehmen, willigte sie schweren Herzens ein. Nun konnte sie sich wieder ganz ihrem Mann widmen"* (ebd., S. 135). Sich nicht dem Geschlechtscharakter entsprechend zu verhalten, so legt Pfeilstückers Schilderung nahe, ist zwar durchaus möglich, doch nur unter erheblichen Opfern und der Überwindung immer neuer Hürden – bis zum Ende, wo Amalie Dietrich trotz ihrer erbrachten Leistung zunächst der Einlass zu einem Kongress verwehrt wird: *„Dies hier ist eine Versammlung von gelehrten Herren.*

Von Studierten. Frauen haben hier nichts zu suchen. Wo kämen wir da hin?"
(ebd., S. 127). Amalie Dietrich wird bei Pfeilstücker insgesamt zwar als Ausnahme von der Regel der Geschlechtscharaktere präsentiert, doch als Ausnahme,
welche die Regel selbst bestätigt.

Hebt Pfeilstückers Erzählung auf die fast gänzlich unkommentierte Wiedergabe ihrer Wahrnehmung der erzählten Zeit der Epoche Amalie Dietrichs ab,
agiert Heyter (1954b) hingegen v. a. in der Gegenwart ihrer Erzählzeit. Auch bei
ihr steht die Singularität des Lebenswegs von Amalie Dietrich im Vordergrund,
doch nutzt sie diesen zu einer Auseinandersetzung mit ihrer Perzeption dessen,
was es in den 1950er Jahren bedeutet, eine ,Frau' zu werden und zu sein. Das
kontrastierende Beispiel Margarethe von Wrangells zu Beginn ihres Kapitels
über Amalie Dietrich (vgl. 3.) wird durch Heyter in den Kontext einer Absage an
Anliegen einer organisierten Frauenbewegung gestellt. Nicht juristische Gleichstellung oder gesellschaftliche Gleichberechtigung (vgl. auch Heyter, 1954b,
S. 65 f.) ebnen den Pfad eines erfüllten Lebens, dieser wird den Leserinnen vielmehr als individuell zu bewältigende ,Schicksals'-Aufgabe vor Augen geführt.
Gleichzeitig ist dabei jedoch kein Verlass mehr auf die klassischen Muster der
bürgerlichen Arbeits- und Rollenteilung: *„Viele junge Mädchen suchen ihr Heil
in der Flucht, das heißt in der Heirat. Nur kommen die Armen vom Regen in
die Traufe"* (ebd., S. 59). Heyters Plädoyer gilt stattdessen – und eben dies ver-
gegenwärtigt sie an persönlichkeitsbezogenen ,charakterlichen' Merkmalen
– einer hingebungsvoll disziplinierten Arbeitshaltung als Lebensethos. Was
Heyter empfiehlt, ist eine *„tiefe Hinneigung zu deiner Arbeit"* (ebd., S. 63). An
dieser mangle es heute: *„Wie viele junge Mädchen mühen sich, sobald ihnen
eine Aufgabe anvertraut ist, weniger mit dieser Arbeit ab als mit dem Versuch,
ihre ,Selbständigkeit' zu dokumentieren. In der rechten Hand eine Zigarette, die
linke in der Hosentasche, so kommen sie, den Auftrag in Empfang zu nehmen.
Bei der Arbeit selbst machen sie nur ein paar langsame, großmütig geschenkte
Bewegungen, um beim ersten Pausenzeichen alles mit Windeseile hinzuwerfen"*
(ebd., S. 62). Im Gegensatz dazu Amalie Dietrich: *„Es gab nur ihre Arbeit, ihre
gute Arbeit"* (ebd., S. 58). In diesem Fall, so Heyters Fazit, ist es möglich, doch
keineswegs garantiert, auch den Eheanforderungen gerecht zu werden: *„Vielleicht
gelingt es dir, die Liebe deines Mannes zu behalten in aller Not und auch bei
allen persönlichen Erfolgen"* (ebd., S. 66). Somit wird die normativ zwingende
Kraft der klassischen Geschlechtscharaktere hier insgesamt hinterfragt, doch
gleichzeitig wird die noch immer notwendige Positionierung zur Frage der
Geschlechtsrollenerwartungen als Bewältigung mittels persönlicher Haltungen
und Eigenschaften individualisiert.

Welche Traditionslinie auch angesetzt, welcher historische Bogen geschlagen wird, das Sprechen bzw. Schreiben über Biografien kann in unserem Kulturkreis den Bezug auf ein Vorstellungssystem über ‚Geschlecht' nicht hintergehen. So hält auch Ní Dhúill grundsätzlich fest: „Jede Lebensbeschreibung ist auch die Beschreibung eines Gender-bestimmten Lebens, das innerhalb eines sich verändernden kulturellen und sozialen Sex-Gender-Systems durch die Übernahme, Abwehr oder Internalisierung von nach Gender-Kriterien festgeschriebenen Handlungsschemata geführt wird" (2006, S. 126). Zwar könnten wir es bei der Feststellung belassen, dass es sich bei den beiden Beispieltexten bzw. bei einer Mädchen adressierenden Biografik im Allgemeinen um medienspezifische Auslegungen des jeweiligen ‚Sex-Gender-Systems' handelt. Doch ist darüber hinaus der Aspekt der Wirkung auf die Leserschaft ins Kalkül zu ziehen. Auch ‚Bücher' sind nicht einfach als passive Objekte, sondern als durchaus aktive Bestandteile des komplexen Handlungs-, Denk- und Machtgefüges einer Kultur zu begreifen (vgl. u. a. Smith, 1990). In soziologischer Perspektive können Schreiben und Lesen insofern als eine von vielen gesellschaftlichen Praktiken des ‚Doing Gender' verstanden werden[10] (vgl. West & Zimmerman, 1987). Dabei wird ‚Geschlecht' nicht als gegebenes Merkmal einer Person betrachtet, vielmehr wird der Blick auf dessen Herstellung in den Interaktionen alltäglicher Lebensvollzüge gerichtet. Es wird zudem darauf aufmerksam gemacht, dass die Aktivitäten des ‚Doing Gender' stets mit der Reproduktion des jeweiligen Konzepts von ‚Geschlecht' einhergehen. So üben Texte im Rahmen der ‚Lesesozialisation'[11] Einfluss auf die Vorstellungen aus, die sich Rezipient*innen von der Welt machen und tragen zur Prägung ihres Handelns bei.

Dabei ist aus psychologischer Perspektive der „Lernprozeß von Geschlechterstereotypen [...] nicht grundsätzlich anders als der anderer sozialer Lernvorgänge" (Alfermann, 1996, S. 24). Auch Alfermann verweist in diesem Zusammenhang auf die zunehmende Bedeutung der Medien[12]: „Daraus lernen wir nicht nur die Stereotype, also unser Wissen um die typischen Eigenschaften der Geschlechter, sondern auch, was angemessen ist, was von ihnen erwartet wird: also Geschlechtsrollenerwartungen" (ebd., S. 25). Bei der Einschätzung

---

[10]Dabei können freilich auch weitere Dimensionen ins Kalkül gezogen werden, etwa in Ansätzen des ‚Doing Difference' (vgl. West & Fenstermaker, 1995) oder der Intersektionalität (vgl. Hoffmann, 2019 am Beispiel Amalie Dietrichs).

[11]Vgl. Überblick bei Groeben und Hurrelmann (2004); speziell zur Rezeptionsperspektive jugendlicher Leserinnen u. a. Garbe (1997).

[12]Zum Kontext historischer Mädchenbücher vgl. Stocker (2005).

des Stellenwerts der Dimension ‚Geschlecht' kommt Alfermann jedoch zu einer widersprüchlichen Diagnose: „Auf der einen Seite der Befund, daß große Ähnlichkeiten zwischen den Geschlechtern bestehen, wenn man sie auf Grundlage individueller Daten in individuellen Merkmalen miteinander vergleicht. Auf der anderen Seite aber die Beobachtung, daß die Geschlechterstereotype bedeutsame Unterschiede zwischen den Geschlechtern annehmen und die Geschlechterrollen die dazu passende Folie liefern. In der sozialen Wahrnehmung, in der sozialen Interaktion und in der gesellschaftlichen Wirklichkeit bildet das Geschlecht eine so auffallende Variable, daß der Eindruck entstehen muß, daß das Geschlecht doch erheblich bedeutsamer für die individuelle Lebensentwicklung ist" (ebd., S. 9).

Dieses „janusköpfige Bild der Geschlechterunterschiede" (ebd.) kann für beiden Texte von Pfeilstücker und Heyter aufgegriffen werden. In ihren biografischen Erzählstrategien erscheint ein ‚Frau-Sein' Amalie Dietrichs primär als ‚individuelles Merkmal', weniger als ‚soziale Kategorie'. Bei Heyter wie bei Pfeilstücker stehen die Herausforderungen und Anfechtungen, welche das Leben einer jeden Zeit mit sich bringt, im Vordergrund, die es persönlich mit Charakterstärke zu meistern gilt. Dabei werden von beiden Autorinnen geschlechtsspezifische ‚Charakter'-Rollenerwartungen ins Feld geführt, mal als festes Set, mal als in Wanken geratener Orientierungsrahmen. Vor dem Hintergrund des historischen ‚Geschlechtscharakters' bleibt ‚Geschlecht' bei Pfeilstücker als Wesensmerkmal mit bipolarer Ausrichtung unhinterfragt. Im Sinne des Plädoyers für ein von spezifischen Persönlichkeitseigenschaften bestimmtes Arbeitsethos wird bei Heyter über den Fokus auf das Individuelle die strukturelle Bedeutung von ‚Geschlecht' als sozialer Kategorie sogar explizit heruntergespielt[13].

Was aus heutiger Sicht schnell als rückständig eingeschätzt werden mag, ist jedoch von dem zeitgeschichtlichen Hintergrund der jungen Bundesrepublik Deutschland zu sehen. Zwar war die Gleichberechtigung von Frauen und Männern seit 1949 im Grundgesetzes verankert, doch es dauerte z. B. bis 1958, die Regelung abzuschaffen, dass eine Frau nur mit Zustimmung ihres Ehemannes erwerbstätig sein durfte (vgl. Allmendinger et al., 2008). Gerhard verweist im Kontext praktischer Gleichstellung auf den restaurativen Geist der frühen Adenauer-Ära: „Wer sich an die 1950er Jahre erinnert oder heute Bilder oder Filme aus jener Zeit sieht, wird gewahr, wie anders, fügsam oder gar ergeben

---

[13]Vgl. etwa: „*Frauenrechtlerin willst du hoffentlich nicht werden. Gemüsehändler kämpfen ja auch nicht für das Recht der Gemüsehändler*" bei Heyter (1954b, S. 57).

Frauen ihre Rolle gespielt haben, und wie grundlegend sich die Geschlechter-
beziehungen im alltäglichen Umgang seither verändert haben. [...] Nach
zwei Weltkriegen und ihren Katastrophen war die Wiederherstellung rigider
Geschlechterrollen sowie das Leitbild von Ehe und Kernfamilie als dominante
Lebensform wichtiger Bestandteil einer angeblichen ‚Normalisierung' der
Lebensverhältnisse" (Gerhard, 2008, o. S.). Insofern können die Ausnahme-
Option von der Regel der klassischen ‚Geschlechtercharaktere' bei Pfeilstücker
und die individualisierende Positionierung Heyters als durchaus zeittypisches
Ringen mit widersprüchlichen gesellschaftlichen Botschaften erachtet werden.
Auch wenn ihre Art noch weit vom ‚emanzipatorischen Mädchenbuch' der
späteren Jahrzehnte (vgl. Grenz 1997b) entfernt sein mag, so thematisieren sie
doch als Frauen Fragen des Frau-Werdens für eine weibliche Leserschaft.

5   Fazit

In welcher Lesart auch immer – die beiden Texte von Pfeilstücker und Heyter
können als Zeugnisse einer Indienstnahme des Falls der Amalie Dietrich für
Zwecke interpretiert werden, die u. a. von der biografieorientierten Anlage, dem
Genre des Jugend- bzw. ‚Jungmädchenbuchs' und den Anliegen der Autorinnen
im Kontext ihrer Zeit geprägt sind. Da die beiden Jugendbücher jedoch nicht die
einzigen Varianten der Auseinandersetzung mit Amalie Dietrich darstellen, sind
sie auch im Licht des umfangreichen Fundus' ihrer Rezeption zu betrachten.

Gerade wenn nicht davon auszugehen ist, dass sich Erinnerung nur aus autobiografischen oder faktualen Quellen speist (vgl. Gansel, 2009)[14], lohnt sich der Blick
auf die variantenreichen Aufnahme-Modi, die sich in den verschiedenen Medien
zu Amalie Dietrich auftun. In den Spannungsfeldern von Funktionalisierung und
Fiktionalisierung, von Personalisierung und gesellschaftlicher Typisierung geht es
dabei nicht allein um eine Interpretation der Medien im Licht wissenschaftlicher
Interessen; gerade die popularisierenden Formate können als Beitrag dazu verstanden werden, was Assmann als ‚kulturelles Gedächtnis' beschreibt: Darunter
„fassen wir den in jeder Gesellschaft und jeder Epoche eigentümlichen Bestand
an Wiedergebrauchs-Texten, Bildern und Riten zusammen, in deren ‚Pflege' sie
ihr Selbstbild stabilisiert und vermittelt, ein kollektiv geteiltes Wissen vorzugsweise (aber nicht ausschließlich) über die Vergangenheit auf das eine Gruppe ihr
Bewußtsein von Einheit und Eigenart stützt" (1988, S. 15).

---

[14] Vgl. auch Eberhard Fischer in diesem Band.

Pfeilstücker und Heyter können zusammen mit den zahlreichen anderen Rezeptionen Amalie Dietrichs als Partikel gesellschaftlicher Erinnerungsleistung verstanden werden. Sie geben Kunde davon, was uns kulturell als des Bemerkens wert erscheint. Wie sie gesehen wird, was an ihr als bedeutsam thematisiert wird, was nicht angesprochen wird, all dies zeugt von den spezifischen Formen der Wahrnehmung und von den Relevanzstrukturen innerhalb der jeweiligen gesellschaftlichen Diskurspraxis. Vielleicht ist dabei weniger über ihr Leben, über ihre und unsere Vergangenheit zu erfahren, sondern vielmehr etwa über die jeweiligen zeit- und ortsbezogenen Praktiken des ‚Doing Gender' in der Adenauer-Ära oder des ‚Doing Biography' im Kinder- und Jugendbuch. In diesem Sinne zitiert von Glasenapp zu Beginn ihres Textes über Kinder- und Jugendliteratur einen „Schnipsel" aus der Feder Kurt Tucholskys: „Jeder historische Roman vermittelt ein ausgezeichnetes Bild von der Epoche des Verfassers" (2011, S. 269). Auch andere Perspektiven könnten anhand der Materialien aufgegriffen werden: ‚Doing Science', ‚Doing Literature' oder ‚Doing History' wären u. a. denkbar. Dabei wirft gerade der Fall der Amalie Dietrich mit seiner lückenhaften Quellenlage immer wieder die Frage auf, inwiefern und auf welche Weisen die „Grenze zwischen Fiktion und Nicht-Fiktion deutlich zu markieren [ist]" (Hesse-Hoerstrup, 2001, S. 77) – und auch die Frage nach Herstellung und Relevanz von Authentizität wird zeit- wie kulturabhängig unterschiedlich beantwortet.

Literatur

Alfermann, D. (1996). *Geschlechterrollen und geschlechtstypisches Verhalten*. Kohlhammer.

Allmendinger, J., Leuze, K., & Blanck, J. M. (2008). 50 Jahre Geschlechtergerechtigkeit und Arbeitsmarkt. *Aus Politik und Zeitgeschichte (24–25)*. https://www.bpb.de/apuz/31161/50-jahre-geschlechtergerechtigkeit-und-arbeitsmarkt?p=all. Zugegriffen: 20. Apr. 2020.

Anupama, R. (2005). *Gendered citizenship: Historical and conceptual explorations*. Orient Longman.

Assmann, J. (1988). Kollektives Gedächtnis und kulturelle Identität. In J. Assmann & T. Hölscher (Hrsg.), *Kultur und Gedächtnis* (S. 9–19). Suhrkamp.

Australian Science Archives Project. (1996/1998). The teachers' guide to bright sparcs. http://www.asap.unimelb.edu.au/bsparcs/exhib/dietrich/t_dietrich.htm. Zugegriffen: 8. Apr. 2020.

Bischoff, C. (1931). *The hard road: The life story of Amalie Dietrich. Translated by A. L. Geddie*. Martin Hopkinson.

Bischoff, C. (1951). *Amalie Dietrich. Ein Leben.* Hamm: G. Grote'sche Verlagsbuchhandlung. (Erstveröffentlichung 1909).

Dahrendorf, M. (1974). Das Mädchenbuch. In G. Haas (Hrsg.), *Kinder- und Jugendliteratur. Zur Typologie und Funktion einer literarischen Gattung* (S. 265–288). Reclam.

Eismann, P. (1950). *Der steile Pfad. Ein Jungenbuch.* Paulus.

Feyl, R. (1994a). Amalie Dietrich (1821–1891). In R. Feyl (Hrsg.), *Der lautlose Aufbruch. Frauen in der Wissenschaft* (S. 127–147). Kiepenhauer & Witsch.

Feyl, R. (1994b). Margarethe von Wrangell (1877–1932). In R. Feyl (Hrsg.), *Der lautlose Aufbruch. Frauen in der Wissenschaft* (S. 186–198). Kiepenhauer & Witsch.

Fischer, G. (Hrsg.). (2009). *Darwins Schwestern. Porträts von Naturforscherinnen und Biologinnen.* Orlanda Frauenverlag.

Gansel, C. (2009). Rhetorik der Erinnerung – Zur narrativen Inszenierung von Erinnerungen in der Kinder- und Jugendliteratur und der Allgemeinliteratur. In C. Gansel & H. Korte (Hrsg.), *Kinder- und Jugendliteratur und Narratologie* (S. 11–38). V&R unipress.

Garbe, C. (1997). Weibliche Adoleszenzromane in der Rezeptionsperspektive jugendlicher Leserinnen. In D. Grenz & G. Wilkending (Hrsg.), *Geschichte der Mädchenlektüre. Mädchenliteratur und die gesellschaftliche Situation der Frauen* (S. 296–311). Juventa.

Gerhard, U. (2008). 50 Jahre Gleichberechtigung – Eine Springprozession – Essay. *Aus Politik und Zeitgeschichte (24–25).* https://www.bpb.de/apuz/31157/50-jahre-gleichberechtigung-eine-springprozession-essay. Zugegriffen: 20. Apr. 2020.

Goedecke, R. (1951). *Als Forscherin nach Australien. Das abenteuerliche Leben der Amalie Dietrich.* Franz Schneider Verlag.

Grenz, D. (1997a). Kämpfen und arbeiten wie ein Mann – Sich aufopfern wie eine Frau. Zu einigen zentralen Aspekten des Frauenbildes in der nationalsozialistischen Mädchenliteratur. In D. Grenz & G. Wilkending (Hrsg.), *Geschichte der Mädchenlektüre. Mädchenliteratur und die gesellschaftliche Situation der Frauen* (S. 217–239). Juventa.

Grenz, D. (1997b). Darstellungsformen weiblicher Adoleszenz in der zeitgenössischen Literatur für Mädchen und in der allgemeinen Literatur. In D. Grenz & G. Wilkending (Hrsg.), *Geschichte der Mädchenlektüre. Mädchenliteratur und die gesellschaftliche Situation der Frauen* (S. 277–295). Juventa.

Grenz, D. (1997c). „Das eine sein und das andere auch sein...". Über die Widersprüchlichkeit des Frauenbildes am Beispiel der Mädchenliteratur. In D. Grenz & G. Wilkending (Hrsg.), *Geschichte der Mädchenlektüre. Mädchenliteratur und die gesellschaftliche Situation der Frauen* (S. 197–215). Juventa.

Groeben, N., & Hurrelmann, B. (Hrsg.). (2004). *Lesesozialisation in der Mediengesellschaft. Ein Forschungsüberblick.* Juventa.

Haase, A., & Kieser, H. (Hrsg.). (1993). *Können, Mut und Phantasie. Portraits schöpferischer Frauen aus Mitteldeutschland.* Böhlau.

Hanuschek, S. (2011). Referentialität. In C. Klein (Hrsg.), *Handbuch Biographie: Methoden, Traditionen, Theorien* (S. 12–16). Metzler und Poeschel.

Harders, L., & Schweiger, H. (2011). Kollektivbiographische Ansätze. In C. Klein (Hrsg.), *Handbuch Biographie: Methoden, Traditionen, Theorien* (S. 194–198). Metzler und Poeschel.

Hausen, K. (1976). Die Polarisierung der „Geschlechtscharaktere". Eine Spiegelung der Dissoziation von Erwerbs- und Familienleben. In W. Conze (Hrsg.), *Sozialgeschichte der Familie in der Neuzeit Europas. Neue Forschungen* (S. 363–393). Klett.

Herzog, G. (2013a). Stünke, Eva (verheiratete). Deutsche Biographie. https://www.deutsche-biographie.de/pnd1084341468.html. Zugegriffen: 10. Apr. 2020.

Herzog, G. (2013b). Stünke, Hein. Neue Deutsche Biographie. https://www.deutsche-biographie.de/pnd189423706.html#ndbcontent

Hesse-Hoerstrup, D. (2001). *Lebensbeschreibungen für junge Leser. Die Biographie als Gattung der Jugendliteratur – Am Beispiel von Frauenbiographien.* Lang.

Heyter, E. (1954a). *Ich werde mindestens Kleopatra.* Paulus.

Heyter, E. (1954b). Amalie Dietrich. In E. Heyter (Hrsg.), *Ich werde mindestens Kleopatra* (S. 55–66). Paulus.

Heyter, E. (1953). *Verführung zum Karneval. Eine Einführung in die rheinischen Mysterien.* Eugen Diederichs.

Hielscher, K., & Hücking, R. (2011). Die „Frau Naturforscherin". Amalie Dietrich (1821–1891). In K. Hielscher & R. Hücking (Hsrg.), *Pflanzenjäger. In fernen Welten auf der Suche nach dem Paradies* (S. 131–160). Piper.

Hoffmann, N. (2018). *Dokumentenanalyse in der Bildungs- und Sozialforschung. Überblick und Einführung.* Beltz Juventa.

Hoffmann, N. (2019). Diskursive Kreuzungsvarianten von Geschlecht: Impulse für die Intersektionalitätsforschung im Licht einer Analyse populärmedialer Dokumente zu einem historischen Fall. In M. Kubandt & J. Schütz (Hrsg.), *Methoden und Methodologien in der erziehungswissenschaftlichen Geschlechterforschung* (S. 197–214). Budrich.

Hoffmann, N. (2020). Biografieforschung und Dokumentenanalyse. In D. Nittel, M. Mendel & H. von Felden (Hrsg.), *Erziehungswissenschaftliche Biographieforschung und Biographiearbeit.* Beltz Juventa (im Erscheinen).

J.M.B. (1948). "I Light Upon Treasures". The West Australien (Perth). https://trove.nla.gov.au/newspaper/article/47632579. Zugegriffen: 9. Apr. 2020.

Lanfranconi, C. (2014). Amalie Dietrich. 1821–1891 Pflanzenjägerin. In C. Lanfranconi (Hrsg.), *Fliegst du schon oder überlegst du noch. Frauen, die ihre Träume wahr machten* (S. 225–229). Elisabeth Sandmann.

Lauterbach, W. (2002). *Mitteilungen des Freiberger Altertumsvereins. Berühmte Freiberger. Ausgewählte Biographien bekannter und verdienstvoller Persönlichkeiten. Teil 3: Persönlichkeiten aus den Jahrzenten von 1800 bis 1875.* o. V.

Lück, C. (1937). Amalie Dietrich. In C. Lück (Hrsg.), *Frauen. Acht Lebensschicksale* (S. 95–135). Enßlin & Laiblin.

Ní Dhúill, C. (2006). Am Beispiel der Brontës. Gender-Entwürfe im biographischen Kontext. In B. Fetz & H. Schweiger (Hrsg.), *Spiegel und Maske. Konstruktionen biographischer Wahrheit* (S. 113–127). Paul Zsolnay.

o. V. (1955). Gibt es „Bücher für die Frau"? *DIE ZEIT Online.* https://www.zeit.de/1955/09/gibt-es-buecher-fuer-die-frau/komplettansicht. Zugegriffen: 4. Apr. 2020.

Pfeilstücker, S. (1936). *Spätantikes und Germanisches Kunstgut in der Frühangelsächsischen Kunst.* Deutscher Kunstverlag.

Pfeilstücker, S. (1950). Amalie Dietrich, eine Naturforscherin aus Leidenschaft. In S. Pfeilstücker, *Reichtum des Lebens. Ein Buch für junge Mädchen* (S. 126–148). Hoch-Verlag. (Erstveröffentlichung 1949)

Porombka, S. (2011). Populäre Biographik. In C. Klein (Hrsg.), *Handbuch Biographie: Methoden, Traditionen, Theorien* (S. 122–131). Metzler und Poeschel.

Rosenbaum, H. (1982). *Formen der Familie: Untersuchungen zum Zusammenhang von Familienverhältnissen, Sozialstruktur und sozialem Wandel in der deutschen Gesellschaft des 19. Jahrhunderts.* Suhrkamp.

Ross, C. (2006). Separate spheres or shared dominions? *Transformation, 23,* 228–235.

Runge, A. (2011). Wissenschaftliche Biographik. In C. Klein (Hrsg.), *Handbuch Biographie: Methoden, Traditionen, Theorien* (S. 113–121). Metzler und Poeschel.

Schleucher, K. (1976). *Deutsche unter anderen Völkern. Diener einer Idee. 17 Biographien.* Turris-Verlag.

Smith, D. E. (1990). The active text. Texts as constituents of social relations. In D. E. Smith (Hrsg.), *Texts, facts, and femininity. Exploring the relations of ruling* (S. 120–158). Routledge.

Sperling, W. (1953). *Das bunte Schiff. Ein lustiges Alletagebuch für die Jugend.* Paulus.

Steinlein, R. (2008). Neubeginn, Restauration, antiautoritäre Wende. In R. Wild (Hrsg.), *Geschichte der deutschen Kinder- und Jugendliteratur* (S. 312–342). Metzler.

Stocker, C. (2005). *Sprachgeprägte Frauenbilder. Soziale Stereotype im Mädchenbuch des 19. Jahrhunderts und ihre diskursive Konstituierung.* Max Niemeyer.

Sumner, R. (1993). *A woman in the wilderness: The story of Amalie Dietrich in Australia.* University Press.

Tilmann, K. (1954). *Damit du Bescheid weißt: Eine Schrift von den Geheimnissen des Lebens für reifende Mädchen.* Paulus.

Ueckert, Ch. (2008). Amalie Dietrich (1821–1891). In Ch. Ueckert (Hrsg.), *Hamburgerinnen. Eine Frauengeschichte der Stadt* (S. 49–58). Die Hanse.

Uhlmann, I. (1956). „Dieser Frau gebührt ein Ehrenplatz!". Aus dem Leben und Werk der Naturforscherin Amalie Dietrich. In Lektorenkollegium des Urania-Verlages (Hrsg.), *Urania-Universum. Wissenschaft-Technik-Kultur-Sport-Unterhaltung* (S. 323–334). Urania-Verlag.

von Glasenapp, G. (2008). Historische und zeitgeschichtliche Literatur. In R. Wild (Hrsg.), *Geschichte der deutschen Kinder- und Jugendliteratur* (S. 347–359). Metzler.

von Glasenapp, G. (2011). Geschichtliche und zeitgeschichtliche Kinder- und Jugendliteratur. In G. Lange (Hrsg.), *Kinder- und Jugendliteratur der Gegenwart. Ein Handbuch* (S. 269–289). Schneider Verlag Hohengehren.

von Radziewsky, E. (2003). Amalie Dietrich: Eine Frau auf Pflanzenjagd im Land der Aborigines. In E. von Radziewsky (Hrsg.), *Die Sache mit dem grünen Daumen. Eine Zeitreise durch die Geschichte der Botanik* (S. 101–116). Rowohlt Taschenbuch Verlag.

Weinkauff, G., & von Glasenapp, G. (2018). *Kinder- und Jugendliteratur* (3., aktualisierte und erweiterte Aufl.). Schöningh.

West, C., & Fenstermaker, S. (1995). Doing difference. *Gender and Society, 9*(1), 8–37.

West, C., & Zimmerman, D. H. (1987). Doing gender. *Gender and Society, 1*(2), 125–151.

Wild, R. (2008). Aufklärung. In R. Wild (Hrsg.), *Geschichte der deutschen Kinder- und Jugendliteratur* (S. 43–95). Metzler.

„Die war doch son' Kräuterweiberl." Populärkulturelle Bezugnahmen auf Amalie Dietrich. Ein Reisebericht

"She was Some Kind of a Kräuterweiberl." Popular Cultural References to Amalie Dietrich

Jens Oliver Krüger

Zusammenfassung

Es gibt unterschiedliche Orte, an denen aktuell an Amalie Dietrich gedacht oder anderweitig auf sie Bezug genommen wird. Der vorliegende, bewusst essayistisch gehaltene Beitrag referiert Eindrücke, die im Rahmen einer kleinen Rundreise an einigen dieser Orte gesammelt wurden. Es wird deutlich, dass die Figur Amalie Dietrich an diesen Orten ganz unterschiedlich inszeniert wird und dass diese Orte über die Bezugnahme auf Amalie Dietrich auch an ihrer eigenen Inszenierung arbeiten.

Abstract

There are different places where Amalie Dietrich is currently remembered. The contribution, deliberately kept essayistic, reports on impressions collected during a short round trip to some of these places. It becomes clear that the

J. O. Krüger (✉)
Institut für Pädagogik, Universität Koblenz-Landau, Koblenz, Deutschland
E-Mail: jokrueger@uni-koblenz.de

© Der/die Autor(en), exklusiv lizenziert durch Springer Fachmedien Wiesbaden GmbH, ein Teil von Springer Nature 2021
N. Hoffmann und W. Waburg (Hrsg.), *Eine Naturforscherin zwischen Fake, Fakt und Fiktion,* Frauen in Philosophie und Wissenschaft. Women Philosophers and Scientists, https://doi.org/10.1007/978-3-658-34144-2_11

figure Amalie Dietrich is constructed in very different ways depending upon the peculiarity of the visited locality.

Schlüsselbegriffe

Populärkultur · Inszenierung · Gedenken · Popular culture · Representation · Commemoration

Keywords

Popular Culture · Representation · Commemoration

1   Beginn

Der vorliegende Beitrag handelt nicht von Amalie Dietrich. Zumindest nicht von der historischen Figur, der Naturforscherin aus Siebenlehn, die nach ausgedehnten Wanderungen durch Mitteleuropa Australien bereiste und von dort diverse präparierte Pflanzen und Tiere aber 1866/1867 bzw. 1870/1871 auch zwei Schädel, einen Unterkiefer sowie acht Skelette nach Hamburg schickte (vgl. Scheps, 2013, S. 139). Stattdessen fokussiert der bewusst essayistisch gehaltene Text auf differente Praktiken der populärkulturellen Bezugnahme auf Amalie Dietrichs an unterschiedlichen Lokalitäten in der Gegenwart. Ziel ist es also nicht ‚die Geschichte' einer historischen Figur, sondern Praktiken des Gebrauchs dieser Geschichte in der Gegenwart zu rekonstruieren (vgl. de Certeau, 2006). Welcher populärkulturelle Gebrauch wird von der Figur Amalie Dietrich gegenwärtig gemacht?

Im Lichte dieser Fragestellung begann die Arbeit an dem vorliegenden Essay mit einer Recherche nach Orten, an denen öffentlich Bezüge zu Amalie Dietrich hergestellt werden – oder ausdrücklich nicht hergestellt werden. Es wurde darauf geachtet, ein hinreichend kontrastreiches Sample an Beispielen für solche Orte zu präsentieren, was ausdrücklich nicht bedeutet, eine umfassende Inventur aller Lokalitäten, an denen populärkulturelle Bezugnahmen auf Amalie Dietrich feststellbar sind, durchzuführen.

Im Format orientieren sich die folgenden Ausführungen am Bericht einer kleinen Reise, die im Mai 2019 von Leipzig nach Siebenlehn und von dort über Wilthen und bis nach Dresden-Gorbitz führt. Nicht besucht wurde die Stadt Germering im westlichen Bayern, auf deren Auseinandersetzung mit Amalie Dietrich zum Ende des Artikels gesondert hingewiesen wird. Die Schilderung von

Beobachtungen an den genannten Örtlichkeiten ist notwendig impressionistisch im kunstgeschichtlichen Sinne einer Aneinanderreihung flüchtiger Momentaufnahmen. Ethnographierte Szenen und Gespräche werden mit der Lektüre aufgefundener Dokumente verschränkt.

Im Ergebnis zeichnet der Reisebericht ein Nebeneinander unterschiedlicher Inszenierungen der Figur Amalie Dietrich. Insofern man eine Inszenierung als „einen Vorgang bestimmt, der durch eine spezifische Auswahl, Organisation und Strukturierung von Materialien/Personen etwas zur Erscheinung bringt" (Fischer-Lichte, 2000, S. 21), werden ausgehend von der Uneinheitlichkeit inszenatorischer Bezugnahmen auf Amalie Dietrich Rückfragen an die Orte der jeweiligen Inszenierung ermöglicht.

2   Zur Inszenierung einer internationalen Bedeutung

Das Grassimuseum in Leipzig ist eine Institution. 1895 gegründet, beherbergt das heutige Domizil am Johannisplatz drei Museen in einem: Das *GRASSI Museum für Angewandte Kunst,* das *GRASSI Museum für Musikinstrumente der Universität Leipzig* sowie das *GRASSI Museum für Völkerkunde zu Leipzig.* In letzterem bin ich unterwegs. Ganz am Ende der Ausstellung, nachdem der*die Besucher*in bereits Artefakte aus verschiedensten Erdteilen passiert hat, gelangt er*sie schließlich zur australischen Abteilung. „Kontinent der Traumzeit" – so wird die Sammlung in großen Lettern an der Wand annonciert. Die Binnenansicht des Raumes prägt ein Diorama: Die lebensgroße, plastische Nachbildung eines tanzenden australischen „Ureinwohners" (Zitat). Rechterhand, gleich neben dem Eingang und umringt von einem Boomerang, einer Kalebasse und zwei Schilden wird das Porträt einer Frau ausgestellt. Eine Texttafel informiert, um wen es sich handelt:

„Amalie Dietrich (1821–1891) Naturforscherin aus Siebenlehn in Sachsen, bereiste im Auftrag von Johan Cesar Godeffroy VI zwischen 1863 und 1872 die Region zwischen Brisbane und Bowen an der Ostküste von Queensland in Australien. Sie legte für sein Museum umfangreiche botanische, zoologische und ethnographische Sammlungen an und entdeckte eine Vielzahl neuer Pflanzen. Nur wenige Jahre später waren die Ureinwohner in dieser Region verschwunden – Goldsucher und Abenteurer hatten sie im Zuge des großen Goldrausches Ende der 1870-er Jahre aus ihren Stammesgebieten vertrieben oder sie umgebracht. Die von Amalie Dietrich gesammelten Gegenstände und ihre Schilderungen sind heute wertvolle historische Quellen. Nach ihr wurden rund 30 Pflanzen, Algen und Tiere benannt."

Der Text eröffnet zahlreiche Bezüge: Die sächsische Herkunft sowie die Identität als Entdeckerin, Sammlerin und Namensgeberin diverser Tiere und Pflanzen. Die ausschließliche Beschreibung als „Naturforscherin" wäre vermutlich nicht hinreichend, um die Ehrung in einer völkerkundlichen Sammlung zu rechtfertigen. Ins Zentrum rücken daher die „ethnographische[n] Sammlungen", deren historischer Wert aus dem Umstand abgeleitet wird, dass die „Ureinwohner" (ebd.), denen die ausgestellten Gegenstände abgenommen wurden, kurz darauf der Vertreibung und Ermordung anheimfielen. Die Sammlerin wird damit als letzte Zeugin einer untergegangenen Kultur inszeniert, der es gelang, sich gegenüber diesem Untergang schadlos zu halten. Mord und Vertreibung gehen auf das Konto von anonym bleibenden „Goldsuchern" und „Abenteurern". Mit dieser Erzählung wird retrospektiv auch die Sammlung der ausgestellten Gegenstände legitimiert, deren historischer Wert zynischerweise mit der Auslöschung ihrer Produzent*innen gestiegen ist.

Diese Inszenierung Amalie Dietrichs ist in mehrerlei Hinsicht bemerkenswert. Die Sammlung Amalie Dietrichs sei – so ist der Homepage des Museums zu entnehmen – neben der von Eduard Dämel „von besonderer internationaler Bedeutung" (GRASSI, o. J., o.S.). Besagtem Eduard Dämel widmet das Grassi in seinen Vitrinen keine vergleichbare Inszenierung. Bemerkenswert ist auch, was im ausgestellten Text nicht gesagt wird. Die postkoloniale Umstrittenheit Amalie Dietrichs, und die zwei Schädel, der Unterkiefer sowie die acht Skelette bleiben unerwähnt. Auch erscheint unklar, welche „Schilderungen" konkret gemeint sind, zumal von Amalie Dietrich kaum schriftliche Zeugnisse überliefert sind. Augenfällig ist ferner die herausgehobene Stellung, in der das Gedenken an Amalie Dietrich im Grassimuseum inszeniert wird. Die gesammelten Objekte sind um den Text und das Porträt herum arrangiert. Während in der übrigen Ausstellung die Präsentation der gesammelten Artefakte im Vordergrund steht und man über ihre Sammler*innen zumeist wenig bis gar nichts erfährt, supplementieren hier umgekehrt die gesammelten Artefakte das Gedenken an eine Sammlerin.

Mit dieser Inszenierung das Gedenkens an Amalie Dietrich als Schöpferin einer Sammlung von „internationaler Bedeutung" (vgl. GRASSI, o. J., o.S.) arbeitet das Museum, das sich rühmt, eine Vielzahl der von ihr gesammelten Objekte zu besitzen, an der Inszenierung seiner eigenen internationalen Bedeutung.

3   Zur Inszenierung einer lokalen Berühmtheit

„Sie brauchen Ihr Auto nicht abschließen. Hier kommt nichts weg." So kommentiert ein älterer Herr mein vergebliches Bemühen das Türschloss meines PKWs zu verriegeln. Ich befinde mich auf dem Marktplatz von Siebenlehn, einem

Ortsteil des mittelsächsischen Großschirma. Eine Kirche, ein Bäcker, ein Rathaus bilden das Zentrum des überschaubaren 1500-Einwohner-Ortes, in dem
ich zu einer Museumsführung verabredet bin. Ein roter Pfeil am Portal des Rat-
hauses weist den Weg zur „Amalie-Dietrich-Gedenkstätte", einem Museum, das
sich im gleichen Gebäude befindet. Siebenlehn ist der Geburtsort von Amalie
Dietrich. Hier ist sie aufgewachsen, hier lernte sie ihren Mann Wilhelm kennen,
hier kam ihre Tochter Charitas zur Welt. Im Vorfeld hat mir meine Recherche den
Eindruck eines starken lokalen Engagements für Amalie Dietrich vermittelt. In
Siebenlehn gibt es die Amalie-Dietrich-Höhe mit einem Amalie Dietrich Gedenk-
stein, einen Amalie-Dietrich-Weg, eine Kita-Amalie-Dietrich mit einer Amalie-
Dietrich-Skulptur im Vorgarten, einen Amalie-Dietrich-Park, zwei Amalie
Dietrich Gedenktafeln sowie die schon erwähnte Amalie-Dietrich-Gedenkstätte.
Man scheint sich mit „der berühmten Tochter der Stadt" (Museumsportal, o. J.,
o.S.) zu identifizieren. Die Homepage der Kita-Amalie-Dietrich wirbt mit dem
Bekenntnis:

> „Unsere Kindertagesstätte trägt stolz den Namen ‚Amalie Dietrich'. Mit der
> bekannten Naturforscherin verbindet uns vor allem die Liebe zur Natur, zum Ent-
> decken und Ausprobieren." (Sozialverband VdK Sachsen e.V.,o. J.)

Auch in der örtlichen Grundschule begeben sich Schüler*innen „auf die Spuren
von Amalie Dietrich" (Grundschule „Am Wasserturm" Siebenlehn, o. J., o.
S.). Das pädagogische Interesse, das die Figur Amalie Dietrich weckt, wird –
zumindest partiell – auf Amalie Dietrich selbst zurückgeführt. Diese ließ 1875 bei
einem Besuch ihres Geburtsortes mehrere Kisten mit getrockneten Pflanzen, aus-
gestopften Vögeln und eingelegten Schlangen aus Australien zurück. Nachdem
dieser Fundus lange zur Anschauung in der örtlichen Schule genutzt wurde, bildet
er heute den Kernbestand des kleinen, vier Ausstellungsräume umfassenden
Museums.

Auch wenn dieses Museum am zentralsten Ort in Siebenlehn – dem Rathaus –
lokalisiert ist, und mit einem beeindruckenden ehrenamtlichen Engagement feste
Öffnungszeiten garantiert, schwanken die Besucher*innenzahlen. Am heutigen
Tag bin ich der einzige Tourist. Auch sind in der Pflege des Andenkens an Amalie
Dietrich punktuell Rückschläge zu verzeichnen: Die Emailleplakette des Gedenk-
steins auf der Amalie-Dietrich-Höhe wurde beschädigt (vgl. Hubricht, 2015). Der
1996 eröffnete Amalie-Dietrich-Park ist in Teilen verwildert.

Dem*der Besucher*in der Gedenkstätte vermittelt sich der Eindruck, dass hier
ein Erbe verwaltet wird. Man sammelt alles von und über Amalie Dietrich. D. h.
zur Ausstellung gelangen nicht nur die australischen Vogelpräparate, sondern

auch Bücher, Zeitungsartikel, Kunsthandwerksarbeiten und Kinderzeichnungen mit einem Bezug zur Namensgeberin der „Gedenkstätte". Mit der Bezeichnung als „Gedenkstätte" wird Siebenlehn als Ort einer Erinnerung inszeniert, die eine Repräsentanz im kollektiven Gedächtnis für sich reklamiert. Siebenlehn inszeniert sich als Ort, der eine große Persönlichkeit hervorgebracht hat.

4   Zur Inszenierung einer Werbe-Ikone

„Amalie? Die war doch son' Kräuterweiberl." Auf der Führung durch die Withener Weinbrennerei bin der Einzige, der sich für Amalie Dietrich interessiert, während sich die Fragen der übrigen Besucher*innen eher auf Weinbrand und Details seiner technischen Herstellung richten. Die Frau, die das mit dem „Kräuterweiberl" eben gesagt hat, gehört zu einer Gruppe von elf Personen, der ich mich spontan angeschlossen habe und mit der ich nun durch ein Labyrinth aus Abfüll- und Verpackungsanlagen geführt werde. Vor ca. fünf Jahren hat man sich dazu entschlossen, in der Vermarktung des sächsischen Kräuterlikörs auf den Namen Amalie Dietrich zu setzen. Es gibt sogar eine Sonderedition, die unter dem Titel „Wilthener Amalie's Heimatkräuter" vertrieben wird (Hardenberg-Wilthen AG, o. J.b).

Das Etikett der „Gebirgskräuter" ist mit der kolorierten Zeichnung einer jungen Frau illustriert, die – so informiert die Firmenbroschüre – Amalie Dietrich darstellt (vgl. Abb. 1). Die Figur trägt ein rotes Kleid mit Kopftuch und wandert durch eine alpin anmutende Gebirgslandschaft. An ihrem Arm baumelt ein Korb mit Kräutern, Schmetterlinge sitzen im Gras, der Himmel ist blau. Mir kommen Assoziationen zu Alpenromantik und dem Grimm'schen Märchen „Rotkäppchen" in den Sinn. Die Verbindung von Amalie Dietrich zu einem Likör drängt sich historisch nicht auf. Amalie Dietrich hat kein Likörrezept hinterlassen und beschäftigte sich mehr mit der botanischen Einordnung von Pflanzen als mit deren Verarbeitung. Auf der Homepage der Brennerei wird der Bezug zu Amalie Dietrich folgerichtig auch nicht primär mit Rezepten, sondern mit „Inspiration" begründet:

> „Amalie Dietrich, die große Botanikerin und Pflanzensammlerin des 19. Jahr-
> hunderts, gab die Inspiration zu den Kräuterlikören aus der Wilthener Wein-
> brennerei. Aufgewachsen in Siebenlehn in Sachsen, erkundete sie schon in ihrer
> Kindheit die heimische Pflanzenwelt. Zuerst auf Spaziergängen in ihrer Umgebung,
> später dann auf ausgedehnten Sammelreisen, die sie um die ganze Welt führten
> und sie über die Grenzen ihrer Heimat hinaus bekannt machten. Viele bis dahin
> unbekannte Kräuter und Pflanzen wurden durch ihre Arbeit und Forschung der All-
> gemeinheit zugänglich gemacht und waren außerordentlich wertvoll für wissen-
> schaftliche Erkenntnisse. Dieses Wissen wird auch in der Rezeptur vom Wilthener
> Gebirgskräuter angewandt." (Hardenberg-Wilthen AG, o. J.a, o.S.)

Abb. 1 Etikett der „Wilthener Gebirgskräuter"[1]

Im Kontrast zu den zuvor genannten Inszenierungen fällt sofort auf, dass Australien in dieser Inszenierung gar keine Rolle spielt – ja noch nicht einmal namentlich erwähnt wird. Im Zentrum stehen die Erkundung der „heimische[n] Pflanzenwelt" sowie die Herkunft aus „Siebenlehn in Sachsen". Erst später begann die weltweite Kräutersuche, die Amalie Dietrich „über die Grenzen ihrer Heimat hinaus" bekannt werden ließ. Auffällig ist der Heimat-Begriff in dieser Textpassage, der die Zuordnung von Amalie Dietrich nach Sachsen – unabhängig von ihrem Aufenthalt in Australien oder der späteren Verlegung ihres Wohnsitzes nach Hamburg – fortgesetzt ermöglicht.

Für das Marketing der Weinbrennerei scheinen Bezüge auf die sächsische Herkunft Amalie Dietrichs und ihre Beschäftigung mit Kräutern hinreichend, um

---

[1] Quelle: Jens Oliver Krüger.

sich im Rahmen einer Produktwerbung affirmativ auf sie zu beziehen. Für die
Besucherin, die neben mir in der Fabrikhalle steht, ist die Sache ebenfalls klar:
„Das passt doch. Amalie ist hier in Sachsen son' bisschen ein Begriff für Kräuter."

5   Zur Inszenierung eines kollektiven Gedenkens

Amalie-Dietrich-Straßen gibt es aktuell in Bad Oldesloe, Rendsburg und
Chemnitz. In Hamburg befindet sich ein Amalie-Dietrich-Stieg – in Neustadt
am Rübenberge sowie in Großschirna ist jeweils ein Amalie-Dietrich-Weg verzeichnet. Ich bin unterwegs zum Amalie-Dietrich-Platz in Dresden-Gorbitz. Die
Benennung öffentlicher Infrastruktur liegt in Deutschland in der Zuständigkeit
der kommunalen Selbstverwaltung. Die Frage, wer auf welche Weise öffentlich
geehrt wird, ist fallorientiert zu entscheiden und nicht immer setzt die Namensgebung einen direkten Bezug der Namensgeberin/des Namensgebers zur
benannten Örtlichkeit voraus. Ob Amalie Dietrich je in Dresden Gorbitz war, ist
nicht überliefert, aber auch nicht die Voraussetzung dafür, hier einen Platz nach
ihr zu benennen.

Im Rahmen meiner bisherigen Aufenthalte in Dresden hatte ich vom Amalie-
Dietrich-Platz keine Notiz genommen. Flankiert von drei 17-Geschossern und
einem Supermarkt beschreibt der „Platz", eher eine Ringstraße. Hier befinden
sich keinerlei klassische Sehenswürdigkeiten. Als ich den Namen Amalie Dietrich
erwähne, weiß ein Mann, der seinen Hund spazieren führt aber sofort, welches
Gebäude ich suche.

Er weist mir den Weg zu einem Transformatorenhäuschen, das der städtische
Energieversorger mit einem großformatigen Graffiti hat bemalen lassen (vgl.
Abb. 2). Darauf ist neben einem Porträt Amalie Dietrichs folgender Text zu
sehen:

> „Amalie Dietrich, Botanikerin 1821–1891 Aufgewachsen in einer Heimarbeiter-
> familie in Siebenlehn (Sachsen). Amalie Concordia Nelle lernt die Grundbegriffe
> der Botanik von ihrem Mann Apotheker Wilhelm Dietrich sie [sic!] wird zu einer
> erfolgreichen Botanikerin und Sammlerin Nach [sic!] der Geburt ihres Kindes trennt
> sie sich 1848 von Mann und Tochter und zieht mit dem Handwagen durch die Salz-
> burger Alpen, um Insekten und Pflanzen zu sammeln. Diese verkauft sie, mit einem
> Hundegespann durch halb Europa ziehend, an Universitäten und Wissenschaftler.
> 1863 reist sie im Auftrag des Hamburger Kaufmannes C. Godeffroy, der ein Natur-
> und Völkerkundemuseum der Südsee einrichten will nach Australien. Zehn Jahre
> verbringt sie mit dem Sammeln und Bestimmen von Pflanzen und Tieren. Sie
> präpariert 244 Arten von Vögeln und entdeckt fast 640 Pflanzenarten, mehrere von

Abb. 2 Transformatorenhäuschen am Amalie-Dietrich-Platz in Dresden Gorbitz[2]

denen [sic!] wurden nach ihr benannt. Nach ihrer Rückkehr 1873 betreut sie die von ihr angelegte Sammlung und wird 1879 Kustodin des Botanischen Museums in Hamburg. Am 9. März 1891 starb sie in Rendsburg in den Armen ihrer Tochter Charitas. Ihren Namen trägt heute u.a. der Kindergarten von Siebenlehn. Im Gewürzmuseum der Hamburger Speicherstadt werden Südseepflanzen, exotische Tiere und Trophäen kolonialistischer Prägung, die u.a. von Amalie Dietrich zusammengetragen wurden im ehemaligen Naturkundemuseum des Reeders und Großkaufmannes Cesar Godeffroy präsentiert."

Der Text offeriert einen – gemessen an seiner Kürze – relativ differenzierten Überblick über das Leben und Wirken Amalie Dietrichs. Unterschiedliche Stationen ihres Lebens finden ebenso Erwähnung wie Wirkungen auf die Nachwelt. Den differenzierten biographischen Ausführungen zuwiderlaufend zeigt

---

[2] Quelle: Jens Oliver Krüger.

das Graffiti allerdings ausschließlich australische Motive, Themen der See-
fahrt und einen gewaltigen Vulkan. Alles Motive, die im Vergleich zum Umfeld
des Transformatorenhäuschens in Dresden-Gorbitz relativ exotisch wirken.
Der Text, zu dessen kompletter Lektüre man das Transformatorenhäuschen einmal umrunden muss, vermittelt ansonsten eher allgemeine Informationen. Wenn
sich ein*e Besucher*in oder ein*e Bewohner*in aus den 17-Geschossern fragen
sollte, nach welcher Person der Platz benannt ist, findet er*sie hier eine Antwort.
Auffällig erscheint hingegen die Wendung, die auf diesem Transformatorenhaus
abgebildete Person habe „Trophäen kolonialistischer Prägung" (ebd.) zusammengetragen. Mit dem Sammeln von Trophäen (von griech. Tropaion „Sieges-
zeichen") wird eine soziale Relation zwischen Eroberern und Unterlegenen
konstruiert – sie lässt sich also potenziell kritisch gebrauchen. Ob mit der Wahl
dieser Wendung tatsächlich eine subtile Kritik intendiert ist, lässt sich vor dem
Hintergrund eines Telefonates, das ich zu späterem Zeitpunkt mit dem Schöpfer
des Graffitis führe, bezweifeln.[3] Trotzdem bleibt festzustellen, dass sie sich, auch
wenn sie nicht kritisch gemeint ist, dennoch in diesem Sinne verstehen ließe.

Mein Reisebericht endet hier. Dass die Benennung eines Ortes immer nur so
lange akzeptabel erscheint, wie sich ein unproblematischer Bezug zu der*dem
Namensgeber*in herstellen lässt, hätte sich an einem anderen Ort zeigen lassen – in
der Stadt Germering, im westlichen Bayern. In der Reihe der bisher genannten Orte
ist Germering gewissermaßen ein Nicht-Ort, denn hier gibt es keine Örtlichkeit
mit einer Bezugnahme auf Amalie-Dietrich. Aber die gab es einmal. 2007 wurde
eine Straße im neu erschlossenen Gewerbegebiet nach Amalie Dietrich benannt.
Dem Anliegen entsprechend, renommierte deutsche Naturwissenschaftlerinnen

---

[3] Im Rahmen eines Telefonats, das ich später mit dem Schöpfer des Graffitis führe, bestätigt
mir dieser, dass dieser Text auf einer Onlinerecherche basiert. Als Quellen nehme ich zum
ersten einen Online-Auftritt des Freistaates Sachsen mit der Rubrik „Bekannte Sachsen"
an (Sächsische Staatskanzlei, o.J) sowie zum zweiten eine Beschreibung des Stadtrund-
ganges „Jedes Haus sein eigenes Geheimnis" der Landeszentrale für politische Bildung
Hamburg. Die Information, dass im Haus am Alten Wandrahm 26 ehemals die von Amalie
Dietrich zusammengetragenen „Südseepflanzen", „exotische[n] Tiere" und „Trophäen
kolonialistischer Prägung" ausgestellt wurden, verlegt der Text am Transformatorenhäuschen in Dresden-Gorbitz missverständlich in die Gegenwart. Im Kontext der Suche nach
populärkulturellen Bezugnahmen auf Amalie Dietrich wäre der szenisch gestaltete Rund-
gang der Landeszentrale für politische Bildung Hamburg durch die Hamburger Speicherstadt ebenfalls von großem Interesse. In einem Online veröffentlichten Video dieses
Rundgangs tritt in Minute 25 eine Schauspielerin auf, die Amalie Dietrich verkörpern soll
(Landeszentrale politische Bildung Hamburg, 2013).

mit Straßennamen zu ehren, fiel die Wahl auf Amalie Dietrich. Als wenig später Medienberichte über die zweifelhafte Rolle Amalie Dietrichs bei der Beschaffung menschlicher Gebeine für das Hamburger Godeffroy-Museum kursierten, wurde diese Namensgebung einer kritischen Revision unterzogen. Einer Schlagzeile wie „Straße nach ‚Todesengel' benannt?" (o.V., 2011a) folgte ein Stadtratsbeschluss, mit dem die „Amalie-Dietrich-Straße" in „Maria-von-Linden-Straße" umbenannt wurde (o.V., 2011b). An diesem Beispiel lässt sich aufzeigen, dass die Wahl des Namens „Amalie-Dietrich" für eine Straße flexibel aber keineswegs beliebig erfolgt. Straßennamen lassen sich als kulturgeschichtliche Manifestationen verstehen (vgl. Werner, 2008) und können als solche zum Gegenstand sozialer Aushandlungen und kultureller Selbstverständigungsprozesse avancieren. Die Frage, ob eine Straße vor dem Hintergrund postkolonialer Diskurse nach Amalie Dietrich benannt werden kann, darf oder sollte, wird deshalb brisant, weil in der Benennung die soziale Akzeptabilität der Figur Amalie Dietrichs stets mit inszeniert wird.

6   Fazit

Gedenkorte – Straßen, Vitrinen, Museen – kommunizieren stets eine doppelte Botschaft. Sie teilen nicht nur mit, an was gedacht werden soll, sondern zugleich und zuallererst, dass gedacht werden soll und wie gedacht werden soll. Das heißt, sie stellen die Bedeutsamkeit des Gedenkgegenstandes in spezifischer Art und Weise her. Auch die Figur Amalie Dietrich wird im Spiegel gegenwärtiger populärkultureller Bezugnahmen unterschiedlich ‚hergestellt'. Am Beispiel der unterschiedlichen Inszenierungen, die im Rahmen des essayistischen Reiseberichts angesprochen wurden, lässt sich jedoch auch darauf hinweisen, dass die Bedeutungsherstellung rund um Amalie Dietrich keinen einseitigen Prozess beschreibt. An den im Kontext des Reiseberichts beschriebenen Orten wird nicht nur die Bedeutung Amalie Dietrichs hervorgehoben. Über die lokale Bezugnahme auf Amalie Dietrich wird jeweils auch an der Herstellung einer Bedeutsamkeit dieser Lokalitäten gearbeitet. Der Kulturtheoretiker Michel de Certeau hat dies treffend beschrieben:

> „Die Faszination oder der Widerstand, die von […] der Vergangenheit provoziert werden, erwecken das soziale Bewusstsein, im Namen einer Kohärenz und als eigener Ort zu existieren." (de Certeau, 2006, S. 157)

So ist es zu erklären, dass ein affirmativer Bezug auf Amalie Dietrich in der Benennung eines Kräuterlikörs gelingt, während die Benennung einer Straße in Germering letztlich unhaltbar wird.

Literatur

de Certeau, M. (1988). *Kunst des Handelns*. Merve.
de Certeau, M. (2006). *Theoretische Fiktionen: Geschichte und Psychoanalyse*. Turia + Kant.
Fischer-Lichte, E. (2000). Theatralität und Inszenierung. In E. Fischer-Lichte & I. Pflug (Hrsg.), *Inszenierung von Authentizität* (S. 13–23). Francke.
GRASSI = GRASSI Museum für Völkerkunde zu Leipzig. (o. J.). Australien. https://grassi-voelkerkunde.skd.museum/ueber-uns/sammlungen-im-haus/sammlung-australien/. Zugegriffen: 10. Sept. 2020.
Grundschule „Am Wasserturm" Siebenlehn. (o. J.). Auf den Spuren von Amalie Dietrich. http://www.grundschule-siebenlehn.org/cms/19-archiv/archiv-2015/35-auf-den-spuren-von-amalie-dietrich. Zugegriffen: 27. Mai 2020.
Hardenberg-Wilthen AG. (o. J.a). Unsere Amalie. Amalie Dietrich (1821–1891). https://www.wilthener-gebirgskraeuter.de/. Zugegriffen: 27. Mai 2020.
Hardenberg-Wilthen AG. (o. J.b). Wilthener Amalie's Heimatkräuter. https://www.keiler-laden.de/wilthener-amalie-s-heimatkraeuter-geschenkverpackung.html. Zugegriffen: 10. Sept. 2020.
Hubricht, H. (2015). Emaille für Amalie: Verein will Gedenkstein reparieren lassen. *Freie Presse*. https://www.freiepresse.de/mittelsachsen/freiberg/emaille-fuer-amalie-verein-will-gedenkstein-reparieren-lassen-amp9322887. Zugegriffen: 27. Mai 2020.
Landeszentrale politische Bildung Hamburg. (2013). „Jedes Haus sein eigenes Geheimnis. Eine szenische Gender-Zeitreise zu den Frauen und Männern in Hamburgs Altstadt". https://www.youtube.com/watch?v=EGJRjEcufhE&feature=youtu.be. Zugegriffen: 30. Aug. 2020.
Museumsportal. (o. J.). Amalie-Dietrich-Gedenkstätte Siebenlehn. https://www.sachsens-museen-entdecken.de/museum/602-amalie-dietrich-gedenkstaette-siebenlehn/. Zugegriffen: 10. Sept. 2020.
o. V. (2011a). Straße nach „Todesengel" benannt? Merkur. https://www.merkur.de/lokales/fuerstenfeldbruck/strasse-nach-todesengel-benannt-1135474.html. Zugegriffen: 27. Mai 2020.
o. V. (2011b). Aus der Amalie-Dietrich- wird die Linden-Straße. Merkur. https://www.merkur.de/lokales/fuerstenfeldbruck/amalie-dietrich-wird-linden-strasse-1182755.html. Zugegriffen: 27. Mai 2020.
Sächsische Staatskanzlei. (o. J.). Amalie Dietrich. https://www.geschichte.sachsen.de/amalie-dietrich-5605.html. Zugegriffen: 11. Sept. 2020.
Scheps, B. (2013). Skelette aus Queensland – Die Sammlerin Amalie Dietrich. In H. Stoecker, T. Schnalke, & A. Winkelmann (Hrsg.), *Sammeln, Erforschen, Zurückgeben? Menschliche Gebeine aus der Kolonialzeit in akademischen und musealen Sammlungen* (S. 130–145). Ch. Links Verlag.
Sozialverband VdK Sachsen e.V. (o. J.). Unsere Einrichtung stellt sich vor. https://www.vdk.de/kita-amalie-dietrich/ID73361. Zugegriffen: 27. Mai 2020.
Werner, M. (2008). *Vom Adolf-Hitler-Platz zum Ebertplatz: Eine Kulturgeschichte der Kölner Straßennamen seit 1933*. Böhlau.

Printed in the United States
by Baker & Taylor Publisher Services